AF813269

Bibliographia Cartographica

Internationale Dokumentation des kartographischen Schrifttums
International documentation of cartographical literature
Documentation internationale de la litterature cartographique

Herausgegeben von der
Staatsbibliothek Preussischer Kulturbesitz
in Verbindung mit der
Deutschen Gesellschaft für Kartographie e.V.

Redaktion: Lothar Zögner

Vol. 11 (1984)

K·G·Saur München · New York · London · Paris
ISSN 0340-0409

Redaktionsschluß: 1.7. 1984

Verantwortlich für die Redaktion:
Dr. Lothar Zögner
Leiter des Arbeitskreises „Bibliographie des kartographischen Schrifttums"
in der Deutschen Gesellschaft für Kartographie
und Direktor der Kartenabteilung der Staatsbibliothek Preußischer Kulturbesitz,
Postfach 1407, D-1000 Berlin 30

Redaktionelle Mitarbeit:
Dr. Helga Kallenbach
Kerstin Löwed-Lößl

© 1985 by K.G.Saur Verlag KG, München
Printed in the Federal Republic of Germany
by Hain-Druck GmbH, Meisenheim/Glan
ISBN 3-598-20627-5

CONTENTS

INHALTSÜBERSICHT

TABLE DES MATIÈRES

LIST OF COLLABORATORS

VERZEICHNIS DER MITARBEITER

LISTE DES COLLABORATEURS

Argentinien	Prof. Dr. Pablo J. GALLEZ, Instituto Patagonico, Calle Peru 339 RA-8000 Bahia Blanca
Australien	National Library of Australia, Map Collection, Canberra A.C.T. 2600
	MAIC Heinz-J. VOJACEK, 5-7 Bowen Road, Moonah, Tasmania 7009
Belgien	Prof. Dr. F. DEPUYDT, Redingenstr. 16, B 3000 Leuven
Brasilien	Mrs. Rosemarie E. HORCH, Caixa postal 11 201, Sao Paolo
Bulgarien	Dipl.-Ing. V. KOEN, i.H. Glavno Upravlenie po Geodezija i Kartografija, ul Alabin 46, Sofia C
Dänemark	Dr. I.R. KEJLBO, Kongelige Bibliotek, Kort- og Billedafdelingen, København
Deutschland, BR	Prof. Dr. U. FREITAG, Institut für Kartographie, Freie Universität Berlin, Arno-Holz-Str. 12, D 1000 Berlin 41
	Dr. Heinz JUNK, Institut für Städtegeschichte, Syndikatsplatz 4, 4400 Münster
	Frau Dr. H. KALLENBACH, Staatsbibliothek Preußischer Kulturbesitz, Kartenabteilung, Postf. 1407, D 1000 Berlin 30
	Prof. Dr. Hans KLEINN, Institut für Geographie, Robert-Koch-Str. 26, 4400 Münster
	Dipl.-Geogr. W. POBANZ, Institut für Kartographie, Freie Universität Berlin, Arno-Holz-Str. 12, D 1000 Berlin 41
	Dipl.-Ing. G. SCHÖN, Institut für Angewandte Geodäsie, Richard-Strauß-Allee 11, D 6000 Frankfurt a.M.
	Prof. Dr. W. SPERLING, Fachbereich Geographie, Postf. 3825, D 5500 Trier
Finnland	Dipl.-Ing. S. BIRKSTEDT, Maanmittaushallitus, Kirkkokatu 3, SF 00170 Helsinki 17

Frankreich	Comité Français de Cartographie, 39e Rue Gay-Lussac, F 75 Paris Ve
	Melle L. LAGARDE, Bibliothèque Nationale, Département des Cartes et Plans, 58 Rue de Richelieu, F 75 Paris
Großbritannien	N.N.
Indien	Prof. Dr. S.P. CHATTERJEE, Geographical Society of India, University of Calcutta, Senate-House, Calcutta 12
Indonesien	Prof. Jacub RAIS M.Sc., Deputy Ketua Bakosurtanal, Jalan Dr. Wahidin 1/11, Jakarta
Irland	Mr. M.C. O'GORMAN, Ordnance-Survey Office, Phoenix Park, Dublin
Israel	Dr. N. KADMON, Chief Cartographer, Survey of Israel, 1 Lincoln Street, POB 14171, Tel-Aviv 61140
Italien	Dr. G. MOTTA, Direttore Cartografico, Istituto Geografico de Agostini, Corso della Vittoria 91, Novara
Japan	Mr. K. KANAZAWA, 1013 Kihei-Cho, Kodaira-Shi, Tokyo 187
Jugoslawien	Dipl.-Ing. Dr. N. FRANČULA, Geodetski fakultet Sveučilista u. Zagrebu, Kačićeva ul. 26, YU 41000 Zagreb
	Dipl.-Ing. B. BREGANT, Geodetski zavod Slovenije, Saranovičeva ul. 12, YU 61000 Ljubljana
Kanada	National Map Collection, Public Archives of Canada, 395 Wellington Street, Ottawa
	Prof. Dr. Hansgeorg SCHLICHTMANN, Dep. of Geography, Univ. of Regina, Regina S4S 0A2
Luxemburg	Prof. Dr. L.B.F. KORMOSS, Dyver 7, B 8000 Brugge, Belgien
Marokko	Mr. A. HAKHAM, Ing.-Topogr., A.N.I.G.E.T., Service Topographique, Rue Henri Mangeard, Rabat
Mexiko	Unidad de Agencias, Cetenal, San Antonio Abad 124 Mexico 8 DF
Niederlande	Prof. Dr. G. SCHILDER, Geografisch Instituut, Rijksuniversiteit te Utrecht, Transitorium II, Heidelberglaan 2, De Uithof, Utrecht

Niederlande	Dr. E.H. van de WAAL, Geografisch Instituut, Rijksuniversiteit te Utrecht, Transitorium II, Heidelberglaan 2, De Uithof, Utrecht
Norwegen	Mr. T. SØRBØ, Kartsamling, Universitets-biblioteket, Drammensveien 42, Oslo
Österreich	Prof.Dr. E. ARNBERGER, Geogr. Institut der Universität, Universitätsstr. 7, A 1010 Wien
	Frau Dr. I. KRETSCHMER, Geogr. Institut der Universität, Universitätsstr. 7, A 1010 Wien
Peru	Prof. V.H. ROGGERO, Eng. Photogrammetry, Instituto Geográfico, Ministerio de Guerra, Lima
Polen	Dr. J. OSTROWSKI, Instytut Geografii PAN, Krakowskie Przedmieśie 30, Warszawa
Portugal	Prof.Dr. O. RIBEIRO, Instituto di Geografia, Universidade de Lisboa, Lisboa
Rumänien	Dr. V. DUMITRESCU, Institutul de Geografie, Str. Dim. Racovita 12, Bucharest, Code 70307
Schweden	Dr. G. SCHALIN, Esselte, P.O.B. 22 069, S 104 22 Stockholm
Schweiz	Prof. Dipl.-Ing. E. SPIESS, Kartogr. Institut der E.T.H. CH 8093 Zürich-Hönggerberg
	Dipl.-Geogr. A. CAFLISCH, Schweizerische Landesbibliothek, Hallwylstr. 15, CH 3000 Bern
Spanien	N.N.
Südafrikanische Republik	Chief Director of Surveys and Mapping, Dep. of Community Development, Private Bag, 7705 Mowbray
Thailand	Lieutenant General Ch. KULKASEM, Director of Survey, The Royal Thai Survey Dep., Bangkok
Tschechoslowakei	Dr. I. KUPCIK, Czechslovak Academy of Sciences, Dep. of Cartogr., Albertov 6, 12843 Praha
Ungarn	MEM-CARTACTUAL, P.O.B. 76, V., Guszev u. 19, H-1367 Budapest

UdSSR	Prof. Dr. K.A. SALIŠČEV, I 36, K. Moscow State University, Moscow B 234
USA	Mr. R.E. GRIM, Library of Congress, Geography and Map Division, Washington D.C. 20540
Internationale Organisationen	Prof. Dr. I.B.F. KORMOSS, Dyver 7, B 8000 Brugge, Belgien
	Dr. Max C. DE HENSELER, United Nations, Box 20, New York, N.Y. 10017, U.S.A.

I. Bibliography. Map Collection. Documentation
Bibliographie. Kartensammlung. Dokumentation
Bibliographie. Collection des cartes. Documentation

A BIBLIOGRAPHIES AND LISTS OF MAPS — UDC 528.9 : 016 : 912
BIBLIOGRAPHIEN UND KARTENVERZEICHNISSE — 528.9 : 016
BIBLIOGRAPHIES ET CATALOGUES

General Bibliographies / Allgemeine Bibliographien / Bibliographies générales

*Acquisitions. Library of Congress. Geography and Map Division. 1981. - Washington 1983. 48 p., ill. 0001

Allison, Brent: Map acquisition. An annotated bibliography. In: Inform. Bull. West. Assoc. of Map Libr. 15, 1983, 1. p.16-25. 0002

*Annotated bibliography of materials available for purchase: periodicals, books, maps. - Lincoln, Neb.: American Historical Society of Germans from Russia 1982. II, 24 p.

*Bader, Barbara: Methodik zum Auffinden von unselbständigen Karten in Büchern, Serien und Zeitschriften einer Bibliothek. Diplomarbeit der Vereinigung schweizerischer Bibliothekare . . . - Zürich: Eidgenössische Technische Hochschule, Bibliothek, 1977. 59 sheets. [mimeogr.] 0004

*Bernhardt, Peter; Jürgen Breuste: Schrifttum über Carl Ritter. - Gotha: VEB Hermann Haack 1983. 72 S. (Geogr. Jahrbuch. 66.) 0005

*Browning, Clyde E.: A bibliography of dissertations in geography: 1969 to 1982. - Chapel Hill: Univ. of North Carolina, Dept. of Geogr. 1983. VII, 145 p. (Studies in Geography. 18.) 0006

Carpine-Lancre, Jacqueline: Marine charts and atlases published in France and in Monaco. In: Bull. Spec. Libr. Assoc. Geogr. a. Map Div. 134, 1983. p.2-8. 0007

*Catalogue des cartes et plans anciens. - Auxerre: Archives départementales 1982. 226 p., ill. (Archives départementales de l'Yonne.) ISBN: 2-86089-014-9 0008

Cobb, David A.: Current cartographic products of the western nations. In: Government Publications Review. 10, 1983, 4. p.381-394. 0009

*Cobb, David A.; Peter B. Ives: State atlases. An annotated bibliography. - Chicago, Ill.: Council of Planning Librarians Bibliographies 1983. 21 p. (CPL bibliography. 108.) ISBN 0-86602-108-6 0010

Czerniak, R.J.; G. Perrone: State atlases: a bibliography. In: Vance Bibliographies, Public Administration Series: Bibliography. 1213, 1983. 19 p. 0011

*Drafting. Cartography and graphics: books held in the Departmental Library. - Adelaide: South Australia, Dept. of Environment and Planning 1982. 6 p. 0012

Georgenson, Gail: The Space Imagery Center: a multiformat collection with a computer-linked microfiche retrieval system. In: Microcartography: applications for archives and libraries. - Santa Cruz, Ca. 1981. p.27-34, 1 ill. (West. Assoc. of Map Libr. Occ. Paper. 6.) 0013

Hallermann, Ludger a.o.: Übersicht über die Literatur im Vermessungswesen im Jahre 1982 mit einzelnen Nachträgen. 9: Kartographie. In: Z. f. Vermess.-wesen. 108, 1983, 7. p.270-273. 0014

Kyvig, David E.; Myron; Marty: Published documents-maps. In: Nearby history: exploring the past around you. 1982. p.73-86. 0015

*Lierz, W.; M. Mertins: Kartenverzeichnis für Radfahrer. 3. Aufl. - Bremen: Allgemeine Deutsche Fahrrad-Club 1983. 0016

Meurer, Peter H.: Der Landkartenkatalog "Orbis terraqueus" (1670). Zur Arbeit des Rostocker Buchhändlers Simon Paulli in Strassburg. In: Nordost-Archiv. 16, 1983, 70. p.1-6, 3 ill. 0017

Perry, Joanne M.: Map storage methods: a bibliography. In: Bull. Spec. Libr. Assoc. Geogr. a. Map Div. 131, 1983. p.14-15. 0018

*Piquette, Constance M.: Indexed, annotated cartobibliography of the University of Montana, Mansfield Library, Historical Map Collection. - [Missoula]: Univ. of Montana 1983. 45 p. 0019

Piquette, Constance M.: Map librarianship: a selective and annotated bibliography. In: Inform. Bull. West. Assoc. of Map Libr. 15, 1983, 1. p.67-73. 0020

*Post, Jeremiah B.: Ward and fire insurance atlases. - Philadelphia: Free Library, July 13, 1983. 4 p. (Reference guide 16.) 0021

*Shiki, M.: Comments on 1980 IGC-ICC collection: catalogue of the books and atlases. In: Chigaku Zasshi [Journal of Geography]. 91, 1982. p.197-198. 0022

*Shirley, Rodney W.: The mapping of the world. Early printed world maps, 1472-1700. - London: The Holland Press 1983. 669 p., mp. (Holland Press Cartographica. 9.) ISBN 0-94632-303-8 0023

*Surveyor General select list of maps and plans 1872-1886. - Sydney: Archives Authority of New South Wales 1980. VI, 215 p., 3 mp. 0024

*Toonneel des Aerdrijcx. Catalogus bij de tentoonstelling. Oude kaarten in het Universiteitsmuseum . . . 14 maart - 29 april 1983. [Red.] en tekst: P.C.J. van der Krogt. - Utrecht: Univ. Mus. 1983. 76 p. 0025

Wise, Donald A.: A list of national bibliographies and references containing citations on atlases and maps. In: Bull. Spec. Libr. Assoc. Geogr. a. Map Div. 128, 1982. p.39-41. 0026

Wise, Donald A.: A selective list of international publishers and distributors of globes and three-dimensional plastic relief models (maps). In: Bull. Spec. Libr. Assoc. Geogr. a. Map Div. 128, 1982. p.36-38. 0027

Regional Bibliographies / Regionale Bibliographien / Bibliographies regionales

Bliss, Winfried: Die Plankammer Bromberg im Geheimen Staatsarchiv Preußischer Kulturbesitz. In: Beiträge zur Geschichte Westpreußens. 6, 1980. p.209-222, 4 ill. 0028

*Brulhart, Armand: Répertoire de cartes et plans de Genève, 1798-1975. - Genève: Univ. École d'architecture 1982. XXIV, 92 p. (Cahier / Centre de recherche sur la rénovation urbaine. 5.) 0029

*Catalogue collectif des cartes topographique detenues dans cinq cartothèques Parisienne. - Paris: Laboratoire d'information et de documentation en Géographie Intergéo 1982. 52 p. (Extrait d'Intergéo 1982. 67.) 0030

*Chambers, Betty: Printed maps and town plans of Bedfordshire, 1576-1900. - Bedford: Bedfordshire Historical Record Society 1983. 250 p. (The Publications of the Bedfordshire Historical Record Society. 62.) ISBN 0-85155-044-4 0031

*Curtis, Peter H.: Fire insurance maps of Iowa cities and towns: a list of holdings. Compiled by Peter H. Curtis with the assistance of Richard S. Green and Edward N. McConnell. - Iowa City, Iowa: Iowa State Historical Department, Office of the State Historical Society 1983. VII, 50 p. 0032

Dürst, Arthur: Der Plan eines "Karteninventars Schweiz" und der Stand der Geschichte der Kartographie in der Schweiz. In: Kartenhistorisches Colloquium Bayreuth '82. - Berlin 1983. p.55-69, ill. 0033

Ehrensvärd, Ulla: Handgezeichnete Veduten und Pläne in öffentlichen Sammlungen zu Stockholm und Uppsala betreffend Pommern, Mecklenburg, Brandenburg und Westpreußen. In: Lüneburger Beiträge zur Vedutenforschung. 4. - Lüneburg 1983. p.33-44, 3 ill. 0034

*Falk, Marvin W.: Alaskan maps: a cartobibliography of Alaska to 1900. - New York: Garland Pub 1983. XVII, 245 p. 0035

Fauser, Alois: Ältere Erd- und Himmelsgloben in Bayern. (Nachträge zu dem 1964 erschienenen Buch.) In: Globusfreund. 31/32, 1983. p.107-128. [With Engl. a. French rés.] 0036

*Ferguson, Paul: Irish map history. A select bibliography of secondary works, 1850-1983, on the history of cartography in Ireland. - Dublin: Ferguson 1983. 26 p. ISBN 0-9509040-0-7 0037

*Fiedler, Hans: Münden im Bild der Jahrhunderte: beschreibendes Verzeichnis der Darstellungen der Stadt und die heute zu ihr gehörenden Orte in der Graphik des 16.-19. Jahrhunderts. Unter Mitarb. von Karl Brethauer und Ludwig Denecke. - Hannoversch Münden: Heimat- und Geschichtsverein Sydekum 1983. 196 p., ill. (Sydekum-Schriften zur Geschichte der Stadt Münden. 8.) 0038

Frasse, J.A.; E.W. Kiessling: Index to geologic maps of California: 1977-1978. In: California Geology. 36, 1983, 1. p.6-13. 0039

*Guide to USGS geologic and hydrologic maps. - Mc Lean, Va.: Documents Index 1983. 644 p. 0040

*Gurung, Harka: Maps of Nepal, inventory and evaluation. - Bangkok: White Orchid Press 1983. 100 p. (White Orchid Books.) 0041

*Hetzer, Arnim; Viorel S. Roman: Albanien. Ein bibliographischer Forschungsbericht. Mit Titelübersetzungen und Standortnachweisen. - München: Saur 1983. 653 p. (Bibliographien zur Regionalen Geographie und Landeskunde. 3.) ISBN 3-598-21135-3 0042

Hoinkes, Christian: Neuerscheinungen kartographischer Publikationen in der Schweiz seit September 1982. In: Kartogr. Nachr. 33, 1983, 6. p.236-238. 0043

*Kasales, Stephanie A.; Peter Lessing: Catalog of West Virginia maps. - Morgantown, West Virginia: West Virginia Geological and Economic Survey 1983. VII, 112 p. 0044

*Katalog dawnych map wielkoskalowych Krakowa XVI-XIX wieku. (Red. nauk.: Michal Odlanicki-Poczobutt.) - Warszawa [usw.]: PWN 1981. 285 p. [Nebent.:] Catalogue of old large-scale maps of Cracow of the 16th-19th centuries. Katalog der alten großmaßstäbigen Karten von Kraków, 16.-19. Jahrhundert.
ISBN 83-01-02503-4 0045

*Kingsley, David: Printed maps of Sussex, 1575-1900. With introduction by Helen Wallis. - Lewes: Sussex Record Society 1982. 439 p., 40 pl. (Sussex Record Society, Vol. 72.) ISBN 0-854450319 0046

Klees, H.M.: Nieuw overzicht van de Nederlandse vegetatiekaarten II (1974-1978). In: Meded. Landbouwhogesch. Wageningen 1982, 5. 79 p., ill. 0047

Krogt, Peter J. van der: List of old globes in the Netherlands. In: Globusfreund. 31/32, 1983/84. p.78-106. [With Engl. rés.] 0048

Kummer, Werner: Liste alter Globen im Bundesland Hessen und aus einer Sammlung in Ingelheim in Rheinhessen. In: Globusfreund. 31/32, 1983/84. p.15-68, ill. 0049

Lamb, W. Kaye: Maps relating to the Vancouver Expedition. In: Bull. Assoc of Canad. Map Libr. 28, 1978. p.8-18. 0050

*Lindner, Klaus: Kartographische Beispiele zur Siedlungsentwicklung im Raum Berlin-Potsdam. Anläßlich der 9. Arbeitstagung des Arbeitskreises für genetische Siedlungsforschung in Mitteleuropa vom 1.-4. Juni 1982 in Berlin, Schloß Glienicke, aus den Beständen der Kartenabteilung der Staatsbibliothek Preußischer Kulturbesitz. - Berlin 1982. 6 p. [mimeogr.] 0051

Lystad, Joakim: Norske kartkataloger. En oversikt og vurdering. In: Kart og plan. 75, 1983, 1. p.33-39. [Norwegian map catalogues - a survey and valuation.] [Norw.] 0052

*Magyar geodéziai és kartográfiai irodalom. 3. Bd. (Ed.:) Ferenc Karsay. - Budapest: Müszaki Könyvkiadó 1983. [Bibliography of Hungarian geodetic and cartographic literature, 1971-1975.] [Hung.] 0053

*Moore, J.N.: The mapping of Scotland: a guide to the literature of Scottish cartography prior to the Ordnance Survey. - Aberdeen: O'Dell Memorial Monograph-University of Aberdeen, Department of Geography. 15, 1983. 73 p. 0054

*Neubert, Karl: Katalog alter druckgraphischer Ansichten von Eppstein bis 1870. - Eppstein: Neubert 1982. 29, XXIV p. 0055

Ozanne, Henriette: Bibliographie de la France, supplement IV. Atlas, cartes et plans. In: Bull. du Com. Franç. Cartogr. 95, 1983, 1. p.9-11. 0056

*Palmer, Margaret: The mapping of Bermuda. A bibliography of printed maps and charts 1548-1970. 3rd., rev. ed. Ed. by Ronald Vere Tooley. - London: Holland Press 1983. 31 p., XLI mp. (Holland Press cartographica. 10.)
ISBN 0-946323-01-1 0057

Pelletier, Monique: La documentation cartographique en France. In: Bull. du Com. Franç. Cartogr. 95, 1983, 1. p.5-7. 0058

*Prescott, Dorothy Francis; Margaret Routley; Judith Wells: Checklist of Australian map catalogues and indexes. - Melbourne: Australian Map Curators Circle 1982. 0059

*Répertoire cartobibliographique sur la région de Québec. Comp. par Yves Tessier. - Québec: Cartothèque, Bibliothèque de l'Université Laval 1983. 269 p. (Carto 3.)
ISBN 2-920310-01-1 0060

*Tac-chang, Chiang: Singapore in thematic maps: an annotated cartobibliography. - Singapore: Inst., College, Univ. 1979. 177 p. (Research project series. Institute of Humanities and Social Sciences. College of Graduate Studies. Nanyang University. 10.) 0061

*Tessier, Yves: Répertoire cartobibliographique sur la région de Québec. Compilé par Yves Tessier avec la collaboration de Jacques Martinez. - Québec: Bibliothèque de l'Université Laval 1983. 269 p., ill. ISBN 2-920310-01-1 0062

Whistance-Smith, Ronald: A bibliography of European maps from the New Europe. In: Bull. Assoc. of Canad. Map Libr. 49, 1983. p.1-4, 3 ill. 0063

B LIBRARIES AND MAP COLLECTIONS UDC 528.9 : 026 : 912
BIBLIOTHEKEN UND KARTENSAMMLUNGEN 528.9 : 026
BIBLIOTHEQUES ET COLLECTIONS DES CARTES

Allison, Brent: Map acquisition. An annotated bibliography. In: Inform. Bull. West. Assoc. of Map Libr. 15, 1983, 1. p.16-25. 0064

75th anniversary of National Map Collection. In: Mapline. 30/31, 1983. p.11. 0065

*Archier, Edwige: Influence des nouveaux types de documents cartographiques sur la politique d'acquisition d'une cartothèque nationale. 5 p. [mimeogr.] (Papers presented at the 49th IFLA General Council Meeting. München 1983.) 0066

Archier, Edwige: Outils disponibles pour acquerir cartes et atlas. In: Bull. du Com. Franç. Cartogr. 95, 1983, 1. p.12-13. 0067

Barton, Phillip L.: New Zealand Historical Map Collections. In: Imago Mundi. 35, 1983. p.102-103. 0068

Bennett, Josiah Q.: The cartographic treasures of the Lilly Library. In: Map Collector. 22, 1983. p.30-35, 3 photos, 4 mp. 0069

Bessero, G.: L'archivage de securite sur microformes au Service Hydrographique et Oceanographique de la marine. In: Bull. du Com. Franç. Cartogr. 95, 1983, 1. p.38-39. 0070

Bliss, Winfried: Die Plankammer Bromberg im Geheimen Staatsarchiv Preußischer Kulturbesitz. In: Beiträge zur Geschichte Westpreußens. 6, 1980. p.209-222, 4 ill. 0071

Bokman, Wilfred: The preservation of photographic records. In: Bull. Assoc. of Canad. Map Libr. 43, 1982. p.1-5. 0072

*Buckallew, Fritz A.: Central State University Map Collection: a subject analysis. - Edmond, Okla.: Central State Univ. Libr. 1983. III, 64 p. 0073

Button, Brian J.: The status of the national stock of aerial photography in Australia. In: Globe. 20, 1983. p.20-25, 2 tab. 0074

*Carter, J.S.: American traders in European ports: the Alexander O. Vietor collection of ship portraits, charts and related material. - Salem, Mass.: Peabody Museum 1982. 0075

Cobb, David A.: Map librarianship in the United States: a personal view. In: Cartogr. J. 20, 1983, 1. p.26-30. 0076

Dahl, Edward H.: Ethics and the map custodian. In: Bull. Assoc. of Canad. Map Libr. 48, 1983. p.38-40. 0077

Danckaert, Lisette: Conservation et tentative de preservation de plans cadastraux du XIXe siècle. In: Bull. du Com. Franç. Cartogr. 95, 1983. p.49-50. 0078

DesJardine, Cheryl A.: Map libraries in Canada. A decade of development. In: Bull. Assoc. of Canad. Map Libr. 46, 1983. p.17-20, 2 ill. 0079

*Ehrenberg, Ralph E.: Archives and manuscripts: Maps and architectural drawings. - Chicago: Society of American Archivists 1983. 64 p. ISBN 0-931828-50-3 0080

Equipement des magasins de cartothèques en France. In: Bull. du Com. Franç. Cartogr. 95, 1983, 1. p.36. 0081

Fraim, Thomas S.: Precision navigation filmstrips. In: Microcartography: applications for archives and libraries. - Santa Cruz, Ca. 1981. p.17-26, 3 ill. (West. Assoc. of Map Libr. Occ. Paper. 6.) 0082

Gillispie, James: Library instruction in a map library via slide/tape. In: Bull. Spec. Libr. Assoc. Geogr. a. Map Div. 131, 1983. p.2-13. 0083

Hess, Gerhard: Die Kartenbestände in der Sektion Geographie und ihre geographische Auswertbarkeit. In: Wiss. Z. E.M. Arndt-Univ. Greifswald. Math.-naturwiss. R. 30, 1981, 1. p.53-57. 0084

Hoehn, Philip: The cartographic treasure of the Bancroft Library. In: Map Collector. 23, 1983. p.28-32, 7 ill. (Series on Treasure House Libraries. 6.) 0085

Hood, Annie: The map collection of William Wyndham Grenville. (Paper pres. at the 10th International Conference on the History of Cartography. Dublin 1983.) 9 p. 0086

Jacobs, Els; Ton Vermeulen: "Omnium rerum vicissitudo est", ofwel de Engelbrecht-collectie. In: Caert-Thresoor. 2, 1983, 4. p.60-62, 3 ill. 0087

Kimball, Bernice: The historical maps of the city engineer, City of Los Angeles: a microfilm collection. In: Microcartography: applications for archives and libraries. - Santa Cruz, Ca. 1981. p.53-67, 3 ill. (West. Assoc. of Map Libr. Occ. Paper. 6.) 0088

Klemp, Egon: Carl Ritters Bemühungen um die Schaffung einer zentralen kartographischen Sammlung in Berlin nebst einigen Hinweisen zum Nachlass des Jubilars. In: Carl Ritter. Werk u. Wirkungen. -Gotha 1983. p.153-158. (Wiss. Abhandl. der Geogr. Gesellschaft der DDR. 16.) 0089

Klimley, Susan: Map preservation at Columbia University. This study points to a need for an adequate microform solution. In: Inform. Bull. West. Assoc. of Map Libr. 15, 1983, 1. p.73-100. 0090

Křivský, Pavel: Strahovská mapová sbírka. In: Rozpravy Národního technického muzea v Praze. 90, 1982. p.124-130. [Collection of maps in the Strahov monastery.] [Czech. with German a. Engl. rés.] 0091

Kupčik, Ivan: The State Map Collection in Prague. In: Imago Mundi. 35, 1983. p.103-104. 0092

Langelier, Gilles: The microfilm programme of the National Map Collection. In: Microcartography: applications for archives and libraries. - Santa Cruz, Ca. 1981. p.85-95, 4 ill. (West. Assoc. of Map Libr. Occ. Paper. 6.) 0093

Lataday, William R.: A discussion of microfilm formats and some newly developed readers. In: Microcartography: applications for archives and libraries. - Santa Cruz, Ca. 1981. p.69-84, 7 ill. (West. Assoc. of Map Libr. Occ. Paper. 6.) 0094

Le, Loan: The map collection in a small academic library; Scarborough College. In: Bull. Assoc. of Canad. Map Libr. 46, 1983. p.12-16, 1 tab. 0095

Leeuwenburg, Jeff: Map reference work in an academic library. In: Globe. 18, 1982. p.9-18, 1 ill. 0096

Lehmann, Dietmar: Landesluftbildarchiv. In: Mitt. a.d. Vermess.-wesen. 14, 1983. p.51-53, 1 tab. 0097

Lichtenberg, Rolf: Zur Mikroverfilmung von Flurkarten. In: Nachr. d. Niedersächs. Vermess.- u. Katasterverwalt. 32, 1982, 2. p.128-135, ill. 0098

Lines, John D.: Maps on microform. In: Globe. 17, 1982. p.11-19. 0099

Lundquist, Carl: Application of 35 mm aperture card technology to microcartography: applications for archives and libraries. - Santa Cruz, Ca. 1981. p.97-108. (West. Assoc. of Map Libr. Occ. Paper. 6.) 0100

Machanová, Miluše: Ustřední archiv geodezie a kartografie. In: Rozpravy Národního technického muzea v Praze. 90, 1982. p.149-154. [Central archives of geodesy and cartography.] [Czech. with German a. Engl. rés.] 0101

Marcotte, Louise: Les trésors de la collection nationale. In: Rev. de carto-Québec, l'Association Québécoise de Cartographie. 4, 1983, 1. p.13. 0102

Markham, Robert: Current issues in microcartography. In: 2nd International Conference on Geological Information. Proc. - Golden, Colorado 1982. Vol. 1. Ed.: C.M. Kidd. 1982. p.144-152. 0103

Markham, Robert: A systematic, user oriented plan for topographic maps on microfiche. In: Microcartography: applications for archives and libraries. - Santa Cruz, Ca. 1981. p.109-122. (West. Assoc. of Map Libr. Occ. Paper. 6.) 0104

Marley, Carol: Collecting for 2084. In: Bull. Assoc. of Canad. Map Libr. 48, 1983. p.36-38. 0105

Martin, Robert Sidney: Treasures of the Cartographic History Library at the Univ. of Texas at Arlington. In: Map Collector. 25, 1983. p.14-20, 9 ill. 0106

Mason, Keith: Satellite survey data: availability, acquisition and archiving. In: Bull. Soc. of Univ. Cartographers. 15, 1982, 2. p.7-14, 1 ill., 1 tab. 0107

Mikós, Michael J.: Joachim Lelewel and his collection of maps. (Paper pres. at the 10th International Conference on the History of Cartography. - Dublin 1983. 9 p. 0108

Mörzer Bruyns, Willem F.J.; Elize van Dienst: De restauratie van zeekaarten op perkament. In: Caert-Thresoor. Tijdschr. voor de hist. kartogr. in Nederland. 2, 1983, 2. p.24-26, 2 ill., 2 tab. 0109

Mojdl, Jiří: Státní sbírka mapová. Mapová sbírka Geografického ústavu ČSAV. Její vznik, vývoj a současnost. In: Rozpravy národního technického muzea v Praze. 90, 1982. p.131-148, 1 photo. [The State map collection in the Institute of Geography of the Czechoslovak Academy of Sciences. Its origin, development and present-day state.] [Czech. with German a. Engl. rés.] 0110

Morgan, Gary L.: Cartographic records. In: Guide to genealogical research in the National Archives. - Washington, D.C. 1982. p.253-262. 0111

North, Gary W.: Earth science products for tomorrow's libraries. (Papers pres. at the 49th IFLA General Council Meeting. - München 1983.) 19 p. [mimeogr.] 0112

Page, J.S.: The approach and progress towards automation in the map library at the mapping and charting establishment. In: Computers in cartography. 1982. p.200-204. (British Cartogr. Soc., London; Spec. Publ. 2.) 0113

Paladini Cuadrado, Angel: La cartoteca histórica del Servicio Geográfico del Ejército. In: Bol. de Inform. Serv. Geogr. Ejército. 55, 1983, 1. p.79-88. 0114

Parry, Robert B.: Selection and procurement of European maps for an American map library, with a case study of British maps. In: Bull. Spec. Libr. Assoc. Geogr. a. Map Div. 131, 1983. p.16-22. 0115

Pastoureau, Mireille: Collections et collectionneurs de cartes en France, sous l'ancien regime. (Paper pres. at the 10th International Conference on the History of Cartography. - Dublin 1983.) 7 p. 0116

Pelletier, Monique: Les problemes de conservation au Departement des cartes et plans de la Bibliothèque Nationale. In: Bull. du Com. Franç. Cartogr. 95, 1983, 1. p.43-48, 4 photos, 2 mp. 0117

Perry, Joanne M.: Map storage methods: a bibliography. In: Bull. Spec. Libr. Assoc. a. Map Div. 131, 1983. p.14-15. 0118

Post, Jeremiah B.: Servicing cartographic materials in archives. In: Bull. Spec. Libr. Assoc. Geogr. a. Map Div. 129, 1982. p.27-30. 0119

Ray, Jean M.: Report on map & geography round table meetings, American Library Association Annual Conference, Los Angeles, June 24-28, 1983. In: Bull. Spec. Libr. Assoc. Geogr. a. Map Div. 134, 1983. p.29-31. 0120

Reinhard, E.: Die Entwicklung der kartographischen Landschaftsdarstellung im südwestdeutschen Raum, aufgezeigt an alten Karten aus den Sammlungen des Generallandesarchivs. In: Mitt.-Bl. Arb.-Kreis für Hist. Kartogr. in d. Arb.-Gemeinschaft Hist. Komm. u. Landesgesch. Inst. 19, 1982. p.3-10. 0121

Rivard, Kim Green: Bunche Hall A-253 (or the UCLA Map Library). In: UCLA Map Library Newsletter & Selected Acquisitions. 4, 1983, 1. p.4-10. 0122

Robbins, Evelyn A.: Redistribution and the electoral map folio. In: Bull. Assoc. of Canad. Map Libr. 48, 1983. p.25-29. 0123

Roselle, William C.: The American Geographical Society Collection of the University of Wisconsin-Milwaukee. - Wisconsin, Milw. 1983. 16 sheets ill. a. text. [Calender] 0124

Roselle, William C.: Wisconsin. The American Geographical Society Collection of the Univ. of Wisconsin-Milwaukee. In: Encyclopedia of Library and Information Science. - New York 1982. p.176-185. 0125

Salaba, M.: Südosteuropa im 17. und 18. Jahrhunderts in den Kartensammlungen der badischen Markgrafen. In: Mitt.-Bl. Arb.-Kreis für Hist. Kartogr. i.d. Arb.-Gemeinschaft Hist. Komm. u. Landesgesch. Inst. 19, 1982. p.14-18. 0126

Schwarzmaier, H.: Karten des 16. Jahrhunderts als Aktenbeilagen. Kartographie und Gerichtsverfahren. In: Mitt.-Bl. Arb.-Kreis für Hist. Kartogr. i.d. Arb.-Gemeinschaft Hist. Komm. u. Landesgesch. Inst. 19, 1982. p.10-14. 0127

Sebert, Lou M.: Geodesy for map librarians. In: Bull. Assoc. of Canad. Map Libr. 48, 1983. p.41-43, 1 ill.; 49, 1983. p.5-9, 6 ill. 0128

Sebert, Lou M.: Proceedings of the Association of Canadian Map Libraries 17th Annual Conference. Papers. The mapping of Northern Ontario. In: Bull. Assoc. of Canad. Map Libr. 47, 1983. p.1-17, 8 ill. 0129

Shannon, Michael O.: Conference on the state of map acquisitions and reference use in libraries. In: Cartographica, Mono. 20, 1983, 3. p.90-92. 0130

Shepherd, Ifan D.H.: Bringing computers into the map library: some general issues with special reference to MAPLIB. In: Computers in cartography. 1982. p.162-199, 6 ill. (British Cartogr. Society, London; Spec. Publ. 2.) 0131

The Solis and Helen Seiferth Collection of rare maps donated to the Louisiana State Museum. In: Map Collector. 23, 1983. p.42. 0132

Staal, G.: Het beheer van de kaart beschreven. In: Kartogr. T. 9, 1983, 5. p.28-29. 0133

Stephenson, Clifford: Do-it-yourself framing. In: Map Collector. 24, 1983. p.26-30, 9 ill. 0134

Stephenson, Clifford: The mechanics of map collecting. In: Map Collector. 22, 1983. p.24-28, 5 ill. 0135

Stephenson, Clifford: Storing your maps. In: Map Collector. 23, 1983. p.24-26, 6 ill. 0136

Stevens, Stanley D.: Map librarians need to beware of requests for pre-payment. In: Inform. Bull. West. Assoc. of Map Libr. 14, 1983, 3. p.215-218. 0137

Stevens, Stanley D.: The standards committee on cartographic microforms - a progress report. In: Microcartography: applications for archives and libraries. - Santa Cruz, Ca. 1981. p.123-127. (West. Assoc. of Map Libr. Occ. Paper. 6.) 0138

Suitner Nicolini, Gianna: Le mappe e i disegni dell'archivio di Piazzola sul Brenta. Cartografia storica e analisi territoriale. - Padova: La garangola 1981. VII, 345 p., ill. 0139

Szykuła, Krystyna: Atlas factice of the Machnizkies - unique collection from the 16th to the 19th century. (Paper pres. at the 10th International Conference on the History of Cartography. - Dublin 1983.) 14 p. 0140

Szykuła, Krystyna: Veduten-Unica und seltene nichtschlesische Veduten in der Kartensammlung der Universitätsbibliothek zu Wrocław/Breslau. In: Lüneburger Beiträge zur Vedutenforschung. 1. - Lüneburg 1983. p.19-32, 6 ill. 0141

Taillemite, Etienne: Les cartes anciennes du service hydrographique de la marine conservees aux Archives Nationales. In: La Carte manuscrite et imprimée du XVIe au XIXe siècle. - München 1983. p.19-32. 0142

Talbot, Bill: Commercial reprographics services. In: Microcartography: applications for archives and libraries. - Santa Cruz, Ca. 1981. p.129-134. (West. Assoc. of Map Libr. Occ. Paper. 6.) 0143

Taylor, Charles: The manuscript map microfilming project of the National Archives. In: Microcartography: applications for archives and libraries. - Santa Cruz, Ca. 1981. p.135-141. (West. Assoc. of Map Libr. Occ. Paper. 6.) 0144

Teisseyre-Sallmann, Line: Le depot legal au departement des cartes et plans de la Bibliothèque Nationale: acquis et perspectives. In: Bull. du Com. Franç. Cartogr. 95, 1983. p.8-9. 0145

'Tiggesbäumker, Günter: Die Altkartenbestände der Staatlichen Bibliothek Ansbach - handgezeichnete und gedruckte Karten des 16. bis 19. Jahrhunderts. - Bamberg: Selbstverlag des Faches Geographie der Univ. Bamberg 1983. VIII, 164 p., 35 plates. (Bamberger geograph. Schriften. Sonderfolge. 1.) ISBN 0175-3894 0146

Tyacke, Sarah: The present use of 35 mm microfilm in the British Library for cartographic materials. In: Bull. du Com. Franç. Cartogr. 95, 1983, 1. p.40-42. 0147

Wallis, Helen: British map collections: cooperative planning and projects. (Papers pres. at the 49th IFLA General Council Meeting. - München 1983.) 13 p. [mimeogr.] 0148

Wawrik, Franz: Alte Manuskriptkarten an der Österreichischen Nationalbibliothek. In: Kartenhistorisches Colloquium Bayreuth '82. - Berlin 1983. p.31-39. 0149

Wawrik, Franz: History and current status of the Globe Museum of the Austrian National Library. (Papers pres. at the 49th IFLA General Council Meeting. - München 1983.) 9 p. [mimeogr.] 0150

Williams, Mary Ellen: Restoration of a historic map through electronic manipulation. In: Bull. Amer. Congr. on Surv. a. Mapp. Techn. Papers. Annual Meeting. 42, 1982. p.109-114. 0151

Wolter, John A.: Maps and microimaging. In: Microcartography: applications for archives and libraries. - Santa Cruz, Ca. 1981. p.143-163, 4 ill., 2 tab. (West. Assoc. of Map Libr. Occ. Paper. 6.) 0152

Zögner, Lothar: Besonderheiten bei der Erwerbung und Bearbeitung von Landkarten. In: Arbeitshilfen für Spezialbibliotheken. 1: Erwerbung. Hrsg. von Robert Funk. - Berlin: Deutsches Bibliotheksinstitut 1983. p.119-126. (DBI-Materialien. 25.) 0153

Zögner, Lothar: Kartensammlungen in der Bundesrepublik Deutschland und Berlin (West). Eine Strukturanalyse. In: Kartogr. Nachr. 33, 1983, 3. p.103-108, 6 tab. 0154

Zögner, Lothar: Kartensammlungen in der Bundesrepublik Deutschland und Berlin (West). Eine Strukturanalyse. In: Zeitschrift für Bibliothekswesen und Bibliographie. 30, 1983, 3. p.205-218. 0155

*Zögner, Lothar: Verzeichnis der Kartensammlungen in der Bundesrepublik Deutschland einschließlich Berlin (West). Im Auftrag der Staatsbibliothek Preußischer Kulturbesitz mit Unterstützung der Deutschen Forschungsgemeinschaft bearbeitet. - Wiesbaden: Harrassowitz 1983. XVII, 417 p., 1 mp. ISBN 3-447-02193-4 0156

C DOCUMENTATION AND CLASSIFICATION PROBLEMS UDC 528.9 : 026 : 912
DOKUMENTATION UND KLASSIFIZIERUNGSFRAGEN 528.9 : 026
DOCUMENTATION ET PROBLEMES DE CLASSIFICATION

*Archival citations. Suggestions for the citation of documents at the Public Archives of Canada. Ed.: Terry Cook. - Ottawa 1983. 28 p. 0157

*Australian MARC specification: cartographic materials: an extension of the AUSMARC format to cover maps, globes, atlases, photomaps, topographical drawings and other cartographic materials. [Ed.:] Warwick S. Cathro. - Canberra: National Library of Australia 1983. 35 p. ISBN 0-642-99291-6 0158

Barkee, Charles J.: Maps and charts on microfilm ? In: Microcartography: applications for archives and libraries. - Santa Cruz, Ca. 1981. p.9-16, 3 ill. (West. Assoc. of Map Libr. Occ. Paper. 6.) 0159

Cruse, Larry: Microcartography. In: Inform. Bull. West. Assoc. of Map Libr. 14, 1983, 2. p.105-109, 2 ill.; 3. p.190-196; 15, 1983, 1. p.100-108. 0160

Farkas, Mikuláš: O cinnosti OBIS kartografie. In: Geod. a kartogr. obz. 29, 1983, 3. p.64-67, 2 ill. [On the activity of BIC of cartography.] [Czech.] 0161

Frost, Carolyn O.: Cartographic materials. Chapter 4 in cataloging nonbook materials: problems in theory and practice. Ed.: Arlene Taylor Dowell. - Littleton, Colo.: Libraries Unlimited 1983. p.68-102. 0162

*Hilber, Elmar: Die Katalogisierung von Kartenmaterialien. Theoretische Grundlagen und praktische Ausführung am Beispiel der Sammlung Walter Blumer. (Einführung und Arbeitsbericht.) Diplomarbeit der Vereinigung Schweizerischer Bibliothekare. - Glarus: [Landesbibliothek Glarus] 1978. V, 84 sheets. 0163

Hoehn, R. Philip: A simple map microfilm program. In: Microcartography: applications for archives and libraries. - Santa Cruz, Ca. 1981. p.47-51. (West. Assoc. of Map Libr. Occ. Paper. 6.) 0164

Hoffmann, Frank: Geo-Kartographisches Informations-Recherche-System in Japan. In: Vermess.-techn. 30, 1982, 9. p.320. 0165

Lannez, P.: Projet de fichier automatise des cartes geologiques de la cartothèque de BRGM. In: Bull. du Com. Franç. Cartogr. 95, 1983, 1. p.29-32. 0166

Lepretre, J.-P.: Colloque de Lille. La documentation bibliographique et factuelle du service géologique national du Bureau de Recherches Géologiques et Minières. In: XYZ - Rev. de l'Assoc. Franç. de Topogr. 17, 1983. p.28-30, 4 ill. 0167

Rallt, R.A.: Manual of map cataloguing and classification using AACR2. - Perth, Western Australia: Australian Map Curators Circle 1982. II, 48 sheets. 0168

*Regeln für die alphabetische Katalogisierung. Sonderregeln für kartographische Materialien. <RAK-Karten>. Hrsg. von der Kommission des Deutschen Bibliotheksinstituts für Alphabetische Katalogisierung. Vorabdr. - Berlin: Deutsches Bibliotheksinstitut [in Komm.] 1983. 70 p. 0169

Staal, G.: Het beheer van de kaart beschreven. In: Kartogr. T. 9, 1983, 5. p.28-29. 0170

Tyacke, Sarah; Roger Fairclough: Cartographic materials: a manual of interpretation for the Anglo-American Cataloguing Rules (edition 2). In: Cartogr. J. 19, 1982, 1. p.67-69, 2 tab. 0171

Webster, G.: Cartographic materials and MARC. In: Cartogr. J. 19, 1982, 1. p.60-67. 0172

Webster, G.: The development of a UK MARC format for cartographic materials. In: Computers in cartography. 1982. p.149-161. (British Cartogr. Society, London; Spec. Publ. 2.) 0173

II. General Publications
Allgemeine Werke
Généralités

A GENERAL AND COMPREHENSIVE REPRESENTATION. MANUALS (HANDBOOKS). COLLECTIONS UDC 528.9 (02 08)
GESAMTDARSTELLUNGEN. HANDBÜCHER. SAMMELWERKE
OUVRAGES D'ENSEMBLE. MANUELS, RECUEILS

*Abc. Kartenkunde. Hrsg.: Rudi Ogrissek. - Leipzig: Edition Leipzig 1983. 684 p., 48 pl. ISBN 3-87144-784-6 0174

*Beiträge zur Kartographie. Von Eduard Imhof a.o. Hrsg.: Werner Böser und Heinz Musall. - Karlsruhe: Fachhochschule Karlsruhe, Fachbereich Vermessungswesen und Kartographie 1983. 86 p. (Karlsruher geowissenschaftliche Schriften. R. A.1.) 0175

*Bertin, Jacques: [La graphique et le traitement graphique de l'information, engl.] Graphics and graphic information-processing. - Berlin [usw.]: de Gruyter 1981. 273 p. ISBN 3-11-006901-6 0176

*Bies, John D.; Robert A. Long: Mapping and topographic drafting. - Cincinnati, Ohio: South Western Publishing Co. 1983. VII, 264 p. 0177

*Brandstätter, Leonhard: Gebirgskartographie. Der topographisch - kartographische Weg zur geometrisch integrierten Gebirgsformendarstellung, erläutert an alpinen Beispielen. - Wien: Deuticke 1983. XVI, 319 p., 2 mp. (Die Kartographie und ihre Randgebiete. 2.) ISBN 3-7005-4456-1 0178

*Broekel, Ray: Maps and globes. - Chicago: Childrens Press 1983. 45 p. 0179

Cartography. [Special issue.] In: Geo-Journal. 6, 1982, 3. p.199-396. 0180

*Deumlich, Fritz: [Instrumentenkunde der Vermessungstechnik, engl.] Surveying instruments. - Berlin [usw.]: de Gruyter 1982. 316 p. ISBN 3-11-007765-5 0181

*Einführung in die Kartographie und Luftbildinterpretation. Von Eberhard Scholz, Gotthard Tanner und Ronald Jänckel. 2. Aufl. - Gotha: Haack 1983. 240 p., ill., mp. (Studienbücherei für Lehrer. 16.) 0182

*Imhof, Eduard: [Kartographische Geländedarstellung, engl.] Cartographic relief presentation. - Berlin [usw.]: de Gruyter 1982. XVIII, 389 p., 14 suppl. ISBN 3-11-006711-0 0183

*Lautsch, Hermann: Karte, Riß, Profil und Nordrichtung. Von H. Lautsch u. Andreas Pilger. 1: Grundlagen u. Bezugssysteme. - Clausthal-Zellerfeld: Pilger 1982. (Clausthaler tektonische Hefte. 18.) ISBN 3-87639-018-4 0184

*Manzoni, Giorgio: Appunti di topografia. Per allievi del biennio di ingegneria civile e ingegneria mineraria. - Trieste, Cluet 1981. 239 p., ill. (Testi, Università degli studi di Trieste, Facoltà di ingegneria. 1.) 0186

*Merlin, Pierre: La Topographie. 3e éd. - Paris: Presses universitaires de France 1980. 127 p., ill. (Que sais-je ? 744.) ISBN 2-13-036463-2 0187

*Mori, Alberto: Le carte geografiche e loro lettura e interpretazione. 2. ed. - Pisa: Libreria goliardica 1981. 285 p., ill., 3 tab. 0188

*Taylor, D.F.: Graphic communication and design in contemporary cartography. - Chichester, New York usw.: Wiley 1983. 314 p., ill. (Progress in Contemporary Cartography. 2.) ISBN 0-471-10316-0 0189

*Ts'g-hui tz'Ö-tien. Cehui cidian / Ts'g-hui ta'Ö-tien pien-chi-wei-yüan-hui. - Shang-hai: Shang-hai ta'Ö-shu ch'u-pan-shê 1981. 974 p. [Dictionary of cartography.] [Chines., latin letters.] 0190

B PERIODICALS UDC 528.9 (05)

PERIODICA

PERIODIQUES

Böckmann, Kurt: 25 Jahre Nachrichtenblatt der Vermessungs- und Katasterverwaltung Rheinland-Pfalz. In: Nachr.-Bl. d. Vermess.- u. Katasterverwalt. Rheinl.-Pf. 26, 1983, 1. p.1-2. 0191

Böser, Werner: Dokumentation von angewandter Forschung und Entwicklung im Fachbereich Vermessungswesen und Kartographie und im Institut für Photogrammetrie und Kartographie der Fachhochschule Karlsruhe. In: Beiträge zur Kartographie. - Karlsruhe 1983. p.9-10. (Karlsruher Geowissenschaftliche Schriften. A.1.) 0192

Hothmer, Jürgen: Wissenschaftliche Kommunikation durch Zeitschriften und graue Literatur. In: Z. f. Vermess.-wesen. 108, 1983, 6. p.234-242, 3 ill., 3 tab. 0193

*Imago Mundi. The Journal of the International Society for the History of Cartography. Vol. 35. - Lympne Castle, Kent 1983. 144 p., ill. ISSN 0308-5694 0194

*International yearbook of cartography. Annuaire international de cartographie. Internationales Jahrbuch für Kartographie. In Zusammenarbeit mit der Internationalen kartographischen Vereinigung. Hrsg. von Klaus Kirschbaum und Karl-Heinz Meine. Vol. 22. - Bonn-Bad Godesberg: Kirschbaum-Verl. 1983. 186 p., mp. ISBN 3-7812-1102-9 0195

Smechova, A. Ch.: Žurnal 'Geodezika i kartografija' <Kuba.>. In: Geod. i Kartogr., Moskva. 1982, 9. p.56-58. ['Geodesy and cartography', magazine of Cuba.] [Russ.] 0196

Smechova, A. Ch.: Žurnal 'Geodezija, kartografija, zemeustrojstvo' (Bolgarija) 1982 g. In: Geod. i Kartogr. 1983, 5. p.51-56. ['Geodesy, cartography and land use' journal in 1982 (PRB).] [Russ.] 0197

C GENERAL AIDS UDC 528.9 (083)

ALLGEMEINE HILFSMITTEL 528.9 (03)

AIDES GENERALES

Akrigg, G.P.V.: The use of maps in the study of place names. In: Bull. Assoc. of Canad. Map Libr. 47, 1983. p.18-25, 4 ill. 0198

Breu, Josef: The standardization of geographical names within the framework of the United Nations. In: Internat. Jb. f. Kartogr. 22, 1982. p.42-47. 0199

Gasque, Thomas J.: Place names, maps, and English courses. In: Mapline. 32, 1983. p.[1-3], 3 ill. 0200

'Historisches Gemeindeverzeichnis für die Bundesrepublik Deutschland. Namens-, Grenz- und Schlüsselnummernänderungen bei Gemeinden, Kreisen und Regierungs-Bezirk vom 27.5.1970 bis 31.12.1982. Hrsg. Statist. Bundesamt Wiesbaden. - Stuttgart, Mainz: Kohlhammer 1983. 815 p. (Systematische Verzeichnisse.) ISBN 3-17-003263-1 0201

'Kurian, George Thomas: Geo-data, the world almanac gazetteer. - Detroit, Mich.: Gale Research Co. 1983. 623 p. 0202

*Neues schweizerisches Ortslexikon. Nouveau dictionnaire géographique de la Suisse. [Red.: Claudia und Robert Schnieper.] 23., vollst. neubearb. Aufl. - München, Luzern: Bucher 1983. 346 p., mp-suppl. ISBN 3-7658-0403-7 0203

*Reichling, Gerhard: Gemeindeverzeichnis für die Hauptwohngebiete der Deutschen außerhalb der Bundesrepublik Deutschland. Nach amtl. Unterlagen bearb. von Gerhard Reichling. 2., durchges. u. wesentl. erw. Aufl. - Frankfurt a.M.: Verl. für Standesamtswesen 1982. XVII, 508 p. ISBN 3-8019-5609-1 0204

*Room, Adrian: A concise dictionary of modern place-names in Great Britain and Ireland. - Oxford [usw.]: Univ. Pr. 1983. XLIV, 148 p. ISBN 0-19-211590-1 0205

*Rosenkranz, Heinz: Ortsnamen des Bezirkes Gera. Eine kulturhistorische Studie. 1. Aufl. - Greiz: Kulturbund der DDR 1983. 84 p., ill. 0206

*Täubert, Heinrich: Geographische Namen - richtig ausgesprochen. - Gotha: Haack 1982. 131 p. 0207

*Verhoeff, J.M.: De oude Nederlandse maten en gewichten. 2. ed. - Amsterdam 1983. (Publikaties van het P.J. Meertens-Institut voor Dialectologie, Volkskunde en Naamkunde van de Koninklijke Nederlandse Akademie van Wetenschappen. Deel 3.) 0208

·Verzeichnis der Gemeinden der Deutschen Demokratischen Republik. - Berlin: Staatsverlag der Deutschen Demokratischen Republik 1983. 366 p. 1. Suppl. 1983. p.367-510. 0209

¨Watznauer, Adolf: Dictionary of geosciences: containing approximately 38 000 terms. - Amsterdam, New York: Elsevier 1982. 0210

*Werneburg, A.: Die Namen der Ortschaften und Wüstungen Thüringens. Unveränd. Nachr. aus d. 'Jahrbücher der Königl. Akademie gemeinnütziger Wissenschaften zu Erfurt'. N.F. H. XII, 1884 / besorgt von Ludwig Erich Schmitt. - Köln, Wien: Böhlau 1983. 213 p., mp. (Mitteldeutsche Forschungen. Sonderreihe. 2.) ISBN 3-412-07283-4 0211

III. History of Cartography
Geschichte der Kartographie
Histoire de la cartographie

A GENERAL FEATURES UDC 528.9 (09)
ALLGEMEINES
GENERALITES

*Alinhac, Georges: Historique de la cartographie. [Publié par l'Institut géographique national, Ecole nationale des sciences géographiques.] - [Paris]: IGN 1983. [1] Texte. 43 p.; [2] Planches. 77 f. 0212

Aujac, Germaine: Le parallèle de Rhodes dans la géographie de Ptolémée. (Paper pres. at the 10th International Conference on the History of Cartography. - Dublin 1983.) 9 p. 0213

Ballard, Paul: Analysis in historical cartography studies. In: Cartography. 12, 1982, 3. p.173-178, 3 ill. 0214

Bialas, Volker: Die Pioniere der Geodäsie. In: Z. f. Vermess.-wesen. 108, 1983, 4. p.166-169. 0215

*Bitterli, Urs: Die Entdeckung und Eroberung der Welt. Dokumente und Berichte. Bd 1: Amerika, Afrika; 2: Asien, Australien, Pazifik. - München: Beck 1980/81. (Beck'sche Sonderausgaben.) 0216

Bond, Barbara: Maps printed on silk. In: Map Collector. 22, 1983. p.10-13, 5 mp. 0217

*Booth, John: Looking at old prints. - Westbury: Cambridge House Books 1983. 202 p. ISBN 0-906853-03-6 0218

*Bosio, Luciano: La Tabula Peutingeriana. Unà descrizione pittorica del mondo antico. - Rimini: Maggioli 1983. 234 p., ill., tab. (I monumenti dell'arte classica. 2.) 0219

*Büttner, Manfred: Zur Entwicklung der Geographie vom Mittelalter bis zu Carl Ritter. - Paderborn, München, Wien, Zürich: Schöningh 1983. 248 p. (Abhandlungen und Quellen zur Geschichte der Geographie und Kosmologie. 3.) ISBN 3-506-78763-2 0220

Campbell, Tony: 'At the time of writing . . .' - a brief account of chronograms. In: Map Collector. 22, 1983. p.48-50, 3 ill. 0221

Campbell, Tony: The toponymy of early Portolan charts - a neglected key to their understanding. (Paper pres. at the 10th International Conference on the History of Cartography. - Dublin 1983.) 10 p. 0222

Clutton, Elizabeth: On the nature of thematic maps and their history. In: Map Collector. 22, 1983. p.42-43, 2 ill. 0223

Deberg, Minako: A comparative study of two Dutch maps, preserved in the Tokyo National Museum - Joan Blaeu's wall map of the world in two hemispheres, 1648 and its revision ca. 1678 by N. Visscher. In: Imago Mundi. 35, 1983. p.20-36, 12 ill. 0224

Découvreurs et conquérants. La grande aventure des explorations. [Dirigé par] Alain Bombard. Vol. 1-9. - Paris 1980/83. 0225

Dilke, Oswald A.W.; Margaret S. Dilke: The Maggiolo world sea chart at Fano. In: Map Collector. 23, 1983. p.50-53, 5 ill. 0226

Dörflinger, Johannes: The mirror of the world. In: Information Nr. 7 der Internationalen Coronelli-Gesellschaft für Globen- und Instrumentenkunde, Wien 1983. p.6-9. 0227

Dörflinger, Johannes: Time and cost of copper plate engraving - illustrated by early nineteenth century maps from the Viennese firm Artaria & Co. In: Imago Mundi. 35, 1983. p.58-66, 5 ill. 0228

Ehrenberg, Ralph E.: Mineralogical and geological information on maps before 1830. (Paper pres. at the 10th International Conference on the History of Cartography. - Dublin 1983.) 14 p. 0229

Ehrensvärd, Ulla: Färg på gamla kartor. In: Biblis, Föreningen för bokhantverk. Årsbok 1982. - Stockholm. p.9-56, ill. [Colour on old maps.] [Swed. with Engl. rés.] 0230

Firneis, Maria G.; Helmuth Grössing: Das Meteoroskop des Regiomontanus: Ein Instrument zur Bestimmung geographischer Koordinaten. In: Globusfreund. 31/32, 1983. p.140-157, 2 ill. [With Engl. a. French rés.] 0231

Fischer, Irene K.: The role of the sea and the seafarers in early geodesy. In: Internat. Hydrogr. Rev. 60, 1983, 1. p.107-118. 0232

Fox, Michael J.: A cartographic riddle. In: Wisconsin Magazine of History. 63, 1980, 3. p.233-235. 0233

Freiesleben, Hans-Christian: Die Entstehung der Portolankarten noch immer ungeklärt (Bericht). In: Kartenhistorisches Colloquium Bayreuth '82. - Berlin 1983. p.91-96. 0234

Freiesleben, Hans-Christian: The still undiscovered origin of portolan charts. In: J. of Navigation. 36, 1983, 1. p.124-129. 0235

*Hare, David: A map of the world. - London: Faber and Faber 1982. 81 p. 0236

Harley, John Brian; David Woodward: The History of Cartography project: a note on its organization and assumptions. In: Bull. Amer. Congr. on Surv. a. Mapp. Techn. Papers. 43, 1983. p.580-589. 0237

Harms, Hans: Die Karte als Emblem. In: Kartenhistorisches Colloquium Bayreuth '82. - Berlin 1983. p.79-90, 6 ill. 0238

*Havn og skib, flag og kompas. Saerudstilling; Fisken- og Søfartsmuseet Saltvandsakvariet, Esbjerg, 8. juli - 16. sept. 1983. - Bremen: Werbedr. 1983. 56 p., XII pl. (Die Welt in Seekarten. 7.) 0239

*Heppell, Roger C.: Topographic maps and the local historian. - Manlius, N.Y.: Regional Conference of Historical Agencies 1982. 4 p. 0240

*Hertel, Gisa; Peter Hertel: Ungelöste Rätsel alter Erdkarten. - Gotha: Haack 1983. 111 p., 1 mp. (Geographische Bausteine. 22.) 0241

Hoffmann, M.: Kartenherstellungsverfahren im Gothaer Verlag "Justus Perthes" bis um das Jahr 1870. In: Vermess.-techn. 31, 1983, 8. p.277-279, 4 ill. 0242

Honl, Ivan: Starověká "Geographia figurata". In: Rozpravy Národního technického muzea v Praze. 90, 1982. p.6-13, 2 ill. [Ancient "Geographia Figurata"] [Czech. with German a. Engl. rés.] 0243

Hood, Annie: The map collection of William Wyndham Grenville. (Paper pres. at the 10th International Conference on the History of Cartography. - Dublin 1983.) 9 p. 0244

Howse, Derek: Greenwich time and discovery of the longitude. In: Bull. Soc. of Univ. Cartographers. 16, 1983, 2. p.41-42. 0245

'Imago Mundi. The Journal of the International Society for the History of Cartography. Vol. 35. - Lympne Castle, Kent 1983. 144 p., ill. ISSN 0308-5694 0246

*10th International Conference on the History of Cartography. - Dublin, 29.8.-2.9.1983. Papers No. 1-41. 0247

Jacobs, Els; Ton Vermeulen: "Omnium rerum vicissitudo est", ofwel de Engelbrecht-collectie. In: Caert-Thresoor. 2, 1983, 4. p.60-62, 3 ill. 0248

Jäger, Eckhard: Bemerkungen zur Auflagenhöhe älterer Kartenwerke. Beispiele aus der europäischen Landkartenproduktion des 16. bis 19. Jahrhunderts. In: Kartenhistorisches Colloquium Bayreuth '82. - Berlin 1983. p.109-124. 0249

Jäger, Eckhard: Sozialgeschichtliche Aspekte der Arbeit von Vedutenstechern. Ausgewählte Beispiele aus dem 16., 17. und 18. Jahrhundert. In: Lüneburger Beiträge zur Vedutenforschung. 1 - Lüneburg 1983. p.9-18, 1 ill. 0250

*Jolly, David C.: Antique maps, sea charts, city views, celestial charts, and battle plans: price guide and collectors' handbook for 1983. - Brookline, Mass.: D.C. Jolly 1983. VIII, 279 p. 0251

Kadmon, Naftali: Ptolemy and the early image of the old world. In: Cartogr. J. 20, 1983, 1. p.35. 0252

Kalkwiek, Klaas: Het middeleeuwse wereldbereld II. Het kaartbeeld in de vroege middeleeuwen. In: Caert-Thresoor. 2, 1983, 1. p.6-12, 10 ill. [With Engl. rés.] 0253

Kalkwiek, Klaas: Het middeleeuwse wereldbeeld III. Reizen en reiskaarten in de middeleeuwen tot 1300. In: Caert-Thresoor. 2, 1983, 4. p.54-59, 5 ill. [With Engl. rés.] 0254

*Kartenhistorisches Colloquium Bayreuth '82. 18.-20. März 1982. Vorträge und Berichte. Hrsg. v. Wolfgang Scharfe, Hans Vollet und Erwin Herrmann in Verbindung mit dem Arbeitskreis "Geschichte der Kartographie" der Deutschen Gesellschaft für Kartographie und dem Historischen Verein für Oberfranken. - Berlin: Dietrich Reimer Verlag 1983. X, 227 p. 0255

Kleinn, Hans: Maßstäbe und Maßstabsberechnungen alter Karten. In: Kartenhistorisches Colloquium Bayreuth '82. - Berlin 1983. p.71-77, 2 tab. 0256

*Köberer, Wolfgang: Das rechte Fundament der Seefahrt. Deutsche Beiträge zur Geschichte der Navigation. - Hamburg: Hoffmann & Campe 1982. 340 p., ill. ISBN 3-455-03980-4 0257

Krogt, Peter van der: Oude kaarten: het verleden in beeld. In: De Nieuwe Geografenkrant. 7, 1983, 3. p.12-13. 0258

Kudrnovská, Olga: Historische Karten - ein Seminar in Bratislava. In: Kartogr. Nachr. 33, 1983. p.189-190. 0259

Kupčik, Ivan: Die Kartenausstellung "Il disegno del mondo" in Turin. In: Kartogr. Nachr. 33, 1983, 6. p.228-229, 1 photo. 0260

Kupčik, Ivan: Kartenausstellung in Lissabon. In: Kartogr. Nachr. 33, 1983, 1. p.30-31. 0261

Lampo, Hubert: De portulanen van het onmogelijke. In: Kartogr. T. 9, 1983, 2. p.29-45, ill. 0262

Lapierre, Marie: Le milieu cartographique. In: Revue de Carto-Québec. 4, 1983, 1. p.10-11; 26-27. 0263

Lawrence, Heather: Permission to survey. In: Map Collector. 19, 1982. p.16-20, 4 ill., 3 mp. 0264

*Leunen, P. van; J.E.W. Smith: Zeekaarten. - Culemborg: Educaboek-Stam technische boeken, cop. 1983. 215 p., ill., 1 mp. ISBN 90-11-28451-8 0265

Löwenhardt, Werner; Rodney W. Shirley: Seek and ye shall find . . . an unidentified world map in a Dutch bible. In: Map Collector. 25, 1983. p.11-12, 2 ill. 0266

*Lüneburger Beiträge zur Vedutenforschung. Hrsg.: Eckhard Jäger. [Nr. 1]. - Lüneburg: Verlag Nordostdeutsches Kulturwerk 1983. 217 p., 74 ill., 18 tab., 5 pl. 0267

The map trade. Business relationships in the London map trade. In: Map Collector. 20, 1982. p.45. 0268

May, J.A.: The geographical interpretation of Ptolemy in the renaissance. In: Tijdschrift voor economische en sociale geografie. 73, 1982, 6. p.350-361. 0269

Meine, Karl-Heinz: Zur Weltkarte des Andreas Walsperger, Konstanz 1448. In: Kartenhistorisches Kolloquium Bayreuth '82. - Berlin 1983. p.17-30, 6 ill. 0270

Meurer, Peter H.: Zum Vergleich geographischer Längen in alten Karten. In: Internat. Jb. f. Kartogr. 23, 1983. p.97-103, 4 ill. [With Engl. a. French rés.] 0271

Meyer, Gerhard: Der Atlas des Großen Kurfürsten. Ein Geschenk seines Statthalters in Kleve, Johann Moritz von Nassau-Siegen. In: Mitt.-Bl. Arb.-Kreis für Hist. Kartogr. in der Arb.-Gemeinschaft Hist. Komm. u. Landesgesch. Institute. 21, 1983. p.25-28. 0272

Minow, Helmut: 100 Jahre Internationaler Nullmeridian von Greenwich. In: Verness.-Ing. 34, 1983. p.113-115. 0273

*Moreland, Carl; David Bannister: Antique maps. A collector's handbook. - London, New York: Longman 1983. 314 p., 4 pl., mp. ISBN 0-582-50306-X 0274

*Morris, Jean: The magic of maps: the art of cartography. - Honolulu: Univ. of Hawaii 1982. [Doct. Diss.] 0275

Noble, John: Seven centuries of direction finding. In: Globe. 20, 1983. p.1-10, 1 ill. 0276

North, Margaret E.A.: The use of old maps in determining vegetation. In: Bull. Assoc. of Canad. Map Libr. 48, 1983. p.1-7, 4 ill. 0277

*Os descobirmentos portugueses e a Europa do renascimento. [Hrsg.:] Conselho da Europa. Vol. 1-5. - Lisboa: Presidencia do Conselho de Ministros 1983/84. [Catalog of the European Council Exhibition 1983 at Lisboa.] 0278

Pápay, Gyula: A kartográfiatörténet korszakolásának módszertani kérdései. In: Geod. és Kartogr. 35, 1983, 5. p.344-348, 1 ill. [Methodological problems in periodizing the history of cartography.] [Hung. with Engl. rés.] 0279

Papp-Váry, Árpád: Ein Handbuch für Kartographie aus dem vorigen Jahrhundert: ein Werk von Agoston Tóth. In: Internat. Jb. f. Kartogr. 23, 1983. p.105-119, 4 ill., 2 tab. [With Engl. a. French rés.] 0280

*The Parish map in family history research. - Sydney: Crown Lands Office 1982. 6 sheets, 2 mp. 0281

Pearson, Karen Severud: Mechanization and the area symbol - cartographic techniques in 19th century geographical journals. In: Cartographica, Mono. 20, 1983, 4. p.1-34, 17 ill. [With French, German a. Span rés.] 0282

Pedley, Mary: Cartography in the courtroom: the atlas universel lawsuit of 1754. (Paper pres. at the 10th International Conference on the History of Cartography.- Dublin 1983.) 12 p. 0283

Post, Jeremiah B.: The mountains of Brobdingnag and other matters. In: Map Collector. 23, 1983. p.10-12, 6 ill. 0284

*Putman, Robert: Early sea charts. - New York: Abbeville Pr. Publ. 1983. 143 p., mp. ISBN 0-89659-392-4 0285

Reinhartz, Dennis: The cartographer and the literati. In: Mapline. 28, 1982. p.[3-4], 1 ill. 0286

Ristow, Walter W.: Maps by Pendleton's lithography. In: Map Collector. 21, 1982. p.26-31. 0287

Ristow, Walter W.: Maps on greeting cards. In: Map Collector. 25, 1983. p.2-7, 9 ill. 0288

Salzberg, Charles: The road to treasure in antique maps. In: Fact, the Money Management Magazine. 2, 1983, 3. p.60-63. 0289

Scharfe, Wolfgang: Die "Cosmographia"des Claudius Ptolemäus. Faksimile-Ausgabe der italienischen Handschrift von 1474 aus der Biblioteca Apostolica Vaticana. In: Kartogr. Nachr. 32, 1982, 5. p.194-196, 1 mp. 0290

Schilder, Günter: Historische ontwikkeling van legenda's; een verkenning. In: Kartogr. T. 9, 1983, 1. p.19-28, 8 ill. 0291

Schilder, Günter: The "Van Der Hem Atlas", a monument of Dutch culture in Vienna. In: Map Collector. 25, 1983. p.22-26, 8 ill. 0292

*Schmitz, Siegfried: Große Entdecker und Forschungsreisende, eine Geschichte der Weltentdeckung von der Antike bis zum 20. Jahrhundert in Biographien. - Düsseldorf: Econ-Taschenbuch-Verlag 1983. 240 p., ill., mp. (ETB [Econ Taschenbücher] 10008.) ISBN 3-612-10008-4 0293

Scott, Valerie G.: Dublin conference fulfilled promise. In: Map Collector. 25, 1983. p.34-35, photos. 0294

Scott, Valerie G.: Mirror of the world at British Library. In: Map Collector. 23, 1983. p.38, 3 ill. 0295

Semotanová, Eva: Parerga na historických mapách Ústředního archivu geodezie a kartografie. In: Rozpravy Národního technického muzea v Praze. 90, 1982. p.82-88. [Parerga on historical maps stored in the Central Archives of Geodesy and Cartography.] [Czech. with German a. Engl. rés.] 0296

*Shirley, Rodney W.: The mapping of the world. Early printed world maps, 1472-1700. - London: The Holland Press 1983. 669 p., mp. (Holland Press Cartographica. 9.) ISBN 0-946-32303-8 0297

Smith, Catherine Delano: Cartographic signs and their explanation before the characteristic sheet. (Paper pres. at the 10th International Conference on the History of Cartography. - Dublin 1983.) 13 p. 0298

Steinbring, H.: Kontinuität von Kataster und Karte. In: Mitt.-Bl. Arb.-Kreis für Hist. Kartogr. in der Arb.-Gemeinsch. Hist. Komm. u. Landesgesch. Institute. 21, 1983. p.20-24, 1 ill. 0299

Stopp, Klaus: Veduten auf Personalpapieren. In: Lüneburger Beiträge zur Vedutenforschung. 1. - Lüneburg 1983. p.125-132, 5 ill. 0300

Stula, Hans: Souvenir-Veduten in Rosenform. In: Lüneburger Beiträge zur Vedutenforschung. 1. - Lüneburg 1983. p.133-144, 9 ill., tab. 0301

Szykuła, Krystyna: Atlas factice of the Machizkies - unique collection from the 16th to the 18th century. (Paper pres. at the 10th International Conference on the History of cartography. - Dublin 1983.) 14 p. 0302

Taillemite, Etienne: Les cartes anciennes du service hydrographique de la marine conservees aux Archives Nationales. In: La Carte manuscrite et imprimée du XVIe au XIXe siècle. - München 1983. p.19-32. 0303

Tooley, Ronald Vere: Heraldry in maps. In: Map Collector. 23, 1983. p.35-37, 10 ill. 0304

*Toonneel des Aerdrijcx. catalogus bij de tentoonstelling. Oude kaarten in het Universiteitsmuseum . . . maart - 29 april 1983. [Red. en tekst: P.C.J. van der Krogt.] - Utrecht: Universiteitsmuseum 1983. 76 p. 0305

Trenard, Louis: La cartographie, source d'historire. In: La Carte manuscrite et imprimée du XVIe au XIXe siècle. - München 1983. p.73-94. 0306

*Tyacke, Sarah: The mirror of the world. Exhibition notes. - London: The British Library 1983. 6 p., ill. 0307

Wallis, Helen: Aspects of colonial cartography. (Paper pres. at the 10th International Conference on the History of Cartography. - Dublin 1983.) 11 p. 0308

Wallis, Helen: An epic of Portuguese discovery. In: Map Collector. 25, 1983. p.38, 2 ill. 0309

Wallis, Helen: The Rotz atlas. A royal presentation. In: Map Collector. 20, 1982. p.40-42, 2 ill. 0310

Wawrik, Franz: Alte Manuskriptkarten an der Österreichischen Nationalbibliothek. In: Kartenhistorisches Colloquium Bayreuth '82. - Berlin 1983. p.31-39. 0311

*Der Weg zu den Schätzen des Fernen Ostens. Uwe Schnall <Hrsg.> Mit Beitrag von Ulla Ehrensvärd [u.a.] Sonderausstellung im Deutschen Schiffahrtsmuseum, Bremerhaven, 26. März - 2. Okt. 1983. - Bremen: Werbedr. 1983. 32 p., XXIII pl. (Die Welt in Seekarten. 1.) 0312

Wiberley, Stephen E.: Editing maps: a method for historical cartography. In: Journal of Interdisciplinary History. 10, 1980. p.499-510. 0313

Woodward, David: Scientific physical analysis of early maps: opportunities and realities. (Paper pres. at the 10th International Conference on the History of Cartography. - Dublin 1983.) 10 p. 0314

Zandvliet, Kees: Het voorwerp als historische bron - Een beschouwing. In: Caert-Thresoor. 2, 1983, 2. p.27-28. 0315

Zimmermann, B.: Vor 130 Jahren erfolgte der Nachweis, daß die Nordrichtung mit einem Kreisel bestimmt werden kann. In: Vermess.-techn. 30, 1982, 10. p.359. 0316

Zimmermann, B.: Vor 130 Jahren errichtete C.F. Gauß ein geomagnetisches Observatorium. In: Vermess.-techn. 31, 1983, 2. p.70. 0317

B REGIONAL REPRESENTATIONS UDC 528.9 (091) (4/9)
REGIONALE DARSTELLUNGEN
OUVRAGES REGIONAUX

World / Welt / Monde

Brincken, Anna Dorothee von den: Weltbild der lateinischen Universalhistoriker und -kartographen. Spoleto, 23.-29.4.1981. In: Settimane di studio del Centro italiano di studi sull'alto medioevo. - Spoleto 1983. p.378-421, 16 pl., mp. (Popoli e paesi nella cultura altomedievale. 29.) 0318

Hair, P.E.H.: A note on thevet's unpublished maps of overseas islands. In: Terrae Incognitae. 14, 1982. p.105-116. 0319

Oceans / Meere / Océans

*Die amerikanischen Küstenlinien. Sonderausstellung im Amerika Haus Hamburg, 4. Okt. - 21. Nov. 1983. - Bremen: Werbedr. Bremen 1983. 56 p. XII pl. (Die Welt in Seekarten. [5].) 0320

*Australien og Stillehavet. Soerudstilling i Aabenraa Museum, Åbenrå, 26. juni - 14. aug. 1983. - Bremen: Werbedr. Bremen 1983. 56 p., XII pl., 1 suppl. 10 p. (Die Welt in Seekarten. [6].) 0321

*Duken, A.J.: Die mathematische Rekonstruktion der Portolankarte des Giovanni da Carignano (1310). - Bückeburg: Selbstverlag d. Autors 1983. 32 p., ill. 0322

*Entdecker in der Südsee. Sonderausstellung im Schloß Glücksburg, Glücksburg/Ostsee, 6. Mai - 2. Okt. 1983. - Bremen: Werbedr. Bremen 1983. 38 p., XVII pl. (Die Welt in Seekarten. [2].) 0323

*Die Küsten Westeuropas. Sonderausstellung im Schwedenspeicher Museum, Stade, 4. Juni - 17. Juli 1983. - Bremen: Werbedr. Bremen 1983. 56 p., XVI pl. (Die Welt in Seekarten. [4].) 0324

*Lindh, Carl Erik: Die Welt der Seekarten. Entdecker in der Südsee. Sonderausstellung im Schloß Glücksburg, 6.5. - 2.10.1983. - (Kopenhagen:) SAS 1983. 38 p., ill. 0325

*Die sieben Meere. Sonderausstellung in der Schleswig-Holsteinischen Landesbibliothek, Kiel, 10. Mai - 4. Sept. 1983. - Bremen: Werbedr. Bremen 1983. 56 p., XII pl. (Die Welt in Seekarten. [3].) 0326

*Middelhavet og øerne i Atlanterhavet. Saerudstilling i Museet på Sønderborg Slot, Sønderborg, 1. juli - 11. sept. 1983. - Bremen: Werbedr. Bremen 1983. 56 p., XII pl. (Die Welt in Seekarten. [9].) 0327

Suarez, Thomas: Early mapping of the Pacific Ocean. In: Map Collector. 22, 1983. p.2-8, 7 ill. 0328

*Die Welt der Seekarten. Søkortener Verden. Ausstellung von Seekarten aus fünf Jahrhunderten im nordwestlichen Deutschland und südlichen Dänemark. Ausstellungsidee von Carl Erik Lindh. Mit Texten von Ulla Ehrensvärd, Uwe Schnall. - Bremen: Werbedr. Bremen 1983. Bd 1-5 in deutsch, Bd 6-10 in dänisch. 0329

Africa / Afrika / Afrique

Danckaert, Lisette: Le commandant Lemaire et ses levés cartographique rudimentaires au Congo. (Paper pres. at the 10th International Conference on the History of Cartography. - Dublin 1983.) 8 p. 0330

Klinefelter, Walter: The Balearic and Canary Islands in 1563. In: Carto-Philatelist. 27, 1983, 4. p.9-11. 0331

Stone, Jeffrey C.: The compilation map: a technique for topographic mapping by British colonial surveys, with particular reference to Northern Rhodesia. (Paper pres. at the 10th International Conference on the History of Cartography. - Dublin 1983.) 9 p., 1 mp. 0332

Švastal, Josef: Příspěvek k poznání měřictví ve starém Egyptě. In: Rozpravy Národního technického muzea v Praze. 90, 1982. p.14-20, 4 ill. [A contribution to the history of land surveying in ancient Egypt.] [Czech. with German a. Engl. rés.] 0333

America / Amerika / Amerique

*Die amerikanischen Küstenlinien. Sonderausstellung im Amerika Haus Hamburg, 4. Okt. - 21. Nov. 1983. - Bremen: Werbedr. Bremen 1983. 56 p., XII pl. (Die Welt in Seekarten. [5].) 0334

*Armstrong, Joe C.: From sea unto sea. Art and discovery maps of Canada. - Toronto: Lester and Orpen Dennys Ltd. 1982. 38 No.-mp., facs. ISBN 0-7706-0030-1 0335

Barber, Peter M.: Five unusual maps of the Falklands. In: Map Collector. 20, 1982. p.50-51, 1 ill. 0336

Barnett, Leroy: The increasing cost of Michigan maps. In: Mapline. 29, 1983. p.[5-6]. 0337

Barnett, Leroy: Michigan mapping. In: Mapline. 25, 1982. p.[4]. 0338

Birtles, Terry G.: Early charts of the Falklands: part 1, passing contacts. In: Cartography. 13, 1983, 1. p.35-48, 5 ill. 0339

*The Canadian West discovered. An exhibition of printed maps from the 16th to early 20th centuries. [Glenbow Museum, Calgary, Alberta, Jan. 26-April 15, 1983. Katalog.] Mary Javorski [Bearb.] - Calgary: Glenbow Museum 1983. 75 p. 0340

Conzen, Michael P.: Purveying the agrarian dream: commercial development and social transformation of the County Landownership in America, 1814-1939. (Paper pres. at the 10th International conference on the History of Cartography. - Dublin 1983.) 8 p. 0341

Danforth, Susan L.: Elegance and utility in early American cartography: the case of John Norman. (Paper pres. at the 10th International Conference on the History of Cartography. - Dublin 1983.) 10 p. 0342

Danforth, Susan L.: The first official maps of Maine and Massachusetts. In: Imago Mundi. 35, 1983. p.37-57, 9 ill. 0343

Duty, Michael: Mapping the Southwest: exploration, legend, and plagiarism. In: The American West. 18, 1983, 3. p.48-54. 0344

*Ellis, Erl H.: Colorado mapology. - Frederick, Colo.: Jende-Hagan Book Corporation 1983. XIII, 256 p. 0345

Fahmy, Jean: The birth of Canadian cartography. In: Bull. Assoc. of Canad. Map Libr. 46, 1983. p.27-29, 1 ill. 0346

French map on directory stirs protest. In: Map Collector. 23, 1983. p.39. 0347

Gallez, Paul: L'Argentine sur deux mappemondes du moyen-age. In: Swissair-Gazette. 10, 1983. p.11-13; 39, 3 mp. 0348

Gallez, Paul: (The Austrian mapmaker) Walsperger and his knowledge of the Patagonian Giants in 1448. In: Imago Mundi. 33, 1981. p.91-93. 0349

Gallup, Donald: The first separately published atlas entirely devoted to the Americas: Wytfliet's Descriptionis Ptolemaicae Augmentum. In: The papers of the Bibliographical Society of America. 76, 1982, 1. p.63-73. 0350

Galois, Robert M.: Mapping the British Columbia census, 1881. In: Bull. Assoc. of Canad. Map Libr. 47, 1983. p.26-36, 2 ill. 0351

Gole, Susan: India proper. In: Map Collector. 20, 1982. p.16-20, 7 ill. 0352

Guthorn, Peter J.: American 19th century New England charts and their makers. Part I. In: Map Collector. 23, 1983. p.14-21, 8 ill. 0353

Hanna, Jan L.: The development of Virginia road maps. In: Virginia Geographer. 15, 1983. p.25-44. 0354

Hecht, Arthur: The District of Columbia staff of the Post Office Department Topographer, 1830-1899. In: Records of the Columbia Historical Society of Washington, D.C. 50, 1980. p.95-104. 0355

Heidenreich, Conrad E.; Edward H. Dahl: The French mapping of North America, 1700-1760. In: Map Collector. 19, 1982. p.2-7, 8 mp. 0356

Hosoi, Shosuke: Cartography in Venezuela - past and present. In: Map. 20, 1982, 1. p.14-22, 7 ill. [Japan. with Engl. rés.] 0357

Icenogle, David: American cartographic activities in Northeastern Africa 1870-1878. (Paper pres. at the 10th International Conference on the History of Cartography. - Dublin 1983.) 10 p. 0358

*Ingstad, Helge: [Vesterveg til Vinland, deutsch]. Die erste Entdeckung Amerikas. Auf den Spuren der Wikinger. - Frankfurt/M., Berlin, Wien: Ullstein 1983. 231 p. 20 ill., 11 mp., fig. (Ullstein Buch. 32058 = Safari bei Ullstein.) ISBN 3-548-32058-9 0359

*Johnson, Deborah Ann: U.S. Lake Survey nautical charts: a cartographic and historical analysis. - East Lansing: Michigan State Univ. 1982. 0360

Joseph, Gilbert M.: John Coxon and the role of buccaneering in the settlement of the Yucatán colonial frontier. In: Terrae Incognitae. 12, 1980. p.65-84, 2 ill., 1 tab. 0361

Karrow, Robert W.: Mapping the North American Plains. In: Mapline. 30/31, 1983. p.5-7, ill. 0362

Kimball, Bernice: The historical maps of the city engineer, City of Los Angeles: a microfilm collection. In: Microcartography: applications for archives and libraries. - Santa Cruz, Ca. 1981. p.53-67, 3 ill. (West. Assoc. of Map Libr. Occ. Paper. 6.) 0363

Klinefelter, Walter: Ascension as mapped in 1712, 1793, 1811, and 1819. In: Carto-philatelist. 28, 1983, 2. p.15-18. 0364

Klinefelter, Walter: Jamaica in 1806. In: Carto-philatelist. 27, 1983, 4. p.16-17. 0365

Kügelgen-Kropfinger, Helga von: El frontispicio de François Gérard para la obra de viaje de Humboldt y Bonpland. In: Jahrbuch für Geschichte von Staat, Wirtschaft und Gesellschaft Lateinamerikas. 20, 1983. p.575-616, ill. 0366

Lamb, W. Kaye: Maps relating to the Vancouver Expedition. In: Bull. Assoc. of Canad. Map Libr. 28, 1978. p.8-18. 0367

*The mapping of Maryland 1590-1914: an overview. - Baltimore: Museum and Library of Maryland History, The Maryland Historical Society 1982. 0368

Martin, Robert Sidney: Austin's contribution to the cartographic history of Texas: the maps of an empressario. In: Bull. Spec. Libr. Assoc. Geogr. a. Map Div. 133, 1983. p.2-13. 0369

Maximilian expedition sesquicentennial. In: Mapline. 27, 1982, p.[1-2], 2 ill. 0370

Miera map of the Southwest redrawn. In: Mapline. 27, 1982. p.[4-5], 1 mp. 0371

*Morrison, Russel; Edward C. Papenfuse; Nancy M. Bramucci; Robert J.H. Janson-La Palme: On the map: an exhibit and catalogue of maps relating to Maryland and the Chesapeake Bay honoring George Washington at the beginning of the third century of Washington College at Chestertown, Maryland, February 21 - March 6, 1983. - Chestertown, MD.: Washington College 1983. VIII, 102 p. 0372

Moutton, Gary E.: Another look at William Clark's map of 1805. In: We Proceeded On. 9, 1983, 1. p.19-22. 0373

Mumford, Ian: Mapping the American revolutionary war. In: Bull. Soc. of Univ. Cartographers. 16, 1983, 1. p.49-51. 0374

*New England prospect: maps, place names, and the historical landscape. Ed.: Peter Benes. - Boston: Boston Univ. for Dublin Seminar for New England Folklife 1982. 132 p. 0375

*Palmer, Margaret: The mapping of Bermuda. A bibliography of printed maps & charts 1548-1970. 3rd rev. ed. Ed. by Ronald Vere Tooley. - London: Holland Pr. 1983. 31 p., XLI mp. (Holland Press cartographica. 10.) ISBN 0-946323-01-1 0376

Pelletier, Monique: Exploration and colonisation of Louisiana. In: Map Collector. 23, 1983. p.10-14, 6 mp. 0377

Pelletier, Monique: La Martinique et la Guadeloupe au lendemain du traité de Paris <10 febrier 1763>. (Paper pres. at the 10th International Conference in the History of Cartography. - Dublin 1983.) 6 p. 0378

Reinhartz, Dennis: Herman Moll and the mapping of the trans-Mississippi American West. (Paper pres. at the 10th International Conference on the History of Cartography. - Dublin 1983.) 14 p. 0379

*Reise in das Innere Nord-America. Gedenkausstellung zum 200. Geburtstag des Naturforschers und Ethnologen Maximilian Prinz zu Wied. Amerika Haus Berlin, 6. Okt. bis 30. Nov. 1982. Foto-Dokumentation 1983. - Berlin 1983. 8 pl., 1 Kat. [Katalog u.d.T.:] Zepp, Wolfgang: Reise in das Innere Nord-America. 0380

*Répertoire cartobibliographique sur la région de Québec. Comp. par Yves Tessier. - Laval: Cartothèque, Bibliothèque de l'Université Laval 1983. 269 p. (Carto 3.) ISBN 2-920310-01-1 0381

Richason, Benjamin F.: Jamaica on early maps. In: J. of Geogr. 82, 1983, 5. p.195-204. 0382

Ruell, David: The bird's eye views of New Hampshire: 1875-1899. In: Historical New Hampshire. 38, 1983, 1. p.1-85. 0383

Ruggles, R.I.: Colonial cartography by a fur trading company: Joseph Despard Pemberton of the Hudson's Bay Company in the colony of Vancouver's Island 1851-1859. (Paper pres. at the 10th International Conference on the History of Cartography. - Dublin 1983.) 10 p. 0384

Sandilands, R.W.: Hydrographic surveying in the Great Lakes during the 19th century. In: Internat. Hydrogr. Rev. 60, 1983, 2. p.55-81, 11 ill. 0385

Sebert, Lou M.: The use of township surveys for the first large scale-mapping of colonial Canada. (Paper pres. at the 10th International Conference on the History of cartography. - Dublin 1983.) 10 p., 5 tab. 0386

Shields, Gordon: General James Murray's map of the St. Lawrence River Valley in 1761: a cartographic commentary. In: Bull. Assoc. of Canad. Map Libr. 48, 1983. p.30-35. 0387

Solnick, Bruce B.: Colonization and cartography: the non-Spanish Caribbean, c. 1620-1763. (Paper pres. at the 10th International Conference on the History of Cartography. - Dublin 1983.) 11 p. 0388

Stephenson, Richard W.: Kaart van Manhattan, 1639, toegeschreven aan Johannes Vingboons. In: Geodesia. 12, 1982. p.436-438. 0389

Swenson, Russell: Illustrations of material culture in nineteenth-century county and state atlases. In: Pioneer America Society Transactions. 5, 1982. p.63-70. 0390

*El territorio Mexicano. Dir. Fernando Zertuche Munoz. Coordinación general: Lenin Molina Tapia [u.a.] T. 1.2. nebst planos y mapas. - México: Inst. mexicana del seguro social 1982. ISBN 968-824-156-3 0391

Thrower, Norman J.W.; Derek Howse: A buccaneers atlas: the South Sea Waggoner of Basil Ringrose, 1682. (Papers pres. at the 10th Internat. Conference on the History of Cartography. - Dublin 1983.) 9 p. 0392

Thurman, Melburn D.: Cartography of the Illinois country: an analysis of middle Mississippi maps drawn during the British regime. In: Journal of the Illinois State Historical Society. 75, 1982, 4. p.277-288. 0393

Tooley, Ronald Vere: The early mapping of the Falkland Islands. In: Map Collector. 20, 1982. p.2-6, 8 ill. 0394

Vollmar, Rainer: Mit der indianischen Landkarte auf Streifzug und Eroberung. In: Forschung. Mitteilungen der DFG 1982, 2. p.20-21, 1 ill. 0395

*White, C. Albert: A history of the rectangular survey system. U.S. Dep. of the Interior, Bureau of Land Management. - [Washington, D.C.:] U.S. Gov. Print. Off. [1982]. XII, 774 p. 0396

Arctic and Antarctic / Arktis und Antarktis / Arctique et Antartique

Krylenko, A.V.: Zametki po istorii opisanija i kartografirovanija arktičeskich morej. In: Geod. i Kartogr., Moskva. 1983, 6. p.56-58. [Notes on the history of description and mapping the Arctic basin.] [Russ.] 0397

*Nord for Skandinavien, vestpå Grønland. Saerudstilling i Tønder Museum, Tønder 25. juni - 28. aug. 1983. - Bremen: Werbedr. Bremen 1983. 56 p., XII pl. (Die Welt in Seekarten. [10].) 0398

Richardson, W.A.R.: Is Jave-la-grande Australia ? The linguistic evidence concerning the West Coast. In: Globe. 19, 1983. p.9-46, 6 ill. 0399

Richardson, W.A.R.: Jave-la-grande: a case of cartographic confusion. In: Geogr. Mag. 54, 1982, 11. p.615-622, 1 ill., 1 photo, 7 mp. 0400

Weber, J.R.: Maps of the Arctic basin sea floor: a history of bathymetry and its interpretation. In: Arctic. 36, 1983, 2. p.121-142. 0401

Asia / Asien / Asie

Bassin, Mark: The Russian Geographical Society, the "Amur Epoch", and the Great Siberian Expedition, 1855-1863. In: AAG Annals. 73, 1983, 2. p.240-256. 0402

Beševliev, Bojan: Die Nord- und West-Schwarzmeerküste nach einer osmanischen Karte des 18. Jahrhunderts. In: Materialia turcica. 7/8, 1981/82. p.72-112, 3 ill. 0403

Cook, Andrew S.: The training of East India company surveyors in the early nineteenth century. (Paper pres. at the 10th International Conference on the History of Cartography. - Dublin 1983.) 10 p. 0404

*Cortazzi, Hugh: Isles of gold: antique maps of Japan. - New York: John Weatherhill 1983. XVII, 177 p. 0405

Foss, Theodore Nicholas: Chinese assistants in the Jesuit survey of the Chinese Empire, 1708-1718: the making of an atlas. (Paper pres. at the 10th International Conference on the History of Cartography. - Dublin 1983.) 12 p. 0406

Freitag, Ulrich: Ferdinand von Richthofens 'Atlas von China': Idee, Durchführung, Ergebnis. In: Erde. 114, 1983, 2. p.119-134, 2 ill. 0407

Freitag, Ulrich: Zur Periodisierung der Geschichte der Kartographie Thailands. In: Kartenhistorisches Colloquium Bayreuth '82. - Berlin 1983. p.213-227, 4 ill. 0408

Hsu, Mei-Ling: A chinese planning map of the fourth century B.C. (Paper pres. at the 10th International Conference on the History of Cartography. - Dublin 1983.) 5 p. 0409

*Jacobs, Els: The redhaired in Japan: Dutch influence on Japanese cartography (1640-1853). - Vancouver: Univ. of British Columbia 1983. (Thesis, Master of Arts.) 0410

Kaspereit, Georg: Ein Landvermesser auf der Suche nach dem Glücklichen Arabien (Carsten Niebuhr). In: Nachr. d. Niedersächs. Vermess.- u. Katasterverwalt. 32, 1982, 1. p.2-8, 2 ill. 0411

MacCune, Shannon: Antecedents of a commodore Perry map of Korea of 1854. (Paper pres. at the 10th International Conference on the History of Cartography. - Dublin 1983.) 10 p., 1 mp. 0412

Miura, Hajime; Hirotada Kawamura: A topographic mould of Suo and Nagato provinces made in middle of Edo Ara. In: Map. 20, 1982, 2. p.20-26, 3 ill., 3 photos. [Japan. with Engl. rés.] 0413

Moldovan, Alfred: The lost De Angelis map of Jerusalem, 1578. In: Map Collector. 24, 1983. p.17-24, 8 mp. 0414

*Nemet-Nejat, Karen Rhea: Late Babylonian field plans in the British Museum. - Rome: Biblical Institute Press 1982. 461 p. (Studia Pohl series Maior. 11.) 0415

Sano, Mitsuru: The historical process of a port city - a case study of Yokohama. In: Map. 21, 1983, 4. p.11-20, 10 ill. [Japan. with Engl. rés.] 0416

Shirley, Rodney W.: An early map of Japan on a porcelain plate. In: Map Collector. 20, 1982. p.32-34, 4 ill. 0417

Trauzettel, Rolf: Anfänge chinesischer Landesbeschreibung der Grenzzone Chinas mit Sibirien in der frühen Neuzeit. In: Landesbeschreibungen Mitteleuropas vom 15. bis 17. Jahrhundert. Vorträge der 2. Internat. Tagung des "Slawenkomitees" im Herder-Inst. Marburg/Lahn 1980. - Köln, Wien 1980. p.245-270. (Komitees der Bundesrepublik Deutschland zur Förderung der Slawischen Studien. 5.) 0418

Unno, Kazutaka: Early European cartography of Korea. (Paper pres. at the 10th International Conference on the History of Cartography. - Dublin 1983.) 5 p. 0419

*Zögner, Lothar: China Cartographica. Chinesische Kartenschätze und europäische Forschungsdokumente. Ausstellung der Staatsbibliothek zum 150. Geburtstag des Chinaforschers Ferdinand v. Richthofen. 7. Okt. - 26 Nov. 1983. - Berlin: Staatsbibliothek Preußischer Kulturbesitz 1983. 150 p., 52 ill. (Staatsbibliothek Preussischer Kulturbesitz, Ausstellungskataloge. 19.) ISBN 3-920597-43-8 0420

Australia and Oceania / Australien und Ozeanien / Australie et Océanie

Ballard, Paul: Fort Dundas (1824-1817): cartography and archaeology on the north coast of Australia. In: Bull. Soc. of Univ. Cartographers. 15, 1982, 2. p.29-34, 5 ill. 0421

Barton, Phillip L.: New Zealand Historical Map Collections. In: Imago Mundi. 35, 1983. p.102-103. 0422

Booy, A. de: The discovery of Australia's North-West coast and an incident at Macassar. In: The Mariners Mirror. 69, 1983, 1. p.21-33. 0423

Brown, Walter C.: The phantom continent. Early mapping of Australia. In: Pacific Discovery. 35, 1982. p.19-27, ill., mp. 0424

Fitzpatrick, Jim: Mapping the way: beginnings of the Australian roadmap. In: This Australia. 1, 1982, 3. p.13-15. 0425

Kinda, Akihiro: Osutoraria ni okeru 19 seiki izeu no toshi purau. In: Osutoraria kenkyu kiyo. 1981. p.81-132, ill. [Survey and mapping in Australian towns before 1900.] 0426

Moignard, Kathy: American mapping of Australia before 1840. In: Bull. Spec. Libr. Assoc. Geogr. a. Map Div. 132, 1983. p.17-26. 0427

Richardson, W.A.R.: Is Jave-la-grande Australia ? The linguistic evidence concerning the West Coast. In: Globe. 19, 1983. p.9-46, 6 ill. 0428

Richardson, W.A.R.: Jave-la-grande: a case of cartographic confusion. In: Geogr. Mag. 54, 1982, 11. p.615-622, 1 ill., 1 photo, 7 mp. 0429

*Surveyor General select list of maps and plans 1872-1886. - Sydney: Archives Authority of New South Wales 1980. VI, 215 p., 3 mp. 0430

Williamson, I.P.: Early regulations for the survey and marking of Crown Land in New South Wales. In: Australian Surveyor. 31, 1982, 4. p.246-254. 0431

Europe / Europa / Europe

Alinhac, Georges: Histoire de la cartographie des montagnes. In: Bull. d'Inform. de l'Inst. Géogr. Nat. 48, 1983, 2. p.3-19, 10 mp. 0432

Alonso Baquer, Miguel: Cartografia militar espanola en la primera mitad del siglo XIX. In: Bol. de Inform. Serv. Geogr. Ejército. 52, 1982, 1. p.7-52. 0433

Andrew, John H.: The oldest map of Dublin. In: Proceedings of the Royal Irish Academy, Sect. C. 83, 1983, 7. p.205-237, 8 mp. 0434

Archer, J.B.; G.L. Herries Davies: Geological field-sheets from County Galway by Patrick Ganly (1809?-1899). In: Journal of Earth Sciences, Royal Dublin Society. 4, 1982, 2. p.167-179, 4 ill. 0435

Banach, Jerzy: Entstehung und Aussage der wertvollsten Veduten von Krakau: Braun/Hogenberg (1617) und Merian (1619). In: Lüneburger Beiträge zur Vedutenforschung. 1. - Lüneburg 1983. p.97-102, 2 pl. 0436

Barber, Peter M.: Maps and the general: the working maps of the first Duke of Marlborough. (Paper pres. at the 10th International Conference on the History of Cartography. - Dublin 1983.) 10 p. 0437

Barber, Peter M.: A Tudor mystery: Laurence Nowell's map of England and Ireland. In: Map Collector. 22, 1983. p.16-21, 1 ill., 4 mp. 0438

Barth, Jürgen: Karte vom Großherzogthume Hessen, Maßstab 1:50 000. In: Kartenhistorisches Colloquium Bayreuth '82. - Berlin 1983. p.185-192, 2 mp. 0439

Bartha, Lajos: Egy régi nagyszombati térképröl. In: Geod. és Kartogr. 34, 1982, 3. p.202-206, 2 ill. [An ancient map of Nagyszombat.] [Hung. with Engl. rés.] 0440

Bartha, Lajos: A legkorábbi hazai földrajzi koordinátákról. In: Geod. és Kartogr. 35, 1983, 5. p.353-359, 4 tab. [On Hungary's oldest geographical coordinates.] [Hung. with Engl. rés.] 0441

Beševliev, Bojan: Der Beitrag der italienischen Kartographen zur Klärung der kartographischen Gestalt der bulgarischen Lande. In: Bulgarian Historical Review. 1982, 3. p.70-81, 5 ill. 0442

Beševliev, Bojan: Die Nord- und West-Schwarzmeerküste nach einer osmanischen Karte des 18. Jahrhunderts. In: Materialia turcica. 7/8, 1981/82. p.72-112, 3 ill. 0443

Bilek, J.: Die ältesten Grubenkarten von Příbram. In: Rozpravy NTM Praha, Studie z dějin hronictvi. 11, 1981. p.127-128. [Czech.] 0444

Binding, Günther: Bemerkungen zum St. Galler Klosterplan von 817-819 und zu den Kölner Dombauten VI und VII. In: Zeitschrift für Archäologie des Mittelalters. 9, 1981. 1983. p.129-143. 0445

Bod, Emil: A magyar asztrogeodézia rövid története 1730-tól napjainkig. In: Geod. és Kartogr. 34, 1982, 4. p.283-289, 4 ill. [The brief history of the Hungarian astronomical geodesy from 1730 up till now, 1st part.] [Hung.] 0446

*Boener, Johann Alexander: Die Reichsstadt Nürnberg und ihr Umland um 1700. Kupferstich eingel. und beschrieben von Wilhelm Schwemmer. - Nürnberg: Korn & Berg 1981. 111 p. text, ill. (Schriftenreihe der Altnürnberger Landschaft. 29.) ISBN 3-87432-076-6 0447

*Borger, Hugo; Frank Günter Zehnder: Köln, die Stadt als Kunstwerk. Stadtansichten vom 15.-20. Jahrhundert. - Köln: Greven 1982. 335 p. ISBN 3-7743-0181-6 0448

*Bossu, Jozef: Vlaanderen in oude kaarten. Drie eeuwen cartografie. Een uitg. van Lanno Tielt, Bussum in samenwerking met Mappamundi London, Perth-Mappamundi, Knokke. 13.-19. duizendtal. - London [usw.]: Mappamunde 1983. 168 p., mp.-facs. ISBN 90-209-1074-4 0449

Brannon, Gary: Cartography at Waterloo. In: Bull. Soc. of Univ. Cartographers. 16, 1983, 1. p.1-8, 4 ill. 0450

*Brichzin, Hans; Hans Brunner: Sächsische Schweiz. 13 schöne alte Karten. - Berlin, Leipzig: VEB Tourist Verlag 1983. 31 p. text, ill. 13 mp.-facs. 0451

Brox, Numa: Quelle est la plus ancienne carte "moderne" de la France ? In: Ann. de Géogr. 92, 1983. p.513-530, 5 ill. [With French a. Engl. rés.] 0452

Bujnoch, Josef: Stadt- und Landesbeschreibung der Böhmischen Länder an der Wende des ausgehenden 15. bis zur Mitte des 16. Jahrhunderts. In: Landesbeschreibungen Mitteleuropas vom 15. bis 17. Jahrhundert. Vorträge der 2. internat. Tagung des "Slawenkomitees" im Herder-Inst. Marburg/Lahn 1980. - Köln, Wien 1980. p.13-28. (Komitees der Bundesrepublik Deutschland zur Förderung der Slawischen Studien. 5.) 0453

Campbell, Tony: Episodes from the early history of British admiralty charting. In: Map Collector. 25, 1983. p.28-33, 7 ill. 0454

*La carte manuscrite et imprimée du XVIe au XIXe siècle /Journée d'Etude sur l'Histoire du Livre et des Documents Graphiques, Valenciennes, 27 novembre 1981. Sous la dir. de: Fréderic Barbier. - München; New York; London; Paris: Saur 1983. 132 p., 18 ill. ISBN 3-598-10478-2 0455

*Cartografia Madrilena, 1635-1982. Exposition Museo Municipal, Mayo-Junio 1982. - Madrid: Ayuntamiento de Madrid 1982. 248 p. text, mp. 0456

*Cartografia napoletana dal 1781 al 1889. Il Regno, Napoli, la Terra di Bari. A cura di Giancarlo Alisio e Vladimiro Valerio. - Napoli: Prismi 1983. 243 p., ill. ISBN 88-7065007 0457

*La cartographie de Soignes: exposition: du 11 septembre au 14 novembre 1982 au château de Trois Fontaines Auderghem. Organisée par le Conseil de Trois Fontaines. - Bruxelles: Conseil de Trois-Fontaines 1982. 2 vol., ill. 0458

*Chambers, Betty: Printed maps and town plans of Bedfordshire, 1576-1900. - Bedford: Redfordshire Historical Record Society 1983. 250 p. (The publications of the Bedfordshire Historical Record Society. 62.) ISBN 0-85155-044-4 0459

Clarke, R.S.J.: The Irish charts in le Neptune françois: their sources and influence. (Paper pres. at the 10th International Conference on the History of Cartography. - Dublin 1983.) 5 p. 0460

Danckaert, Lisette: De kaart van Belgie op 1:20 000 door Philippe Vandermaelen. Varianten en opmaak. In: BEVAS/SOBEG, tijdschrift van de Belgische Vereniging voor Aardrijkskundige Studies / Bulletin de Société Belge d'études Géographiques. 1983, 2. p.139-155. 0461

Danckaert, Lisette: De kaart van Belgie op 1:20 000 door Philippe Vandermaelen. In: Mededelingen van de Kon. Acad. voor Wetenschappen, Letteren en Schone Kunsten van Belgie, Klasse der wetenschappen. 45, 1983, 3. p.91-100. 0462

*Davies, Gordon L. Herries: sheets of many colours. The mapping of Ireland's rocks 1750-1890. - Dublin: Royal Dublin Society 1983. 242 p., ill. (Royal Dublin Society. Historical Studies in Irish Science and Technology. 4.) 0463

*Denecke, Dietrich: Göttingen und Umgebung im Jahre 1784. Erläuterungen zum Blatt 155 der Kurhannoverschen Landesaufnahme im 18. Jahrhundert, 1:25 000. Reproduktion, hrsg. vom Niedersächsischen Landesverwaltungsamt-Landesvermessung. - Hannover 1983. 1 mp.-facs with text. 0464

Desreumaux, Roger: L'arpenteur temoin des mentalités de son temps. (Paper pres. at the 10th International Conference on the History of Cartography. - Dublin 1983.) 10 p. 0465

Dörflinger, Johannes: Oberösterreich im Kartenbild. In: 1000 Jahre Oberösterreich. Ausstellungskatalog, Beitragsteil. Linz, Amt der oberösterr. Landesregierung 1983. p.255-275, 12 ill. 0466

Dörflinger, Johannes: Zum Problem der Neuauflagen von Kupferstichkarten - dargestellt an Hand österreichischer Karten des späten 18. und des frühen 19. Jahrhunderts. In: Kartenhistorisches Colloquium Bayreuth '82. - Berlin 1983. p.125-135, 13 ill. 0467

Donkersloot-de Vrij, Marijke: De 19e eeuwse geologische reliefkaart van J.P. Amersfoordt in het Museum Scholkand. In: Caert-Thresoor. 2, 1983, 2. p.18-21, 3 ill. [With Engl. rés.] 0468

Donkersloot-de Vrij, Marijke: Een kaart van Justus van Broekhuijsen van de ondergang gered. In: Caert-Thresoor. 2, 1983, 2. p.30, 1 ill. 0469

Donkersloot-de Vrij, Marijke: Noordhollandse oude kartografie. In: Noord-Holland Magazine, maandblad voor de provincie Noord-Holland. 2, 1983, 4. p.3-10. 0470

Drápela, Milan V.: Počet vydání Komenského mapy Moravy. In: Rozpravy Národniho technického muzea v Praze. 90, 1982 p.47-59, 2 tab. [Comenius' map of Moravia, number of its editions.] [Czech. with German a. Engl. rés.] 0471

'Dürst, Arthur: Philipp Eberhard (1563-1627) & Leonhard Zubler (1563-1611): zwei Zürcher Instrumentenmacher im Dienste der Artillerie: ein Beitrag zum Zürcher Vermessungswesen des frühen 17. Jahrhunderts. - Zürich: Komm. Beer 1983. 56 p., ill. (Neujahrsblatt der Feuerwerkergesellschaft (Artillerie-Kollegium) in Zürich. 175. 1984.) 0472

Dürst, Arthur: Der Plan eines "Karteninventars Schweiz" und der Stand der Geschichte der Kartographie in der Schweiz. In: Kartenhistorisches Colloquium Bayreuth '82. - Berlin 1983. p.55-69, ill. 0473

Dürst, Arthur: Die Schwabenlandkarte von 1636 des David Hautt. In: Kartenhistorisches Colloquium Bayreuth '82. - Berlin 1983. p.13-16, 2 ill. 0474

'The early maps of Scotland to 1850. Ed. by D.G. Moir. 3rd ed., vol. 2. - Edinburgh: Royal Scottish Geographical Society 1983. VII, 310 p., ill. ISBN 0-904049-02-7 0475

Eden, Peter: Estate surveyors in Britain 1550-1850: a study in the structure of occupations. (Paper pres. at the 10th International Conference on the History of Cartography. - Dublin 1983.) 9 p. 0476

Ehrenberg, Ralph E.: Mapping land, sea, and sky: federal cartography from 1775 to 1950. In: Government Publications Review. 10, 1983, 4. p.361-374. 0477

Ehrensvärd, Ulla: Handgezeichnete Veduten und Pläne in öffentlichen Sammlungen zu Stockholm und Uppsala betreffend Pommern, Mecklenburg, Brandenburg und Westpreußen. In: Lüneburger Beiträge zur Vedutenforschung. 1. - Lüneburg 1983. p.33-44, 3 ill. 0478

Ehrmanntraut, Rafael: Friedrich Wagner und die Landesvermessung in Nassau. In: Nachr.-Bl. d. Vermess.- u. Katasterverwalt. Rheinl.-Pf. 26, 1983, 4. p.221-239, 7 ill. 0479

Elias, Werner: Maps and road books of Europe's mail coach era 1780-1850. In: Map Collector. 20, 1982. p.24-29, 6 ill. 0480

*English map-making, 1500-1650: historical essays. [Ed.:] Sarah Tyacke: - London: The British Library 1983. 125 p. ISBN 0-7123-0010-4 0481

Faille, René: Les cartes du Hainaut levées au debut du XVIIIe siècle par les ingenieurs géographes Masse. In: La carte manuscrite et imprimée du XVIe au XIXe siècle. - München 1983. p.33-71. 0482

Fallenbuchl, Zoltán: Vermessungsinstrumente und Vermessungswesen in Ungarn bis zum Ausgang des 18. Jahrhunderts. In: Globusfreund. 31/32, 1983. p.158-172. [With Engl. a. French rés.] 0483

*Fiedler, Hans: Münden im Bild der Jahrhunderte: beschreibendes Verzeichnis der Darstellungen der Stadt und die heute zu ihr gehörenden Orte in der Graphik des 16.-19 Jahrhunderts. Mitarb.: Karl Brethauer und Ludwig Denecke. - Hannoversch Münden: Heimat- und Geschichtsverein Sydekum 1983. 196 p., ill. (Sydekum-Schriften zur Geschichte der Stadt Münden. 8.) 0484

Flink, K.: 1. Arbeitssitzung: Klevisches Kataster. In: Mitt.-Bl. Arb.-Kreis für Hist. Kartogr. in der Arb.-Gemeinschaft Hist. Komm. u. Landesgesch. Inst. 21, 1983. p.9-16. 0485

Fontaine Verwey, Herman de la: The history of Guicciardini's description of the Low Countries. In: Quaerendo. 12, 1982. p.22-51. 0486

Frick, Alexander: Blasius Hueber und seine Vorarlberger Karte aus dem Jahre 1783. In: Bergheimat, Schaan, 1983. p.49-63, ill. 0487

Ganado, Albert: Description of an early Venetian sixteenth century collection of maps at the Casanatense Library in Rome. In: Imago Mundi. 34, 1982. p.26-47, 5 ill. 0488

Gehl, Paul F.; Patricia H. Jobe: Roma Illustrata: maps in the adult education classroom. In: Mapline. 28, 1982. p.[1-2], 1 mp. 0489

Giudicetti, Francino: Il Moesano nella cartografia: dagli inizi al 1802: con un elenco delle carte del Grigioni. In: Quaderni grigionitaliani. IL, 1980. p.1-27, 81, 104. - Bern 1980. 56 p. 20 mp. 0490

Grewe, Klaus; Ursula Hemberg: Römische Kataster in Marmor (Orange, Frankreich). In: Vermess.-Ing. 33, 1982. p.168ff. 0491

Grewe, Klaus; Dieter Müller: Schloß Solitude und die Basis der Württembergischen Landesvermessung. In: Vermess.-Ing. 34, 1983. p.25ff. 0492

Grewe, Klaus: Die Tabula Peutingeriana in der Österreichischen Nationalbibliothek. In: Vermess.-Ing. 33, 1982. p.134. 0493

Hadjipaschalis, A.J.: Printed nautical chart of Cyprus in the Dutch pilot guides of the seventeenth century. In: Map Collector. 25, 1983. p.48-52, 7 ill. 0494

Hadrovics, László: Die "Hungaria" von Nikolaus Oláh (1536) und die Landesbeschreibungen über Ungarn im 16. und 17. Jahrhundert. In: Landesbeschreibungen Mitteleuropas vom 15. bis 17. Jahrhundert. Vorträge der 2. internat. Tagung des "Slawenkomitees" im Herder-Inst. Marburg/Lahn 1980. - Köln, Wien 1980. p.165-182. (Komitees der Bundesrepublik Deutschland zur Förderung der Slawischen Studien. 5.) 0495

Hagel, Jürgen: Stuttgarter Wasser- und Umweltprobleme in der frühen Neuzeit im Spiegel alter Karten und Pläne des Nesen- und Dobelbaches. In: Zeitschrift für Württembergische Landesgeschichte. 42, 1983. p.217-254, 16 ill. 0496

Ham, W.A. van: Een late overzichtskaart van het markiezaat van Bergen op Zoom. In: Caert-Thresoor. 2, 1983, 3. p.34-35, 1 ill. [With Engl. rés.] 0497

Harder, Hans-Bernd: Die Landesbeschreibung in der Literatur des schlesischen Frühhumanismus. In: Landesbeschreibungen Mitteleuropas vom 15. bis 17. Jahrhundert. Vorträge der 2. internat. Tagung des "Slawenkomitees" im Herder-Inst. Marburg/Lahn 1980. - Köln, Wien 1980. p.29-48. (Komitees der Bundesrepublik Deutschland zur Förderung der Slawischen Studien. 5.) 0498

Harrauer, Christine: Beobachtungen zu Darstellungsweise und Wahrheitsanspruch in der 'Moscovia' Herbersteins. In: Landesbeschreibungen Mitteleuropas vom 15. bis 17. Jahrhundert. Vorträge der 2. internat. Tagung des "Slawenkomitees" im Herder-Inst. Marburg/Lahn 1980. - Köln, Wien 1980. p.183-206. (Komitees der Bundesrepublik Deutschland zur Förderung der Slawischen Studien. 5.) 0499

Hecker, F.: 100 Jahre Stadtvermessung Leipzig. In: Vermess.-techn. 31, 1983, 11. p.394. 0500

*Hellwig, Fritz: Das Bild der Erde. Kontinente, Länder und Städte in der italienischen Kartographie des 16. u. 17. Jahrhunderts. Ausstellung und Katalog: Fritz Hellwig. - Köln: Italienisches Kulturinstitut 1983. [22] sheets. [146 Nr.] 0501

Herwijnen, G. van: Niederländische und Rheinische Atlasarbeiten. In: Mitt.-Bl. Arb.-Kreis f. Hist. Kartogr. in der Arb.-Gemeinschaft Hist. Komm. u. Landesgeschichtl. Inst. 22, 1983. p.9-15. 0502

Höhn, Alfred: Das Coburger Land in Straßenkarten des 16. bis 18. Jahrhunderts. In: Jahrbuch der Coburger Landesstiftung. 26, 1981. p.95-112. 0503

Hrbek, Friedrich: 100 Jahre Führung des Katasters. In: Eich- u. Vermess.-mag. 40, 1983. p.5-6. 0504

Hrenkó, Pál: Honterus 450 éves térképe Erdélyröl. In: Geod. és Kartogr. 35, 1983, 2. p.109-118, 4 ill. [Honterus' 450-year Transylvania map.] [Hung. with Engl. rés.] 0505

Humble, Philip: The Val d'Aran. In: Map Collector. 19, 1982. p.54-57, 5 mp., 1 photo. 0506

The Irish maps of Lord Carew. (Paper pres. at the 10th Internat. Conference on the History of Cartography. - Dublin 1983.) 17 p., 1 ill. 0507

*100 Jahre Stadtvermessung St. Gallen. [Text: Rudolf Sigrist.] - St. Gallen: Vermessungsamt der Stadt St. Gallen 1983. 127 p., ill. 0508

Jarcho, Saul: Some early Italian epidemilogical maps. In: Imago Mundi. 35, 1983. p.9-19, 6 ill. 0509

Junk, Heinz-K.: Altkarten als Grundlage territorialgeschichtlicher Untersuchungen. Das Beispiel des Großherzogtums Berg (1806-1813). In: Kartenhistorisches Colloquium Bayreuth '82. - Berlin 1983. p.157-167, 4 ill. 0510

Karstkarel, Peter: J.H. Knoop, een verlichte encyclopedist, vervaardigde een fraaie stadsplattegrond van Leeuwarden. In: Caert-Thresoor. 2, 1983, 4. p.50-53, 5 ill. [With Engl. rés.] 0511

Karstkarel, Peter: Topografische kartering van Noordoost-Nederland 1820-1824. In: Caert-Thresoor. 2, 1983, 1. p.12-13, 1 ill. 0512

*Katalog dawnych map wielkoskalowych Krakowa XVI-XIX wieku. (Red.nauk.: Michal Odlanicki-Poczobutt.) - Warszawa: PWN 1981. 285 p. [Nebent.:] Catalogue of old large-scale maps of Cracow of the 16th-19th centuries. ISBN 83-01-02503-4 0513

Katzenberger, Ludwig: Zur Neuherausgabe der Karten "Das Königreich Baiern 1808" und der "Post-Karte von Baiern 1810". In: Kartenhistorisches Colloquium Bayreuth '81. - Berlin 1983. p.169-175, 4 mp. 0514

*Keller, Harald: Das alte Europa. die hohe Kunst der Stadtvedute. - Stuttgart: Deutsche Verlags-Anstalt 1983. 286 p. text, ill. ISBN 3-421-02586-X 0515

*Kiel 1879-1979. Entwicklung von Stadt und Umland im Bild der Topographischen Karte 1:25 000. Zum 32. Deutschen Kartographentag vom 11.-14. Mai 1983 in Kiel. Hrsg.: Jürgen Bähr. - Kiel: Selbstverlag des Geographischen Instituts der Universität Kiel 1983. V, 192 p. (Kieler Geographische Schriften. 58.) 0516

*Kingsley, David: Printed maps of Sussex, 1575-1900. With an introduction by Helen Wallis. - Lewes: Sussex Record Society 1982. 439 p., 40 pl. (Sussex Record Society. Vol. 72.) ISBN 0-854450319 0517

Kleinn, Hans: Eine frühe Veduten-Landkarte Westfalens von 1624. In: Lüneburger Beiträge zur Vedutenforschung. 1. - Lüneburg 1983. p.145-154, 4 ill. 0518

Kloiber, Otto: 100 Jahre Evidenzhaltung des Grundkatasters. In: Österr. Z. f. Vermess.-wesen u. Photogramm. 71, 1983, 2. p.57-65, 1 ill. 0519

Knutsson, Gunilla: In Paris, maps for kings and other travelers. In: New York Times, April 10, 1983. 0520

Kobold, Fritz: Von den Anfängen der schweizerischen Landesvermessung 1809-1840. In: Vermess., Photogramm., Kulturtechn. 81, 1983, 9. p.301-311, 12 ill., 2 tab. 0521

'Koeman, Cornelis: Geschiedenis van de Kartografie van Nederland. Zes eeuwen land - en zeekaarten en stadsplattegronden. - Alphen a.d. Rijn: Canaletto 1983. VIII, 274 p., 9 pl. ISBN 90-6469-609-8 0522

'Koeman, Cornelis: Langes, Papieren, Wegen. Momenten uit de Geschiedenis van de Wegenkarten van Nederland. - Utrecht: Koeman 1983. 32 p., ill. (Scaldia Model. 2.) ISBN 90-6402-009-4 0523

Koeman, Cornelis: Symbolen op een tweetal produktenkaarten in een Nederlands aardrijkskundeleerboke uit 1801. In: Caert-Thresoor. 2, 1983, 2. p.22-23, 1 ill. 0524

Koepke, Peter: Zur Geschichte des Stralsunder Bildcodex. Vorbericht zu einer quellenkritischen Untersuchung der frühen norddeutschen Vedute. In: Lüneburger Beiträge zur Vedutenforschung. 1. - Lüneburg 1983. p.53-74, 2 ill., tab. 0525

Konvitz, Josef W.: The national map survey in eighteenth-century France. In: Government Publications Review. 10, 1983, 4. p.395-403. 0526

Kraus, Vladimír: Tisk Klaudyánovy mapy Čech - Rekonstrukce technilogie. In: Rozpravy Národního technického muzea v Praze. 90, 1982. p.34-46. [The Claudianus map of Bohemia. Reconstruction of printing technology.] [Czech. with German a. Engl. rés.] 0527

Kretschmer, Ingrid; J. Krupski: Die Entwicklung der kartographischen Darstellung Polens und der Polnischen Kartographie. In: Internat. Jb. f. Kartogr. 1982. p.105-146. 0528

Kudrnovská, Olga: Vojensko-zeměpisný popis české sekce 107 z Josefského mapování. In: Rozpravy Národniho technického muzea v praze. 90, 1982. p.66-81, 1 mp. [Military and geographical comments on the Josephian map section No. 107.] [Czech. with German a. Engl. rés.] 0529

'Die Küsten Westeuropas. Sonderausstellung im Schwedenspeicher Museum, Stade, 4. Juni - 17. Juli 1983. - Bremen: Werbedr. Bremen 1983. 56 p., XVI pl. (Die Welt in Seekarten. [4.]) 0530

Lafrenz, Jürgen: Kartographische Fortschritte in Schleswig-Holstein infolge schwedischer Bündnispolitik in der Epoche der Nordischen Kriege. In: Kartenhistorisches Colloquium Bayreuth '82. - Berlin 1983. p.137-155, 7 ill. 0531

Lakov, Lazar: 155 Jahre Kartographierung von Bulgarien. In: Probleme der thematischen Kartographie und der Automatisierung der Kartenherstellung. - Dresden 1983. p.46-47. 0532

Levallois, J.-J.: Trois cents ans de géodésie française. In: XYZ - Rev. de l'Assoc. Franç. Topogra. 16, 1983. p.6-10, 5 ill. 0533

Lindner, Klaus: Das Hochstift Würzburg auf Karten des Fränkischen Kreises. In: Kartenhistorisches Colloquium Bayreuth '82. - Berlin 1983. p.193-204, 2 mp. 0534

Lindner, Klaus: Randansichten auf Berliner Stadtplänen des 18. Jahrhunderts. In: Lüneburger Beiträge zur Vedutenforschung. 1. - Lüneburg 1983. p.155-172, 4 ill., tab. 0535

Lingenberg, Heinz: Die baugeschichtliche Entwicklung Danzigs im Spiegel seiner ältesten Veduten (bis zum Anfang des 17. Jahrhunderts). In: Lüneburger Beiträge zur Vedutenforschung. 1. - Lüneburg 1983. p.85-96, 2 ill., 1 pl. 0536

Luckhardt, Jochen: Zum Wandel der Realitätsauffassung in topographischen Darstellungen Westfalens vor 1900. In: Lüneburger Beiträge zur Vedutenforschung. 1.- Lüneburg 1983. p.75-84, 3 ill. 0537

Lunkenheimer, Ludwig: Die Bedeutung alter Grenzsteine. Einige Beispiele im Solinger Raum. In: Vermess.-Ing. 34, 1983, 6. p.213-216, 5 ill. 0538

Lyon, David: How Monaco evolved on maps and views. In: Map Collector. 24, 1983. p.49-51, 7 ill. 0539

Machilek, Franz: Kartographie, Welt- und Landesbeschreibung in Nürnberg um 1500. In: Landesbeschreibungen Mitteleuropas vom 15. bis 17. Jahrhundert. Vorträge der 2. internat. Tagung des "Slawenkomitees" im Herder-Inst. Marburg/Lahn 1980. - Köln, Wien 1980. p.1-12. (Komitees der Bundesrepublik Deutschland zur Förderung der Slawischen Studien. 5.) 0540

Maling, Derek H.: "A little, round, fat, oily man of God": Rev. Patrick Murdoch and his contributions to eighteenth-century cartography and geography. In: Cartogr. J. 20, 1983, 2. p.110-118, 1 ill., 1 tab. 0541

The map trade. Business relationships in the London map trade. In: Map Collector. 20, 1982. p.45. 0542

Meurer, Peter H.: Alte italienische Kartographie in Köln. In: Kartogr. Nachr. 33, 1983, 3. p.111-112. 0543

Meurer, Peter H.: Das Deutsche Städtebuch von Bertius/Kaerius (Amsterdam 1616/19). In: Burgen und Schlösser. 24, 1983, 2. p.105-109, 5 ill. 0544

Meurer, Peter H.: Das niederländische Städtebuch des Galezzo Gualdo Priorato <Wien 1673>. In: Quaerendo. 12, 1983, 3. p.199-220, 10 ill. 0545

Meurer, Peter H.: Zur Systematik der Cusanus-Karten. Überlegungen aus der Sicht der rheinischen Landeskunde. In: Kartogr. Nachr. 33, 1983, 6. p.219-225, 3 ill., 1 tab. 0546

Milinusic, Tomislav F.: Accuracy of coastal outline on early maps of Cyprus. (Paper pres. at the 10th International Conference on the History of Cartography. - Dublin 1983.) 16 p. 0547

*Moore, J.N.: The mapping of Scotland: a guide to the literature of Scottish cartography prior to the Ordnance Survey. - Aberdeen: O'Dell Memorial Monograph-Univ. of Aberdeen, Department of Geography. 15, 1983. 73 p. 0548

Mucha, Ludvík: Čtyři méně známi tvurci českých zeměpisných atlasu. In: Rozpravy Národniho technického muzea v Praze. 90, 1982. p.98-106, 4 photos. [Four little known authors of Czech geographical atlases.] [Czech. with German and Engl. rés.] 0549

Muller, E.: Registraties van Utrechtse landmeters in de 17e en 18e eeuw. In: Geodesia. 25, 1983, 4. p.109-113, tab. 0550

Musall, Heinz: Eine Forstkarte des Hardtwaldes nördlich Karlsruhe von 1756/57. In: Beiträge zur Kartographie. - Karlsruhe 1983. p.51-57, 2 ill. (Karlsruher Geowissenschaftliche Schriften. A.1.) 0551

Nagy, Pál Jenö: Szakmánk történetének megírása. In: Geod. és Kartogr. 35, 1983, 3. p.190-194. [Publishing of the history of the surveying in Hungary.] [Hung. with Engl. rés.] 0552

Nentwig, Max Arnold: Die ältesten Veduten des Riesengebirges. In: Lüneburger Beiträge zur Vedutenforschung. 1. - Lüneburg 1983. p.109-114, 4 ill. 0553

*Neubert, Karl: Katalog alter druckgraphischer Ansichten von Eppstein bis 1870. - Eppstein: Neubert 1982. 29, XXIV p. 0554

Neumann, Joachim: Zur Geschichte der Kartographie der Oberrheinlande. In: Kartenhistorisches Colloquium Bayreuth '82. - Berlin 1983. p.205-212. 0555

*Neustadt an der Aisch und sein Umland in alten Karten, Ansichten und Portraits. Hrsg. von Gertraud Geissendörfer in Zusammenarbeit mit August Wolfschmidt und Wolfgang Mück. - Neustadt an der Aisch: Schmidt [1983]. 198 p., ill., mp. (Beiträge zur Heimatgeschichte. 1.) ISBN 3-87707-045-0 0556

Niewodniczański, Tomasz: Brodno - Bemerkungen zur Panorama-Vedute von Adelhauser / Zündt 1568. In: Lüneburger Beiträge zur Vedutenforschung. 1. - Lüneburg 1983. p.103-108, 10 ill., 1 pl. 0557

*Nord for Skandinavien, vestpå Grønland. Saerudstilling i Tønder, Museum Tønder 25. juni - 28. aug. 1983. - Bremen: Werbedr. Bremen 1983. 56 p., XII pl. (Die Welt in Seekarten. [10.]) 0558

*Norges sjøkartverk 1932-1982. Kystens historie i Kart og beskrivelser. Red. Komité: Arne Hausken [a.o.] Ansvarlig uitgiver: Norges sjøkartverk. - Stavanger: Gunnarshaug 1983. 208 p. text, ill., mp. ISBN 82-90078-09-9 0559

*Opll, Ferdinand: Wien im Bild historischer Karten. Die Entwicklung der Stadt bis in die Mitte des 19. Jahrhunderts. - Wien: Böhlau Verlag 1983. 78 p., 50 pl. 0560

Osteneck, Dieter: Zur xylographischen Darstellung der Stadt Riga im 19. Jahrhundert. In: Lüneburger Beiträge zur Vedutenforschung. 1. - Lüneburg 1983. p.115-124, 3 ill. 0561

Pastoureau, Mireille: Collections et collectionneurs de cartes en France, sous l'ancien regime. (Paper pres. at the 10th International Conference on the History of Cartography. - Dublin 1983.) 7 p. 0562

Pastoureau, Mireille: Confection et commerce des cartes à Paris aux XVIe et XVIIe siècles. In: La Carte manuscrite et ... - München 1983. p.9-17. 0563

Pernal, A.B.; D.F. Essar: The 1673 variant of Beauplan's general map of Ukraine. In: Cartographica, Mono. 20, 1983, 4. p.92-98, 1 ill. [With French, German a. Span. rés.] 0564

Pittaluga, Maria Luisa: Sulla datazione del "Periplo del mare Etritreo". In: Boll. della Soc. Geogr. Ital. 12, 1983. p.91-102. 0565

Plezia, Marian: Die sogenannte Chorographie von Jan Dlugosz. In: Landesbeschreibungen Mitteleuropas vom 15. bis 17. Jahrhundert. Vorträge der 2. internat. Tagung des "Slawenkomitees"im Herder-Inst. Marburg/Lahn 1980. - Köln, Wien 1980. p.125-140. (Komitees der Bundesrepublik Deutschland zur Förderung der Slawischen Studien. 5.) 0566

Plihál, Katalin: Úrbéri térképek. In: Geod. és Kartogr. 35, 1983, 3. p.195-201, 4 ill. [Socage-maps.] [Hung. with Engl. rés.] 0567

Pobanz, Wolfram: Kartenhistorisches Colloquium Bayreuth '82. In: Kartogr. Nachr. 32, 1982, 4. p.137. 0568

Pommern und Mecklenburg in alten Karten. 10.5. bis 5.6.1983. Gemeinsame Ausstellung der Stiftung Pommern, Kiel und der Stiftung Mecklenburg, Ratzeburg, in der Stiftung Pommern, Kieler Schloß, Rantzaubau. Verzeichnis der Exponate. - Kiel 1983. 24 p. [mimeogr.] 0569

Potter, Nicholas: British topographical prints. In: Map Collector. 23, 1983. p.2-7, 8 ill. 0570

Pouls, H.C.: Historisch onderzoek naar het werk van de landmeter. In: Futura / Informatie en communicatieblad van het Nederlands Architecten Genootschap. 18, 1983, 2. p.17-23. 0571

Rainero, Romain H.: Atlas inédit d'un cartographe milanais du 16e siècle: Urbano Monte et son "Trattato Universale". (Paper pres. at the 10th International Conference on the History of Cartography. - Dublin 1983.) 9 p. 0572

Reinhard, E.: Die Entwicklung der kartographischen Landschaftsdarstellung im südwestdeutschen Raum, aufgezeigt an alten Karten aus den Sammlungen des Generallandesarchivs. In: Mitt.-Bl. Arb.-Kreis für Hist. Kartogr. in d. Arb.-Gemeinschaft Hist. Komm. u. Landesgesch. Inst. 19, 1982. p.3-10. 0573

Robinson, Arthur H.: The first flow map in Ireland, Belgium and France. (Paper pres. at the 10th International Conference on the History of Cartography. - Dublin 1983.) 10 p. 0574

Rothe, Hans: Elemente einer Landesbeschreibung in der "Sinopsis"Kiev 1680. In: Landesbeschreibungen Mitteleuropas vom 15. bis 17. Jahrhundert. Vorträge der 2. internat. Tagung des "Slawenkomitees" im Herder-Inst. Marburg/Lahn 1980. - Köln, Wien 1980. p.207-244. (Komitees der Bundesrepublik Deutschland zur Förderung der Slawischen Studien. 5.) 0575

Rózsa, György: Die Typologie als Methode der Bearbeitung der alten ungarischen Veduten. In: Lüneburger Beiträge zur Vedutenforschung. 1. - Lüneburg 1983. p.45-52, 9 ill. 0576

Sabaris, Lluis Solé; Marc Weidmann: La première carte géologique de la Suisse, par le géologique catalan Carles de Gimbernat (1768-1834). In: Eclogae geologicae Helvetiae. 75, 1982, 2. p.227-232, 1 pl. 0577

Salaba, M.: Südosteuropa im 17. und 18. Jahrhunderts in den Kartensammlungen der badischen Markgrafen. In: Mitt.-Bl. Arb.-Kreis für Hist. Kartogr. i.d. Arb.-Gemeinschaft Hist. Komm. u. Landesgesch. Inst. 19, 1982. p.14-18. 0578

Schilder, Günter: Een handelskaart van Europa uit 1602. Een Nederlandse bijdrage aan de historisch-thematische kartografie. In: Kartogr. T. 7, 1981, 3. p.35-40. 0579

Schmidt, Roderich: Die "Pomerania" als Typ territorialer Geschichtsdarstellung und Landesbeschreibung des 16. und beginnenden 17. Jahrhunderts (Bugenhagen - Kantzow - Lubinus). In: Landesbeschreibungen Mitteleuropas vom 15. bis 17. Jahrhundert. Vorträge der 2. internat. Tagung des "Slawenkomitees" im Herder-Inst. Marburg/Lahn 1980. - Köln, Wien 1980. p.49-78. (Komitees der Bundesrepublik Deutschland zur Förderung der Slawischen Studien. 5.) 0580

Schulte, P.G.: Die klevische Katasterreform 1733/36. In: Mitt.-Bl. Arb.-Kreis für Hist. Kartogr. in der Arb.-Gemeinsch. Hist. Komm. u. Landesgesch. Institute. 21, 1983. p.16-18. 0581

Schwarzmaier, H.: Karten des 16. Jahrhunderts als Aktenbeilagen. Kartographie und Gerichtsverfahren. In: Mitt.-Bl. Arb.-Kreis für Hist. Kartogr. in der Arb.-Gemeinsch. Hist. Komm. u. Landesgesch. Institute. 19, 1982. p.10-14. 0582

Schweitzer, Eugen: Toponyme als Limitationshinweise in Südwestdeutschland. In: Kartenhistorisches Colloquium Bayreuth '82. - Berlin 1983. p.41-52, 8 ill., 5 tab. 0583

Scurfield, Judith M.: The landscape of 17th century England: The Southern Pennines. (Paper pres. at the 10th International Conference on the History of Cartography. - Dublin 1983.) 15 p. 0584

Seedorf, Hans H.: Lüneburg und die Ostheide im Jahre 1774. Erläuterungen zum Blatt 73 Lüneburg der Kurhannoverschen Landesaufnahme des 18. Jahrhunderts, 1:25 000. Reproduktion, hrsg. vom Niedersächsischen Landesverwaltungsamt-Landesvermessung. - Hannover 1983. 1 mp., text. [Nach dem Original der Kartenabteilung der Staatsbibliothek.] 0585

Sigrist, R.: 100 Jahre Stadtvermessung St. Gallen. In: Vermess., Photogramm., Kulturtechn. 81, 1983, 11. p.389-393, 6 ill. 0586

*De skandinaviske Farvande. Saerudstilling i Museet pa Koldinghus, Kolding, 18. juni - 18. sept. 1983. - Bremen: Werbedr. Bremen 1983. 56 p., XVI pl. (Die Welt in Seekarten. [8.]) 0587

Sladký, Vladimír: Crigingerova a Salzburská mapa Čech. In: Rozpravy Národního technického muzea v Praze. 90, 1982. p.21-33. [The map of Bohemia by Criginger and the Salzburg map of Bohemia.] [Czech. with German a. Engl. rés.] 0588

*Smith, David: Antique maps of the British Isles. - London: Batsford 1982. 243 p. ISBN 0-7134-1694-7 0589

Soetemann, Christel: Alexander Dunckers "Ländliche Wohnsitze, Schlösser und Residenzen der Preußischen Monarchie". Tausend Veduten zwischen Tilsit und Trier. In: Lüneburger Beiträge zur Vedutenforschung. 1. - Lüneburg 1983. p.173-210, 14 ill., 12 tab., 1 mp. 0590

Stein, Wolfgang Hans: Pfalz und Alzeyer Raum in der französischen Militärkartographie des dreißigjährigen Krieges. In: Mitteilungen des Historischen Vereins der Pfalz. 79, 1981. p.277-301, 2 mp. 0591

Stephan, Werner: Militärisch-topographische Charte von dem Großherzogthum Hessen - ein bisher unbekanntes Kartenwerk von Hessen-Darmstadt aus den Anfängen des 19. Jahrhunderts. In: Kartenhistorisches Colloquium Bayreuth '82. - Berlin 1983. p.177-183, 2 ill. 0592

Stewig, Reinhard: Die Entwicklung der Stadt Kiel im Überblick. In: 32. Deutscher Kartographentag. - Kiel 1983. p.24-31, 3 ill. 0593

Stone, Jeffrey C.: Timothy Pont and the first topographic survey of Scotland c. 1583-1596: an informative contemporary manuscript. In: Scottish Geogr. Mag. 99, 1983, 3. p.161-168. 0594

Strasser, Gerhard F.: Athanasius Kircher's cartographic sketches for his Mundus Subterraneus. In: Mapline. 30/31, 1983. p.1-3, ill. 0595

*Suitner Nicolini, Gianna: Le mappe e i disegni dell'archivio di Piazzola sul Brenta. Cartografia storica e analisi territoriale. - Padova: La garangola 1981. VII, 345 p., ill. 0596

Szykuła, Krystyna: Veduten-Unica und seltene nichtschlesische Veduten in der Kartensammlung der Universitätsbibliothek zu Wrocław/Breslau. In: Lüneburger Beiträge zur Vedutenforschung. 1. - Lüneburg 1983. p.19-32, 6 ill. 0597

Tatham, Andrew F.: Charting the Kattegat in the napoleonic period. In: Bull. Soc. of Univ. Cartographers. 16, 1983, 2. p.11-20, 7 ill. 0598

*Tiggesbäumker, Günter: Die Altkartenbestände der Staatlichen Bibliothek Ansbach - handgezeichnete und gedruckte Karten des 16. bis 19. Jahrhunderts. - Bamberg: Selbstverlag des Faches Geographie der Univ. Bamberg 1983. VIII, 164 p., 35 pl. (Bamberger geograph. Schriften, Sonderfolge. 1.) ISBN 0-175-3894 0599

Tooley, Ronald Vere: Large scale English county maps and plans of cities not printed in atlases. In: Map Collector. 24, 1983. p.32-36, 6 ill. 0600

Vigil Gallego, Enrique: El Servicio geográfico del Ejército en el dia de las Fuerzas Armadas en Burgos. In: Bol. de Inform. Serv. Geogr. Ejército. 56, 1983, 2. p.19-22, 6 photos. 0601

Vries, D. de: Beemsterlants Caerten. Een beredeneerde lijst van oude gedruckte kaarten. - Alphen aan den Rijn: Uitgeverij Canaletto 1983. 18 sheets text, 24 sheets pl. 0602

Westra, F.: De Landmeter-Ingenieur Johan Sems en de kaarten van Leeuwarden (1600/1003) en Franeker (1598). In: Caert-Thresoor. 2, 1983, 1. p.2-5, 3 ill. [With Engl. rés.] 0603

Weysser, Karl: Stadt Altensteig in malerischen Darstellungen des 19. Jahrhunderts. Mitarb. Benno Lehmann. - Altensteig: Stadt Altensteig 1981. 56 p., 22 ill. 0604

Whistance-Smith, Ronald: Switzerland's atlas Siegfried. A study of its history. In: Inform. Bull. West. Assoc. of Map Libr. 14, 1983, 3. p.228-236, 5 ill. 0605

Zablocki, Stefan: Beschreibung des Ostens in den Elegien von Konrad Celtis. In: Landesbeschreibungen Mitteleuropas vom 15. bis 17. Jahrhundert. Vorträge der 2. internat. Tagung des "Slawenkomitees" im Herder-Inst. Marburg/Lahn 1980. - Köln, Wien 1980. p.141-164. (Komitees der Bundesrepublik Deutschland zur Förderung der Slawischen Studien. 5.) 0606

Zeeuw, A. de: Kaarten met randversiering als voorlopers van 17e eeuwse atlaskaarten. In: Caert-thresoor. 2, 1983, 3. p.42-45, 5 ill. [With Eng. rés.] 0607

Zeger, Josef: Nullmeridian von Greenwich - 100 Jahre international anerkannt. In: Eich- u. Vermess.-mag. 41, 1983. p.36-37. 0608

Zudel, Juraj: Sídelná sieť Slovenska na Lazarovej mape Uhorska z r. 1528. In: Geografický časopis. 35, 1983, 3. p.247-264, 1 mp., 1 suppl. [The settlement network of Slovakia on Lazar's map of the old Hungary from 1528.] [Slov. with Russ. a. Engl. rés.] 0609

C BIOGRAPHY. PERSONAL DATA UDC 528.9 : 92 A/Z
BIOGRAPHIE. PERSÖNLICHES
BIOGRAPHIES. HISTOIRE DES PERSONNES

Atchison, J.F.: Australian place-names and cartographers. In: Cartography. 12, 1982, 3. p.151-155. 0610

Biesheuvel, J.M.A.: De kaartenmakers. In: Kartogr. T. 9, 1983, 2. p.47-56. 0611

Norman, Valiant C.: John ADAMS, Flourished 1680. In: UCLA map Libr. Newsletter & Selected Acquisitions. 4, 1981/83, 1. p.13-29. 0612

Niewodniczański, Tomasz: Brodno - Bemerkungen zur Panorama-Vedute von ADELHAUSER/Zündt 1568. In: Lüneburger Beiträge zur Vedutenforschung. 1. - Lüneburg 1983. p.103-108, 10 ill., 1 pl. 0613

Donkersloot-de Vrij, Marijke: De 19e eeuwse geologische reliefkaart van J.P. AMERSFOORDT in het Museum Scholkand. In: Caert-Thresoor. 2, 1983, 2. p.18-21, 3 ill. [With Engl. rés.] 0614

Moldovan, Alfred: The lost DE ANGELIS map of Jerusalem, 1578. In: Map Collector. 24, 1983. p.17-24, 8 mp. 0615

Schneider, Ivo: Technik in der Sicht der exakten Naturwissenschaften am Beispiel von ARCHIMEDES, Christian Huygens und Carl Friedrich Gauß. In: Kultur und Technik. 6, 1982, 1. p.21-41, ill. 0616

Dörflinger, Johannes: Time and cost of copper plate engraving - illustrated by early nineteenth century maps from the Viennese firm ARTARIA & CO. In: Imago Mundi. 35, 1983. p.58-66, 5 ill. 0617

Martin, Robert Sidney: AUSTIN's contribution to the cartographic history of Texas: the maps of an empressario. In: Bull. Spec. Libr. Assoc. Geogr. a. Map Div. 133, 1983. p.2-13. 0618

Scott, Valerie G.: He bought his business for £100 [David BANNISTER]. In: Map Collector. 19, 1982. p.38-39, photo. 0619

Pernal, A.B.; D.F. Essar: The 1673 variant of BEAUPLAN's general map of Ukraine. In: Cartographica, Mono. 20, 1983, 4. p.92-98, 1 ill. [With French, German a. Span. rés.] 0620

Zimmerling, Dieter: Die kugelrunde Sensation (BEHAIM-Globus). In: Westermanns Monatshefte. 1983, 1. p.46 a.f. 0621

*BERANN's panoramas [Heinrich C. Berann.] Wonderful world of Alps and Himalayas. - Tokyo: Jitsugyo no Nihon Sha 1980. 120 p. text and ill. [Japan.] 0622

Meurer, Peter H.: Das Deutsche Städtebuch von BERTIUS/Kaerius (Amsterdam 1616/19). In: Burgen und Schlösser. 24, 1983, 2. p.105-109, 5 ill. 0623

Jeanrichard, Francis: Prof. Dr. h.c. Simon BERTSCHMANN zum neunzigsten Geburtstag. In: Vermess., Photogramm., Kulturtechn. 81, 1983, 4. p.145, portr. 0624

Danforth, Susan L.: Jeannette D. BLACK, 1910-1983. In: Mapline. 32, 1983. p.[5]. 0625

Deberg, Minako: A comparative study of two Dutch maps, preserved in the Tokyo National Museum - Joan BLAEU's wall map of the world in two hemispheres, 1648 and its revision ca 1678 by N. Visscher. In: Imago Mundi. 35, 1983. p.20-36, 12 ill. 0626

Bertinchamp, Horst-Peter: Rolf BÖHME 65. In: Allg. Vermess.-Nachr. 89, 1982, 6. p.262-263. 0627

Kügelgen-Kropfinger, Helga von: El frontispicio de Francois Gérard para la obra de viaje de Humboldt y BONPLAND. In: Jahrbuch für Geschichte von Staat, Wirtschaft und Gesellschaft Lateinamerikas. 20, 1983. p.575-616, ill. 0628

Banach, Jerzy: Entstehung und Aussage der wertvollsten Veduten von Krakau: BRAUN/Hogenberg (1617) und Merian (1619). In: Lüneburger Beiträge zur Vedutenforschung. 1. - Lüneburg 1983. p.97-102, 2 pl. 0629

Donkersloot-de Vrij, Marijke: Een kaart van Justus van BROEKHUIJSEN van de ondergang gered. In: Caert-Thresoor. 2, 1983, 2. p.30, 1 ill. 0630

Peter, Heinrich; Jost BÜRGI und seine Himmelsgloben. In: Orion. 39, 1981, Nr. 183. p.40-42, 4 ill. 0631

Schmidt, Roderich: Die "Pomerania" als Typ territorialer Geschichtsdarstellung und "Landesbeschreibung des 16. und beginnenden 17. Jahrhunderts (BUGENHAGEN - Kantzow - Lubinus). In: Landesbeschreibungen Mitteleuropas vom 15. bis 17. Jahrhundert. Vorträge der 2. internat. Tagung des "Slawenkomitees" im Herder-Inst. Marburg/Lahn 1980. - Köln, Wien 1980. p.49-78. (Komitees der Bundesrepublik Deutschland zur Förderung der Slawischen Studien. 5.) 0632

Papy, Louis: Pierre CAMENA D'ALMEIDA 1865-1943. In: Geographers Biobibliogr. Studies. 7, 1983. p.1-4, portr. 0633

The Irish maps of Lord CAREW. (Paper pres. at the 10th International Conference on the History of Cartography. - Dublin 1983-) 17 p., 1 ill. 0634

*Duken, A.J.: Die mathematische Rekonstruktion der Portolankarte des Giovanni da CARIGNANO (1310). - Bückeburg: Selbstverlag des Autors 1983. 32 p., ill. 0635

Zablocki, Stefan: Beschreibung des Ostens in den Elegien von Konrad CELTIS. In: Landesbeschreibungen Mitteleuropas vom 15. bis 17. Jahrhundert. Vorträge der 2. internat. Tagung des "Slawenkomitees" im Herder-Inst. Marburg/Lahn 1980. - Köln, Wien 1980. p.141-164. (Komitees der Bundesrepublik Deutschland zur Förderung der Slawischen Studien. 5.) 0636

Teller, James T.: Jean de CHARPENTIER 1786-1855. In: Geographers Biobibliogr. Studies. 7, 1983. p.17-22, portr. 0637

Schilder, Günter: Cornelis CLAESZOON, founder and stimulator of Dutch maritime and colonial cartography. (Paper pres. at the 10th International Conference on the History of Cartography. - Dublin 1983.) 10 p. 0638

Moutton, Gary E.: Another look at William CLARK's map of 1805. In: We Proceeded On. 9, 1983, 1. p.19-22. 0639

Wood, W. Raymond: John Thomas Evans and William CLARK: two early western explorers' maps re-examined. In: We Proceeded On. 9, 1983, 1. p.10-16. 0640

Kraus, Vladimír: Tisk Klaudyánovy mapy Čech - Rekonstrukce technologie. In: Rozpravy Národního technického muzea v Praze. 90, 1982. p.34-46. [The CLAUDIANUS map of Bohemia. Reconstruction of printing technology.] [Czech with German a. Engl. rés.] 0641

Drápela, Milan V.: Počet vydání Komenského mapy Moravy. In: Rozpravy Národního technického muzea v Praze. 90, 1982. p.47-59, 2 tab. [COMENIUS' map of Moravia, number of its editions.] [Czech. with German a. Engl. rés.] 0642

Joseph, Gilbert M.: John COXON and the role of buccaneering in the settlement of the Yucatán colonial frontier. In: Terrae Incognitae. 12, 1980. p.65-84, 2 ill., 1 tab. 0643

Sladký, Vladimír: Crigingerova a Salzburská mapa Čech. In: Rozpravy Národního technického muzea v Praze. 90, 1982. p.21-33. [The map of Bohemia by CRIGINGER and the Salzburg map of Bohemia.] [Czech. with German a. Engl. rés.] 0644

Gerald R. CRONE, 1899-1982. In: Mapline. 30/31, 1983. p.9. 0645

Campbell, Eila M.J.: Obituary: Gerald Roe CRONE 1899-1982. In: Map Collector. 23, 1983. p.42, portr. 0646

Meurer, Peter H.: Zur Systematik der CUSANUS-Karten. Überlegungen aus der Sicht der rheinischen Landeskunde. In: Kartogr. Nachr. 33, 1983, 6. p.219-225, 3 ill., 1 tab. 0647

Sprengel, Heinz: Richard DEHMEL †. In: Kartogr. Nachr. 33, 1983, 4. p.147. 0648

Peevski, V.: Profesor Fric Dojmlich na 60 godini. In: Geod., Kartogr., Zemeustroj. 23, 1983, 1. p.39. [Prof. Fritz DEUMLICH at 60 years of age.] [Bulg.] 0649

*Prause, Gerhard: Der Jahrhundert-Atlas. Biographie eines Bestsellers. 1883-1983. - Braunschweig: Westermann 1983. 20 p. text, ill. [Carl DIERCKE-Atlas.] 0650

Plezia, Marian: Die sogenannte Chorographie von Jan DLUGOSZ. In: Landesbeschreibungen Mitteleuropas vom 15. bis 17. Jahrhundert. Vorträge der 2. internat. Tagung des "Slawenkomitees" im Herder-Inst. Marburg/Lahn 1980. - Köln, Wien 1980. p.125-140. (Komitees der Bundesrepublik Deutschland zur Förderung der Slawischen Studien. 5.) 0651

Tiggesbäumker, Günter: Erich von DRYGALSKI 1865-1949. In: Geographers Biobibliogr. Studies. 7, 1983. p.23-29, portr. 0652

Dilke, Oswald A.W.; Margaret S. Dilke: Sir Robert DUDLEY's contributions to cartography. In: Map Collector. 19, 1982. p.10-14, 5 mp., 3 ill. 0653

Ristow, Walter W.: Obituary - Dana Bennett DURAND 1905-1982. In: Map Collector. 19, 1982. p.39. 0654

*Dürst, Arthur: Philipp EBERHARD (1563-1627) & Leonhard Zubler (1563-1611): zwei Zürcher Instrumentenmacher im Dienste der Artillerie: ein Beitrag zum Zürcher Vermessungswesen des frühen 17. Jahrhunderts. - Zürich: Komm. Beer. 1983. 56 p., ill. (Neujahrsblatt der Feuerwerkergesellschaft (Artillerie-Kollegium) in Zürich. 175, 1984.) 0655

Jacobs, Els; Ton Vermeulen: "Omnium rerum vicissitudo est", ofwel de ENGELBRECHT-collectie. In: Caert-Thresoor. 2, 1983, 4. p.60-62, 3 ill. 0656

Jurkina, M.J.: Vklad L. EULERa v razvitie teorij figury i vraščenija zemli. In: Geod. i Kartogr., Moskva. 1983, 9. p.55-59, 1 portr. [L. Euler's contribution into development of the figure and rotation of the earth theory.] [Russ.] 0657

Kautzleben, Heinz: Zum 200. Todestag von Leonhard EULER. In: Vermess.-techn. 31, 1983, 9. p.314-316, 1 ill. 0658

Wood, W. Raymond: John Thomas EVANS and William Clark: two early western explorers' maps re-examined. In: We Proceeded On. 9, 1983, 1. p.10-16. 0659

Pöhlmann, Gerhard: Hans FERSCHKE im Ruhestand. In: Kartogr. Nachr. 33, 1983, 5. p.190-191. 0660

Cunningham, Frank F.: James David FORBES 1809-1868. In: Geographers Biobibliogr. Studies. 7, 1983. p.31-37, portr. 0661

Rakhilin, V.K.: Alexander Nikolayevich FORMOZOV 1899-1973. In: Geographers Biobibliogr. Studies. 7, 1983. p.39-46, portr. 0662

*Ware, John D.: George GAULD: Surveyor and cartographer of the Gulf Coast. Rev. and completed by Robert Right. - Gainesville: Univ. Pr. of Florida 1982. XX, 251 p. (A University of Florida/University of South Florida book.) ISBN 0-8130-0708-9 0663

Janssen, Helmut: Carl Friedrich GAUSS - ein Lebensabschnitt 1808 bis 1816. In: Nachr. d. Niedersächs. Vermess.- u. Katasterverwalt. 33, 1983, 1. p.26-43, ill. 0664

Kertscher, Dieter: Carl Friedrich GAUSS - eine Aufgabe für die moderne Kunst. In: Nachr. d. Niedersächs. Vermess.- u. Katasterverwalt. 33, 1983, 1. p.44-57, ill. 0665

Schneider, Ivo: Technik in der Sicht der exakten Naturwissenschaften am Beispiel von Archimedes, Christian Huygens und Carl Friedrich GAUSS. In: Kultur und Technik. 6, 1982, 1. p.21-41, ill. 0666

Zimmermann, B.: Vor 150 Jahren errichtete C.F. GAUSS ein geomagnetisches Observatorium. In: Vermess.-techn. 31, 1983, 2. p.70. 0667

Professor Henri GAUSSEN 1891-1981. In: Kartogr. Nachr. 32, 1982, 4. p.143. 0668

Kügelgen-Kropfinger, Helga von: El frontispicio de François GERARD para la obra de viaje de Humboldt y Bonpland. In: Jahrbuch für Geschichte von Staat, Wirtschaft und Gesellschaft Lateinamerikas. 20, 1983. p.575-616, ill. 0669

Hake, Günter: Enthüllung einer Büste von Prof. Dr.-Ing. e.h. Erwin GIGAS. In: Kartogr. Nachr. 33, 1983, 4. p.142-143, 1 photo. 0670

Buisseret, David J.: The work of Jacques GOUGEU 1590-1610. (Paper pres. at the 10th International Conference on the History of Cartography. - Dublin 1983.) 9 p. 0671

Powell, J.M.: George Woodroofe GOYDER 1826-1898. In: Geographers Biobibliogr. Studies. 7, 1983. p.47-49, portr. 0672

David GREENHOOD, 1896-1983. In: Mapline. 30/31, 1983. p.10. 0673

Fontaine Verwey, Herman de la: The history of GUICCIARDINI's description of the Low Countries. In: Quaerendo. 12, 1982. p.22-51. 0674

Hoffmann, M.: Gedenkveranstaltung zum 110. Geburtstag von Prof.Dr. Dr.h.c. Hermann HAACK. In: Vermess.-techn. 31, 1983, 1. p.26. 0675

Dürst, Arthur: Die Schwabenlandkarte von 1636 des David HAUTT: In: Kartenhistorisches Colloquium Bayreuth '82. - Berlin 1983. p.13-16, 2 ill. 0676

Speck, Gordon: Samuel HEARNE (1745-1792). In: Arctic. 36, 1983, 1. p.100-101. 0677

Harrauer, Christine: Beobachtungen zu Darstellungsweise und Wahrheitsanspruch in der 'Moscovia' HERBERSTEINS. In: Landesbeschreibungen Mitteleuropas vom 15. bis 17. Jahrhundert. Vorträge der 2. internat. Tagung des "Slawenkomitees" im Herder-Inst. Marburg/Lahn 1980. - Köln, Wien 1980. p.183-206. (Komitees der Bundesrepublik Deutschland zur Förderung der Slawischen Studien. 5.) 0678

Schwartz, Gary: Jan van der HEYDEN and the Huydecopers of Maarsseveen. In: The J. Paul Getty Museum Journal. 11, 1983. p.197-221. 0679

Banach, Jerzy: Entstehung und Aussage der wertvollsten Veduten von Krakau: Braun/HOGENBERG (1617) und Merian (1619). In: Lüneburger Beiträge zur Vedutenforschung. 1. - Lüneburg 1983. p.97-102, 2 pl. 0680

Powell, J.M.: James Macdonald HOLMES 1896-1966. In: Geographers Biobibliogr. Studies. 7, 1983. p.51-55, portr. 0681

Prikryl, Lubomir Viliam: Josef HOMOLKA - cesky kartograf v uhorskych sluzbach. In: Geograficky Casopis. 35, 1983, 1. p.78-87, photo. [Josef Homolka - a Czech cartographer in Old-Hungarian Services.] [Czech.] 0682

Zier, H.G.: Zwei Persönlichkeiten der Rheinkorrektion: J.G. Tulla und M. HONSELL. In: Mitt.-Bl. Arb.-Kreis für Hist. Kartogr. in der Arb.-Gemeinschaft Hist. Komm. u. Landesgesch. Inst. 19, 1982. p.18-20. 0683

Engelmann, Gerhard: Johannes HONTER 1498-1549. In: Geogr. Taschenb. 1983/84. p.107-111, 1 ill. 0684

Hrenkó, Pál: HONTERus 450 éves térképe Erdélyröl. In: Geod. és Kartogr. 35, 1983, 2. p.109-118, 4 ill. [Honterus' 450-year Transylvania map.] [Hung. with Engl. rés.] 0685

Frick, Alexander: Blasius HUEBER und seine Vorarlberger Karte aus dem Jahre 1783. In: Bergheimat, Schaan, 1983. p.49-63, ill. 0686

Rüger, W.: Zur 100. Wiederkehr des Geburtstages von Prof. Dr.-Ing. Reinhard HUGERSHOFF. In: Vermess.-techn. 30, 1982, 9. p.315. 0687

*Biermann, Kurt-Reinhold: Alexander von HUMBOLDT. Chronologische Übersicht über wichtige Daten seines Lebens. 2. verm. u. berichtigte Aufl. Bearb. von Kurt R. Biermann. - Berlin: Akademie-Verlag 1983. 93 p. (Beiträge zur Alexander-von-Humboldt-Forschung. 1.) 0688

Kügelgen-Kropfinger, Helga von: El frontispicio de François Gérard para la obra de viaje de HUMBOLDT y Bonpland. In: Jahrbuch für Geschichte von Staat, Wirtschaft und Gesellschaft Lateinamerikas. 20, 1983. p.575-616, ill. 0689

Zögner, Lothar: Carl Ritter und Alexander von HUMBOLDT - ihr Beitrag zur Entwicklung der thematischen Kartographie. In: Studia Geographica. Festschrift für Wilhelm Lauer zum 60. Geburtstag. Hrsg. von W. Eriksen. - Bonn 1983. p.393-406, 4 ill. (Colloquium Geographicum. 16.) 0690

Schneider, Ivo: Technik in der Sicht der exakten Naturwissenschaften am Beispiel von Archimedes, Christian HUYGENS und Carl Friedrich Gauss. In: Kultur und Technik. 6, 1982, 1. p.21-41, ill. 0691

Imhof, Eduard: Aus meiner kartographischen Werkstatt [IMHOF]. In: Beiträge zur Kartographie. - Karlsruhe 1983. p.19-37, 14 ill. (Karlsruher Geowissenschaftliche Schriften. A.1.) 0692

Meyer, Gerhard: Der Atlas des Großen Kurfürsten. Ein Geschenk seines Statthalters in Kleve, JOHANN MORITZ VON NASSAU-SIEGEN. In: Mitt.-Bl. Arb.-Kreis für Hist. Kartogr. in der Arb.-Gemeinsch. Hist. Komm. u. Landesgesch. Inst. 21, 1983. p.25-28. 0693

Donkersloot-de Vrij, Marijke: Nogmaals JOLLAIN. In: Caert-Thresoor. 2, 1983, 3. p.40-41, 1 ill. 0694

Meurer, Peter H.: Das Deutsche Städtebuch von Bertius/KAERIUS (Amsterdam 1616/19). In: Burgen und Schlösser. 24, 1983, 2. p.105-109, 5 ill. 0695

Schmidt, Roderich: Die "Pomerania" als Typ territorialer Geschichtsdarstellung und "Landesbeschreibung des 16. und beginnenden 17. Jahrhunderts (Bugenhagen - KANTZOW - Lubinus). In: Landesbeschreibungen Mitteleuropas vom 15. bis 17. Jahrhundert. Vorträge der 2. internat. Tagung des "Slawenkomitees" im Herder-Inst. Marburg/Lahn 1980. - Köln, Wien 1980. p.49-78. (Komitees der Bundesrepublik Deutschland zur Förderung der Slawischen Studien. 5.) 0696

Strasser, Gerhard F.: Athanasius KIRCHER's cartographic sketches for his Mundus Subterraneus. In: Mapline. 30/31, 1983. p.1-3, ill. 0697

Karstkarel, Peter: J.H. KNOOP, een verlichte encyclopedist, vervaardigde een fraaie stadsplattegrond van Leeuwarden. In: Caert-Thresoor. 2, 1983, 4. p.50-53, 5 ill. [With Engl. rés.] 0698

Schilder, Günter: Emeritat Professor KOEMAN. In: Kartogr. Nachr. 32, 1982, 2. p.66-67, portr. 0699

Schmidt, Rudolf: Ehrung für Dr. Ambros KÖTTNER. In: Globusfreund. 31/32, 1983. p.13-14. 0700

'Beiträge zum Carl KOPPE Gedächtniskolloquium des Instituts für Vermessungskunde und des Lehrstuhls für Photogrammetrie und Kartographie der Technischen Universität Carolo-Wilhelmina zu Braunschweig am 13. November 1981. Hrsg. von Dietrich Möller und Günter Weimann. - München: Verl. d. Bayer. Akademie d. Wiss. in Komm. Beck 1983. 85 p. (Veröffentlichungen Deutsche Geodätische Kommission. R.E. 20.) 0701

Gerke, Karl: Carl KOPPEs Werden und sein Wirken an der Carolo-Wilhelmina. In: Beiträge zum Carl Koppe-Gedächtniskolloquium 1983. p.21-48, ill. (Veröffentl. Deutsche Geodätische Kommission. Reihe E. 20.) 0702

Schwidefsky, Kurt: Carl KOPPEs Beiträge zur Photogrammetrie. In: Beiträge zum Carl Koppe-Gedächtniskolloquium 1983. p.65-74, ill. (Veröffentl. Deutsche Geodätische Kommission. E. 20.) 0703

Potter, S.R.: Peter Alexeivich KROPOTKIN 1842-1921. In: Geographers Biobibliogr. Studies. 7, 1983. p.63-69. 0704

Schoeps, D.: Zum 125. Geburtstag von Louis KRÜGER. In: Vermess.-techn. 30, 1982, 9. p.307-308, portr. 0705

Byl, J.: Zum 125. Geburtstag von Friedrich J. KÜHNEN. In: Vermess.-techn. 31, 1983, 6. p.206-208, 2 photos, 1 portr. 0706

Bartsch, Eckhard: Friedrich KURANDT zum 90. Geburtstag. In: Kartogr. Nachr. 32, 1982, 3. p.103, portr. 0707

Meyer, Gerhard: Der Atlas des GROSSEN KURFÜRSTEN. Ein Geschenk seines Statthalters in Kleve, Johann Moritz von Nassau-Siegen. In: Mitt.-Bl. Arb.-Kreis für Hist. Kartogr. in der Arb.-Gemeinsch. Hist. Komm. u. Landesgesch. Inst. 21, 1983. p.25-28. 0708

Zögner, Lothar: Arend W. LANG, 1909-1981. In: Imago Mundi. 35, 1983. p.98-99, 1 portr. 0709

Holbrook, Mary: Beschreibung des Himmelsglobus von Henricus, Arnoldus und Jacobus van LANGREN und eines Planetariums von H. van Laun im Historischen Museum zu Frankfurt am Main. In: Globusfreund. 31/32, 1983. p.69-77. [With Engl. a. French rés.] 0710

Krogt, Peter van der: De maankaart van Michael Florent van LANGREN (1645). In: Caert-Thresoor. 2, 1983, 3. p.36-39, 3 ill. [With Engl. rés.] 0711

Andrews, John H.: Thomas Aiskew LARCOM 1801-1879. In: Geographers Biobibliogr. Studies. 7, 1983. p.71-74, portr. 0712

Holbrook, Mary: Beschreibung des Himmelsglobus von Henricus, Arnoldus und Jacobus van Langren und eines Planetariums von H. van LAUN im Historischen Museum zu Frankfurt am Main. In: Globusfreund. 31/32, 1983. p.69-77. [With Engl. a. French rés.] 0713

Zimmermann, B.: Zum 150. Todestag des französischen Mathematikers LEGENDRE. In: Vermess.-techn. 31, 1983, 1. p.23-24. 0714

Mikós, Michael J.: Joachim LELEWEL and his collection of maps. (Paper pres. at the 10th International Conference on the History of Cartography. - Dublin 1983.) 9 p. 0715

Gold, John R.; Martin J. Haigh; G.T. Warwick: David Leslie LINTON 1906-1971. In: Geographers Biobibliogr. Studies. 7, 1983. p.75-83, portr. 0716

Schmidt, Roderich: Die "Pomerania" als Typ territorialer Geschichtsdarstellung und "Landesbeschreibung des 16. und beginnenden 17. Jahrhunderts (Bugenhagen - Kantzow - LUBINUS). In: Landesbeschreibungen Mitteleuropas vom 15. bis 17. Jahrhundert. Vorträge der 2. internat. Tagung des "Slawenkomitees" im Herder-Inst. Marburg/Lahn 1980. - Köln, Wien 1980. p.49-78. (Komitees der Bundesrepublik Deutschland zur Förderung der Slawischen Studien. 5.) 0717

Morrison, W.K.: William MACKAY, Nova Scotia's "Invisible"mapmaker. In: Canad. Surv. 37, 1983, 2. p.51-59. 0718

Dilke, Oswald A.W.; Margaret S. Dilke: The MAGGIOLO world sea chart at Fano. In: Map Collector. 23, 1983. p.50-53, 5 ill. 0719

Raynaud-Nguyen, I.: Les sources et les méthodes du cartographe Jacobus de MAGGIOLO: une carte de 1563. (Paper pres. at the 10th International Conference on the History of Cartography. - Dublin 1983.) 11 p. 0720

Meurer, Peter H.: Godfried MASCOP. Ein Deutscher Regionalkartograph des 16. Jahrhunderts. In: Kartogr. Nachr. 32, 1982, 5. p.184-192, 5 ill., 2 tab. 0721

Faille, René: Les cartes du Hainaut levées au debut du XVIIIe siècle par les ingenieurs géographes MASSE. In: La Carte manuscrite et imprimée du XVIe au XIXe siècle. - München 1983. p.33-71. 0722

*Reise in das Innere Nord-America. Gedenkausstellung zum 200. Geburtstag des Naturforschers und Ethnologen MAXIMILIAN PRINZ ZU WIED. Amerika Haus Berlin, 6. Okt. bis 30. Nov. 1982. Foto-Dokumentation 1983. - Berlin 1983. 8 pl. photos, 1 catalogue. [Katalog u.d.T.:] Zepp, Wolfgang: Reise in das Innere Nord-America. 0723

Thouez, Jean-Pierre: Jacques M. MAY 1896-1975. In: Geographers Biobibliogr. Studies. 7, 1983. p.85-88. 0724

*Kästner, Abraham Gotthelf: Gedenkrede auf Tobias MAYER. (Göttingen 1762) Übersetzt und erläutert von Friedrich Seck. - Marbach 1982. 16 p. (Schriftenreihe des Tobias Mayer Museum. 2.) 0725

*Neumann, Franz: Tobias MAYER, sein Leben und Werk. Vortrag vor dem Schillerverein Marbach am 4.12.81. - Marbach 1983. 37 p., ill. (Schriftenreihe des Tobias Mayer Msueum. 1.) 0726

Banach, Jerzy: Entstehung und Aussage der wertvollsten Veduten von Krakau: Braun/Hogenberg (1617) und MERIAN (1619). In: Lüneburger Beiträge zur Vedutenforschung. 1. - Lüneburg 1983. p.97-102, 2 pl. 0727

Meyer, Rudolf: Photogrammetrische Methoden in der Denkmalpflege. [MEYDENBAUER'sches Meßbildarchiv.] In: Architektur der DDR. 1982, 10. p.37-39, ill. 0728

Emil MEYNEN Ehrenmitglied der Internationalen Kartographischen Vereinigung. In: Kartogr. Nachr. 33, 1983, 5. p.199-200, 1 photo. 0729

Freitag, Ulrich: Emil MEYNEN 80 Jahre. In: Kartogr. Nachr. 33, 1983, 2. p.67-68. 0730

Barr, William: Christopher MIDDLETON (ca. 1690-1770). In: Arctic. 36, 1983, 1. p.98-99. 0731

Reinhartz, Dennis: Herman MOLL and the mapping of the trans-Mississippi American West. (Paper pres. at the 10th International Conference on the History of Cartography. - Dublin 1983.) 14 p. 0732

Broadd, Harry A.: The art of Thomas MORAN. In: The Gilcrease Magazine of American History and Art. 5, 1983, 1. p.2-11. 0733

Morand, Anne: MORAN and the Yellowstone. In: The Gilcrease Magazine of American History and Art. 5, 1983, 1. p.12-15. 0734

*Relief-Ausstellung Joachim Eugen MÜLLER: Mai - November 1980. - Engelberg: Edition Engelberger Dokumente 1982. 43 p., ill. (Engelberger Dokumente. 13.) 0735

Maling, Derek H.: "A little, round, fat, oily man of God": Rev. Patrick MURDOCH and his contributions to eighteenth-century cartography and geography. In: Cartogr. J. 20, 1983, 2. p.110-118, 1 ill., 1 tab. 0736

Unno, Kazutaka: Nobuo MUROGA, 1907-1982. In: Imago Mundi. 35, 1983. p.96-97, portr. 0737

Murphy, Richard Taggart; Alexander Bailey Murphy: Richard E. MURPHY. In: Bull. Spec. Libr. Assoc. Geogr. a. Map Div. 131, 1983. p.23-25. 0738

Shields, Gordon: General James MURRAY's map of the St. Lawrence River Valley in 1761: a cartographic commentary. In: Bull. Assoc. of Canad. Map Libr. 48, 1983. p.30-35. 0739

Yugai, R.L.: Ivan Vasylievitch MUSHKETOV 1850-1902. In: Geographers Biobibliogr. Studies. 7, 1983. p.89-91, portr. 0740

Kaspereit, Georg: Ein Landvermesser auf der Suche nach dem Glücklichen Arabien (Carsten NIEBUHR). In: Nachr. d. Niedersächs. Vermess.- u. Katasterverwalt. 32, 1982, 1. p.2-8, 2 ill. 0741

Lawrence, Heather: John NORDEN and his colleagues: surveyors of crown lands. (Paper pres. at the 10th International Conference on the History of Cartography. - Dublin 1983.) 8 p. 0742

Danforth, Susan L.: Elegance and utility in early American cartography: the case of John NORMAN. (Paper pres. at the 10th International Conference on the History of Cartography. - Dublin 1983.) 10 p. 0743

Barber, Peter M.: A Tudor mystery: Laurence NOWELL's map of England and Ireland. In: Map Collector. 22, 1983. p.16-21, 1 ill., 4 mp. 0744

Zimmermann, Susanne; Johannes Dörflinger: Eugen OBERHUMMER 1859-1944. In: Geographers Biobibliogr. Studies. 7, 1983. p.93-100, portr. 0745

Zimmermann, B.: Wilhelm OLBERS (1758-1840). Zum 225. Geburtstag des Astronomen. In: Vermess.-techn. 31, 1983, 10. p.350-351. 0746

Professor ORMELING retires. In: Map Collector. 19, 1982. p.38. 0747

Böhme, Rolf: Prof. Dr. F.J. ORMELING 70 Jahre. In: Kartogr. Nachr. 32, 1982, 4. p.140-142, 1 portr. 0748

Carré, Jean: Depart en retraite du Professeur F.J. ORMELING. Ceremonie a Enschede, Pays-Bas, le 12 avril 1983. In: Bull. du Com. Franç. Cartogr. 92, 1982, 2. p.27. 0749

Meurer, Peter H.: Der Landkartenkatalog "Orbis Terraqueus" (1670). Zur Arbeit des Rostocker Buchhändlers Simon PAULLI in Straßburg. In: Nordost-Archiv. 16, 1983, 70. p.1-6, 3 ill. 0750

Ruggles, R.I.: Colonial cartography by a fur trading company: Joseph Despard PEMBERTON of the Hudson's Bay Company in the colony of Vancouver's Island 1851-1659. (Paper pres. at the 10th International Conference on the History of Cartography. - Dublin 1983.) 10 p. 0751

Bremer, Hanna: Albrecht PENCK (1858-1945) and Walter Penck (1888-1923), two German geomorphologists. In: Z. f. Geomorphologie. 27, 1983, 2. p.129-138. 0752

Meynen, Emil: Albrecht PENCK 1858-1945. In: Geographers Biobibliogr. Studies. 7, 1983. p.101-108, portr. 0753

Bremer, Hanna: Albrecht Penck (1858-1945) and Walter PENCK (1888-1923), two German geomorphologists. In: Z. f. Geomorphologie. 27, 1983, 2. p.129-138. 0754

Ristow, Walter W.: Maps by PENDLETON's lithography. In: Map Collector. 21, 1982. p.26-31. 0755

MacCune, Shannon: Antecedents of a commodore PERRY map of Korea of 1854. (Paper pres. at the 10th International Conference on the History of Cartography. - Dublin 1983.) 10 p., 1 mp. 0756

Hoffmann, M.: Kartenherstellungsverfahren im Gothaer Verlag "Justus PERTHES" bis um das Jahr 1870. In: Vermess.-techn. 31, 1983, 8. p.277-279, 4 ill. 0757

Die PETERS-Karte. In: Lehrmittel aktuell. 7, 1981, 3. p.30-31, 2 ill. 0758

Die sogenannte PETERS-Projektion. In: Geogr. Rdsch. 33, 1981, 8. p.334-335, ill. 0759

Die sogenannte PETERS-Projektion, eine Stellungnahme der Deutschen Gesellschaft für Kartographie. In: Lehrmittel aktuell. 7, 1981, 5. p.6-8. 0760

*Pfeiffer, Elisabeth: Der Kartograph Paul PFINZING als Metrologe in seiner 'Methodus Geometrica' und bei seinen Karten. - Neustadt/Aisch: Geßner 1983. 220 p., ill. ISBN 3-7686-9069-5 0761

Hunger, Fritz: Zum 100. Geburtstag von Albert PFITZER. In: Z. f. Vermess.-wesen. 107, 1982, 6. p.253-256. 0762

Unger, Horst: Albert PFITZER, der Reformator des deutschen Vermessungswesens. In: Z. f. Vermess.-wesen. 107, 1982, 10. p.468-479. 0763

*Glaziologie und Kartographie. Wolfgang PILLEWIZER zum 70. Geburtstag. - Wien: Inst. für Kartographie der TU 1983. 151 p. (Geowissenschaftliche Mitteilungen. 21.) 0764

Meurer, Peter H.: Das niederländische Städtebuch des Galezzo Gualdo PRIORATO <Wien 1673>. In: Quaerendo. 12, 1983, 3. p.199-220, 10 ill. 0765

Aujac, Germaine: Le parallèle de Rhodes dans la géographie de PTOLEMEE. (Paper pres. at the 10th International Conference on the History of Cartography. - Dublin 1983.) 9 p. 0766

Kadmon, Naftali: PTOLEMY and the early image of the old world. In: Cartogr. J. 20, 1983, 1. p.35. 0767

May, J.A.: The geographical interpretation of PTOLEMY in the renaissance. In: T. voor econ. en soc. Geogr. 73, 1982, 6. p.350-361. 0768

Scharfe, Wolfgang: Die "Cosmographia" des Claudius PTOLEMÄUS. Faksimile-Ausgabe der italienischen Handschrift von 1474 aus der Biblioteca Apostolica Vaticana. In: Kartogr. Nachr. 32, 1982, 5. p.194-196, 1 mp. 0769

Board, Christopher: The development of concepts of cartographic communication with special reference to the role of Professor RATAJSKI. In: Internat. Yb of Cartogr. 23, 1983. p.19-29, 1 ill. [With German a. French rés.] 0770

Firneis, Maria G.; Helmuth Grössing: Das Meteoroskop des REGIOMONTANUS: Ein Instrument zur Bestimmung geographischer Koordinaten. In: Globusfreund. 31/32, 1983. p.140-157, 2 ill. [With Engl. a. French rés.] 0771

*RICHTHOFEN-Gedächtnis-Kolloquium, 26.11.1979. Mit Beiträgen von Ernst Plewe, Wolfgang Meckelein und Wilhelm Lauer. - Bonn: Dümmlers Verlag 1983. 58 p., ill. (Colloquium Geographicum. 17.) ISBN 3-427-7471-0 0772

Freitag, Ulrich: Ferdinand von RICHTHOFENs "Atlas von China" (Idee - Durchführung - Ergebnis). In: Erde. 114, 1983, 2/3. p.119-134, 2 ill. 0773

Kolb, Albert: Ferdinand Freiherr von RICHTHOFEN 1833-1905. In: Geographers Biobibliogr. Studies. 7, 1983. p.109-115, portr. 0774

Plewe, Ernst: Ferdinand Freiherr von RICHTHOFEN - eine Würdigung. In: Richthofen-Gedächtnis-Kolloquium, 26.11.1979. - Bonn 1983. p.15-23. (Colloquium Geographicum. 17.) 0775

Zimmermann, B.: Vor 150 Jahren wurde der deutsche Geograph F. v. RICHTHOFEN geboren. In: Vermess.-techn. 31, 1983, 5. p.177. 0776

*Zögner, Lothar: China Cartographica. Chinesische Kartenschätze und europäische Forschungsdokumente. Ausstellung der Staatsbibliothek zum 150. Geburtstag des Chinaforschers Ferdinand von RICHTHOFEN. 7. Okt. 83 - 26. Nov. 83. - Berlin: Staatsbibliothek Preußischer Kulturbesitz 1983. 150 p., ill. (Staatsbibliothek Preussischer Kulturbesitz, Ausstellungskataloge. 19.) ISBN 3-920597-43-8 0777

Vollet, Hans: Johann Adam RIEDIGER und seine Arrestnahme zu Nürnberg im Jahre 1744. In: Archiv für Geschichte von Oberfranken. 62, 1982. p.107-131. 0778

Vollet, Hans: Johann Adam RIEDIGER (1680-1756). Leben und Werk des Ingenieur-Hauptmannes und Kartographen. In: Kartenhistorisches Colloquium, Bayreuth '82. - Berlin 1983. p.1-11, 4 ill. 0779

Thrower, Norman J.W.; Derek Howse: A buccaneers Atlas: The South Sea Waggoner of Basil RINGROSE, 1682. (Paper pres. at the 10th International Conference on the History of Cartography. - Dublin 1983.) 9 p. 0780

Eichhorn, Gerhard: O. Univ.-Prof. Dipl.-Ing. Dr. techn. Dr.-Ing. e.h. Karl RINNER 70 Jahre. In: Mitt. DVW Bayern. 34, 1982, 3. p.241-146, portr. 0781

*Carl RITTER. Werk und Wirkungen. Beiträge eines Symposiums im 200. Geburtsjahr des Gelehrten, Quedlinburg, DDR. - Gotha: VEB Haack 1983. 256 p., 65 ill. (Wissenschaftliche Abhandlungen der Geographischen Gesellschaft der DDR. 16.) 0782

*Bernhardt, Peter; Jürgen Breuste: Schrifttum über Carl RITTER. - Gotha: VEB Haack 1983. 72 p. (Geographisches Jahrbuch. 66.) 0783

Engelmann, Gerhard; Egon Klemp: Carl RITTERs Briefsammlung in der Handschriftenabteilung/Literaturarchiv der Deutschen Staatsbibliothek. In: Carl Ritter. Werk und Wirkungen. - Gotha 1983. p.245-254. 0784

Klemp, Egon: Carl RITTERs Bemühungen um die Schaffung einer zentralen kartographischen Sammlung in Berlin nebst einigen Hinweisen zum Nachlaß des Jubilars. In: Carl Ritter. Werk und Wirkungen. - Gotha 1983. p.153-158. 0785

Lehmann, Edgar: Carl RITTERs Vermächtnis. In: Carl Ritter. Werk und Wirkungen. - Gotha 1983. p.15-44, ill. 0786

Tauché, Bruno: Ein Beitrag zum zeichnerischen Werk von Carl RITTER. In: Carl Ritter. Werk und Wirkungen. - Gotha 1983. p.65-187, ill. 0787

Zögner, Lothar: Carl RITTER und Alexander von Humboldt - ihr Beitrag zur Entwicklung der thematischen Kartographie. In: Studia geographica. Festschrift für Wilhelm Lauer zum 60. Geburtstag. Hrsg. v. W. Eriksen. - Bonn 1983. p.393-406, 4 ill. (Colloquium Geographicum. 16.) 0789

Ristow, Walter W.: Cartography and ROBINSON then and now. In: Bull. Spec. Libr. Assoc. Geogr. a. Map Div. 132, 1983. p.8-16. 0790

Wallis, Helen: The ROTZ atlas. A royal presentation. In: Map Collector. 20, 1982. p.40-42, 2 ill. 0791

Johan Gabriel SACK and his maps. In: Mapline. 26, 1982. p.[1-4], 6 mp. 0792

Böhme, Rolf: Mannerfelt-Medaille für Prof. K.A. SALICHTCHEV. In: Kartogr. Nachr. 32, 1982, 2. p.67. 0793

Ormeling, Ferdinand Jan: Az ICA megemlékezik Radó SANDOR professzorról. In: Geod. és Kartogr. 34, 1982, 4. p.298-299. [The ICA honours professor S. Radó.] [Hung.] 0794

Zimmermann, B.: Vor 75 Jahren führte Theodor SCHEIMPFLUG zielgerichtete Bildflüge im Ballon aus. In: Vermess.-techn. 30, 1982, 9. p.321. 0795

Ritter, Wigand: Erwin SCHEU 1885-1981. In: Geogr. Taschenb. 1983/84. p.112-120, portr. 0796

Hamann, Günther: Gewerke Rudolf SCHMIDT. Industrieller, Privatgelehrter, Sammler und Mäzen. Zur Würdigung seiner Auszeichnung als Präsident der Internatioalen Coronelli-Gesellschaft. In: Globusfreund. 31/32, 1983. p.7-12. 0797

The Solis and Helen SEIFERTH Collection of rare maps donated to the Louisiana State Museum. In: Map Collector. 23, 1983. p.42. 0798

Westra, F.: De Landmeter-Ingenieur Johan SEMS en de kaarten van Leeuwarden (1600/1603) en Franeker (1598). In: Caert-Thresoor. 2, 1983, 1. p.2-5, 3 ill. [With Engl. rés.] 0799

Whistance-Smith, Ronald: Switzerland's atlas SIEGFRIED. A study of his history. In: Inform. Bull. West. Assoc. of Map Libr. 14, 1983, 3. p.228-236, 5 ill. 0800

Hermon Dunlap SMITH, 1900-1983. In: Mapline. 30/31, 1983. p.4, 1 ill. 0801

Matznetter, Josef: Johann SÖLCH 1883-1951. In: Geographers Biobibliogr. Studies. 7, 1983. p.117-124, portr. 0802

150. Todestag von Johann Georg von SOLDNER. In: Mitt. DVW Bayern. 35, 1983, 2. p.208-209, 1 ill. 0803

Gutiérrez de MacGregor, Maria Teresa: Jorge Leonides TAMAYO 1912-1978. In: Geographers Biobibliogr. Studies. 7, 1983. p.125-128, portr. 0804

Bywater, Vincent: Pierre TEILHARD DE CHARDIN 1881-1955. In: Geographers Biobibliogr. Studies. 7, 1983. p.129-133, portr. 0805

Avelino TEIXEIRA DA MOTA. In: Mapline. 27, 1982. p.[5]. 0806

Hair, P.E.H.: A note on THEVET's unpublished maps of overseas islands. In: Terrae Incognitae. 14, 1982. p.105-116. 0807

Papp-Váry, Arpád: Ein Handbuch für Kartographie aus dem vorigen Jahrhundert: ein Werk von Agoston TOTH. In: Internat. Jb. f. Kartogr. 23, 1983. p.105-119, 4 ill., 2 tab. [With Engl. a. French rés.] 0808

Zier, H.G.: Zwei Persönlichkeiten der Rheinkorrektion: J.G. TULLA und M. Honsell. In: Mitt.-Bl. Arb.-Kreis für Hist. Kartogr. in der Arb.-Gemeinschaft Hist. Komm. u. Landesgesch. Inst. 19, 1982. p.18-20. 0809

Schilder, Günter: The "VAN DER HEM Atlas", a monument of Dutch culture in Vienna. In: Map Collector. 25, 1983. p.22-26, 8 ill. 0810

Danckaert, Lisette: De kaart van Belgie op 1:20 000 door Philippe VANDERMAELEN: In: Mededelingen van de Kon. Acad. voor Wetenschappen, Letteren en Schone Kunsten van Belgie, Klasse der Wetenschappen. 45, 1983, 3. p.91-100. 0811

Danckaert, Lisette: De kaart van Belgie op 1:20 000 door Philippe VANDERMAELEN. Varianten en opmaak. In: BEVAS/SOBEG, Tijdschrift van de Belgische Vereniging voor Aardrijkskundige Studies / Bulletin de Société Belge d'études Géographiques. 1983, 2. p.139-155. 0812

Dimitrov, Ivan: The vengeance of Americo VESPUCCI. In: Bull. Spec. Libr. Assoc. Geogr. a. Map Div. 133, 1983. p.14-16. 0813

McCarkle, Barbara B.: Alexander VIETOR, 1913-1981. In: Imago Mundi. 35, 1983. p.100-101, portr. 0814

Stephenson, Richard W.: Kaart van Manhattan, 1639, toegeschreven aan Johannes VINGBOONS. In: Geodesia. 12, 1982. p.436-438. 0815

Deberg, Minako: A comparative study of two Dutch maps, preserved in the Tokyo National Museum - Joan Blaeu's wall map of the world in two hemispheres, 1648 and its revision ca 1678 by N. VISSCHER. In: Imago Mundi. 35, 1983. p.20-36, 12 ill. 0816

Lindig, Gerhard: Klaus VÖLGER †. In: Kartogr. Nachr. 33, 1983, 2. p.66, portr. 0817

Ehrmanntraut, Rafael: Friedrich WAGNER und die Landesvermessung in Nassau. In: Nachr.-Bl. d. Vermess.- u. Katasterverwalt. Rheinl.-Pf. 26, 1983, 4. p.221-239, 7 ill. 0818

Kothe, Hans-Werner: Heidenrod ehrt Geometer F. WAGNER mit einem Gedenkstein - Bedeutender Vertreter einer nassauischen Geometerfamilie - Seine Arbeit war Grundlage für nassauische Karten. In: Wiesbadener Tageblatt v. 3./4.7. 1982. p.14. 0819

Gallez, Paul: (The Austrian mapmaker) WALSPERGER and his knowledge of the Patagonian giants in 1448. In: Imago Mundi. 33, 1981. p.91-93. 0820

Meine, Karl-Heinz: Zur Weltkarte des Andreas WALSPERGER, Konstanz 1448. In: Kartenhistorisches Colloquium Bayreuth '82. - Berlin 1983. p.17-30, 6 ill. 0821

Koelsch, William A.: Robert DeCourcy WARD 1867-1931. In: Geographers Biobibliogr. Studies. 7, 1983. p.145-150, portr. 0822

*On the map: an exhibit and catalogue of maps relating to Maryland and the Chesapeake Bay honoring George WASHINGTON at the beginning of the third century of Washington College at Chestertown, Maryland, Febr. 21 - March 6, 1983. By Russell Morrison, Edward C. Papenfuse etc. - Chestertown, MD: Washington College 1983. 0823

Brosche, Peter: Zur kartographischen Darstellung der Kontinentaldrift (Überlegungen für einen "WEGENER-Atlas".) In: Internat. Jb. f. Kartogr. 23, 1983. p.53-62, 3 ill., 1 tab. [With Engl. a. French rés.] 0824

Stäblein, Gerhard: Alfred WEGENER, from research in Greenland to plate tectonics. In: Geo-Journal. 7, 1983, 4. p.361-368, 5 ill. 0825

Schmidt, Rudolf: Zur Datierung von Erdgloben nach dem Kartenbild Afrikas (unter Verwendung der Ausarbeitung von Prof. Dr. H. WELS). In: Globusfreund. 30, 1982. p.88-89. 0826

Shebl, James: A dedication to the memory of Carl Irving WHEAT, 1892-1966. In: Arizona and the West. 25, 1983, 1. p.1-4. 0827

Mackay, Daniel S.C.: James WHITE / Canada's chief geographer, 1899-1909. In: Cartographica, Mono. 19, 1982, 1. p.31-61, 6 ill. [With French, German a. Span. rés.] 0828

Speth, William W.: Clark WISSLER 1870-1947. In: Geographers Biobibliogr. Studies. 7, 1983. p.151-154, portr. 0829

Hake, Günter: Dr. Werner WITT [Laudation bei der Verleihung des Dr.-Ing. E.h. der TU Hannover, 1.6.1981.] In: Pommern. 21, 1983, 4. p.36-37, 1 portr. 0830

Ogrissek, Rudi: Zur Erinnerung an das Wirken von Prof. Dr. sc. nat. Dr.-Ing. E.h. Nikolai Michailowitsch WOLKOW. In: Vermess.-techn. 31, 1983, 4. p.118, portr. 0831

Gallup, Donald: The first separately published atlas entirely devoted to the Americas: WYTFLIET's Descriptionis Ptolemaicae Augmentum. In: The Papers of the Bibliographical Society of America. 76, 1982, 1. p.63-73. 0832

Renesse, R.L. van: Thomas YOUNG, "Grootvader van de Holografie". In: Geodesia. 25, 1983, 9. p.257-265, 16 ill. 0833

Ehrmanntraut, Rafael: Franz Xaver von ZACH, ein Freund und Förderer der geodätischen Wissenschaft. In: Vermess.-Ing. 34, 1983. p.114. 0834

Kolaczek, Barbara: Żongołowicz, J.D. Wspomnienie pośmiertne. In: Geod. i Kartogr., Warszawa. 32, 1983, 1. p.3-5, portr. [In memory of J.D. ŻONGOŁOWICZ.] [Pol.] 0835

Dürst, Arthur: Philipp Eberhard (1563-1627) & Leonhard ZUBLER (1563-1611): zwei Zürcher Instrumentenmacher im Dienste der Artillerie: ein Beitrag zum Zürcher Vermessungswesen des frühen 17. Jahrhunderts. - Zürich: Komm. Beer, 1983. 56 p. ill. (Neujahrsblatt der Feuerwerkergesellschaft (Artillerie-Kollegium) in Zürich. 175, 1984.) 0836

Niewodniczański, Tomasz: Brodno - Bemerkungen zur Panorama-Vedute von Adelhauser / ZÜNDT 1568. In: Lüneburger Beiträge zur Vedutenforschung. 1. - Lüneburg 1983. p.103-108, 10 ill., 1 pl. 0837

IV. Institutions and Organizations of Cartography
Institutionen und Organisationen der Kartographie
Institutions et organisations cartographiques

UDC 528.9 : 655.41
528.9 : 655.59 (100)
528.9 : 655.59 (4/9)

A INTERNATIONAL, NATIONAL AND PRIVATE MAP PRODUCERS
INTERNATIONALE, STAATLICHE UND PRIVATE KARTENHERSTELLER
PRODUCTEURS INTERNATIONAUX, D'ETAT OU PRIVES

Alves, Albert: Die Niedersächsische Vermessungs- und Katasterverwaltung - Entwicklungsstand und Perspektiven. In: Nachr. d. Niedersächs. Vermess.- u. Katasterverwalt. 33, 1983, 1. p.2-11. 0838

Ballestad, Arne S.: Kommunal- og fylkeskommunal kart- og oppmålingstjeneste. Et faglig/potitisk synspunkt. In: Kart og plan. 74, 1982, 2. p.233-243, 2 ill. [Local and regional mapping and surveying service. A professional and political aspect.] [Norw. with Engl. rés.] 0839

Birgersson, B.O.: The Swedish government's mapping policy. In: Svensk Lantmäteritidskrift. 1983. p.117-120. [Swed.] 0840

Bleumer, Hartmut: 60 Jahre Katasteramt Braunschweig. In: Nachr. d. Niedersächs. Vermess.- u. Katasterverwalt. 33, 1983, 4. p.262-273, 4 ill., 1 tab. 0841

Böckmann, Kurt: 25 Jahre Nachrichtenblatt der Vermessungs- und Katasterverwaltung Rheinland-Pfalz. In: Nachr.-Bl. d. Vermess.- u. Katasterverwalt. Rheinl.-Pf. 26, 1983, 1. p.1-2. 0842

Böhme, Rolf: Die Internationale Kartographische Vereinigung (IKV) 1983/84. In: Kartogr. Nachr. 33, 1983, 3. p.118-119. 0843

Böhme, Rolf: 4. Konferenz der Vereinten Nationen zur Standardisierung geographischer Namen und 10. Sitzung der Sachverständigengruppe der Vereinten Nationen für geographische Namen, Genf 1982. In: Kartogr. Nachr. 33, 1983, 1. p.25-28, 1 ill. 0844

Bos, M.A.G.: De jubileumkaart van de ANWB. In: Kartogr. T. 9, 1983, 5. p.30-31. 0845

Brossier, Raymond: La télédétection et le Service des Activités Aériennes de l'IGN. In: Bull. d'Inform. de l'Inst. Géogr. Nat. 44, 1982. p.12-16, 6 photos, 3 tab. 0846

Dave, V.S.: Development of integrated perspective survey plans for state governments. In: Indian Surveyor. 24, 1983, 1. p.14-16. 0847

Faull, Sandra K.: State and local map publishing in the United States. In: Government Publications Review. 10, 1983, 4. p.315-385. 0848

Frey, K.: Die Vermessungs- und Katasterverwaltung Rheinland-Pfalz im Wandel von 25 Jahren. In: Nachr.-Bl. d. Vermess.- u. Katasterverwalt. Rheinl.-Pf. 26, 1983, 2. p.83-95. 0849

Funktion und Gestaltung der Deutschen Grundkarte 1:5 000. Seminar an der Techn. Hochschule Darmstadt. In: Vermess., Photogramm., Kulturtechn. 81, 1983, 7. p.252-254. 0850

Gilman, Clarence R.: Map design at USGS: a memoir. In: Amer. Cartographer. 10, 1983, 1. p.31-49, 2 tab. 0851

Greenberg, Gerald L.: Microcartography at the U.S. Geological Survey. In: Microcartography: applications for archives and libraries. - Santa Cruz, Ca. 1981. p.35-45, 1 tab. (West. Assoc. of Map Libr. Occ. Paper. 6.) 0852

Habermeyer, A.; Th. Ziegler: Zentrale Luftbilderfassungsstelle und Landesluftbildarchiv am Bayerischen Landesvermessungsamt. In: Mitt. DVW Bayern. 35, 1983, 4. p.363-385, 11 ill., 1 tab. 0853

Hemperley, Marion R.: The Georgia Surveyor General Department. In: Bull. Spec. Libr. Assoc. Geogr. a. Map Div. 128, 1982. p.16-18. 0854

Hinckley, Thomas K.: After the first edition: Perspectives of the Ordnance Survey. In: Amer. Congr. on Surv. a. Mapp. Techn. Papers. 43, 1983. p.573-579. 0855

Hocking, David R.: The Australian surveying and mapping connection. In: Bull. Amer. Congr. of Surv. a. Mapp. 83, 1983. p.15-18. 0856

Hoffmann, Frank: Digitale kartographische Datenbasen beim US. Geological Survey (USGS). In: Vermess.-techn. 31, 1983, 7. p.250. 0857

Hoffmann, Frank: Großmaßstäbiger digitaler topographischer Datenspeicher des Ordnance Survey. In: Vermess.-techn. 30, 1982, 3. p.105. 0858

Hoffmann, M.: Kartenherstellungsverfahren im Gothaer Verlag "Justus Perthes" bis um das Jahr 1870. In: Vermess.-techn. 31, 1983, 8. p.277-279, 4 ill. 0859

Holmes, G.L.: Computer-assisted chart symbolization at the Defense Mapping Agency Aerospace Center. In: Auto-Carto 5 Proceedings, ASP-ACSM. p.387-396. 0860

*Holroyd, P.N.: The production of nautical charts in the Canadian Hydrographic Service. - Ottawa: Carleton Univ. 1982. [Bachelor's thesis] 0861

Jacobs, G.: Surveying and mapping activities of private companies in the Netherlands. In: Geodesia. 24, 1982, 6. p.227-230, 3 ill. 0862

Jennings, Charles W.: Geologic mapping programs: California Division of Mines and Geology. In: California Geology. 33, 1980, 6. p.123-127. 0863

Köhler, Franz: Geschichte für uns heute. Über Erfahrungen beim Schreiben von Verlagsgeschichte. Zum Beispiel: VEB Hermann Haack, Geographisch-Kartographische Anstalt. In: Börsenbl. f.d. dt Buchhandel Leipzig. 148, 1981.p.943-945; 974-976. 0864

Kulvik, Kåre: Tverretalig samarbeid om kart- og oppmålingsoppgaver innen en kommune. In: Kart og plan. 75, 1983, 4. p.363-367, 3 ill. 0865

McGrath, Gerald: Mapping for development. The contributions of the Directorate of Overseas Surveys. In: Cartographica, Mono. 20, 1983, 1/2. p.1-264, mp. 0866

Meier, H.: Die Geschäftsordnungen der Landesvermessungsämter der Bundesrepublik. In: Allg. Vermess.-Nachr. 90, 1983, 4. p.121-135. 0867

Mirkay, Francis M.: Defense Mapping Agency Digital Data Base Evolution. In: Bull. Amer. Congr. on Surv. a. Mapp. Techn. Papers. 42, 1982. p.489-498. 0868

Neville, Ellen P.: A new golden age in map and atlas publishing. In: Bull. Spec. Libr. Assoc. Geogr. a. Map Div. 133, 1983. p.17-22. 0869

Nittinger, Johannes: Zur Entstehung der Länderkompetenz für das Vermessungswesen. In: Allg. Vermess.-Nachr. 89, 1982, 6. p.262. 0870

North, Gary W.: Maps for the nation: the current federal mapping establishment. In: Government Publications Reveiw. 10, 1983, 4. p.345-360. 0871

'Pierce, R.J.: Evolution of the Defense Mapping Agency's digital data specification. - St. Louis, AFS, MO.: US. Defense Mapping Agency Aerospace Center 1982. 12 p. 0872

Pietruska, Franz; Harald Harms: Wie weit überschneidet die Zuständigkeit der Landesvermessungsämter den Bereich der privaten Kartographie ? In: Kartogr. Nachr. 33, 1983, 4. p.146-147. 0873

Le plan cartographique national. In: Bull. du Com. Franç. Cartogr. 92, 1982, 2. p.42-44. 0874

Plender, L.: Kartografie en de automatisering bij de Rijksplanologische Dienst. In: Kartogr. T. 9, 1983, 3. p.27-30, 5 ill. 0875

Quee, H.: Geautomatiseerde kartografie bij de Nederlandse Spoorwegen. In: Kartogr. T. 9, 1983, 3. p.21-22, 2 ill. 0876

Seavey, Charles A.: Government mapping. In: Government Publications Review. 10, 1983, 4. p.327-409. 0877

Seymour, W.A.: Ahistory of the Ordnance Survey. In: Bull. Soc. of Univ. Cartographers. 16, 1983, 2. p.39-40. 0878

Shellswell, M.A.: Eyes right . . . map production in a military survey unit. In: Cartogr. J. 19, 1982, 1. p.34-45, 14 ill., 2 tab. 0879

Slaboch, Václav: Plánovitý rozvoj rationalizace v resortu Českého Úřadu geodetického a kartografického. In: Geod. a kartogr. obz. 28, 1982, 9. p.230-233. [Planned development of rationalization in the branch of Czech Office of Geodesy and Cartography.] [Czech.] 0880

Snyder, John P.: Map projections used by the US. Geological Survey. In: New Zealand Cartogr. J. 13, 1983, 1. p.3. 0881

Southard, Rupert B.: The development of US. national mapping policy. In: Amer. Cartographer. 10, 1983, 1. p.5-15. 0882

Takahashi, Hidenao: Preparation of Antarctic maps by the Geographical Survey Institute. In: Bull. of the Geogr. Surv. Inst. 28, 1983. p.64-67, 1 tab. 0883

Trabajos del Instituto Geografico Nacional de Madrid en la Republica de Guinea Ecuatorial. In: Bol. de Inform. Serv. Geogr. Ejército. 56, 1983, 2. p.11-18. 0884

Vigil Gallego, Enrique: El Servicio Geográfico del Ejército en el dia de las Fuerzas Armadas en Burgos. In: Bol. de Inform. Serv. Geogr. Ejército. 56, 1983, 2. p.19-22, 6 photos. 0885

Wedelich, Bernd: Verkaufsförderung für die Landeskartenwerke. In: Nachr. d. Niedersächs. Vermess.- u. Katasterverwalt. 33, 1983, 2. p.156-158, ill. 0886

Wickbom, Sten: En svensk kartpolitik. Kartpolitik 85. In: Kart og plan. 75, 1983, 2. p.169-175. [A Swedish policy for mapping and surveying. Map policy 85.] [Swed. with Engl. rés.] 0887

Williamson, Linda E.: A survey of cartographic contributions of international government organizations. In: Government Publications Review. 10, 1983, 4. p.329-344. 0886

Wise, Donald A.: A selective list of international publishers and distributors of globes and three-dimensional plastic relief models (maps). In: Bull. Spec. Libr. Assoc. Geogr. a. Map Div. 128, 1982. p.36-38. 0887

Wray, James R.: A digital map that doesn't look like one: US Geological Survey uses new computer graphics techniques to enhance satellite maps. In: Computer Graphics News. 2, 1983, 5. p.8-9; 20. 0888

*Ziegler, Theodor: Das bayerische Landesvermessungsamt. 2. Aufl. - München: Bayer. Landesvermessungsamt 1982. 109 p., 33 ill. 0889

B TRAINING AND RESEARCH INSTITUTES. SOCIETIES UDC 528.9 : 061.2
LEHR- UND FORSCHUNGSSTELLEN. GESELLSCHAFTEN 528.9 : 061.6
INSTITUTIONS D'ENSEIGNEMENT ET DE RECHERCHE. SOCIETES

Activities of the International Cartographic Association (ICA). In: Map. 21, 1983, 3. p.13-22. 0890

*Arnberger, Erik; Fritz Kelnhofer: Das Ordinariat für Geographie und Kartographie und der Studienzweig Kartographie an der Universität Wien. - Wien: Institut für Geographie 1983. 64 p., 13 ill. (Beiträge aus dem Seminarbetrieb und Arbeitsbereich des Ordinariats für Geographie und Kartographie. 14.) 0891

Bassin, Mark: The Russian Geographical Society, the "Amur Epoch" , and the Great Siberian Expedition, 1855-1863. In: AAG Annals. 73, 1983, 2. p.240-256. 0892

Block, H.-U.: Erfahrungsaustausch des Fachausschusses Landesvermessung der Wissenschaftl. Sektion Geodäsie. In: Vermess.-techn. 30, 1982, 9. p.317. 0893

Böser, Werner: Dokumentation von angewandter Forschung und Entwicklung im Fachbereich Vermessungswesen und Kartographie und im Institut für Photogrammetrie und Kartographie der Fachhochschule Karlsruhe. In: Beiträge zur Kartographie. - Karlsruhe 1983. p.9-10. (Karlsruher Geowissenschaftliche Schriften. A.1.) 0894

Bormann, Werner: Ständiger Ausschuß für Geographische Namen (StAGN). In: Kartogr. Nachr. 33, 1983, 4. p.143 0895

Čapek, Richard: Indisches Institut für Photointerpretation in Dehra Dun. In: Kartogr. Nachr. 33, 1983, 2. p.64-65. 0896

Deumlich, Fritz: Die Tätigkeit der Wissenschaftlich-Technischen Gesellschaft für Geodäsie, Photogrammetrie und Kartographie im Jahr 1982 und die nächsten Aufgaben. In: Vermess.-techn. 31, 1983, 1. p.1-5. 0897

Dix, Walter S.: Early history of the American Congress on Surveying and Mapping (ACSM). In: Surv. a. Mapp. 43, 1983, 1. p.15-32; 3. p.263-288. 0898

Doyle, Frederick J.: Are we one profession, or several? In: Bull. Assoc. on Surv. a. Mapp. 82, 1983. p.13-18. 0899

Dries, W.A.M. van den: IFLA en NVK [Nederlandse Vereniging voor Kartografie]. In: Kartogr. T. 9, 1983, 5. p.5. 0900

Eichhorn, Gerhard: 100 Jahrfeier des Canadian Institute of Surveying. In: Z. f. Vermess.-wesen. 107, 1982, 8. p.374-375. 0901

Ficker, Kurt: Schweizerische Gesellschaft für Kartographie. Jahresbericht des Präsidenten für das 14. Geschäftsjahr 1982. In: Kartogr. Nachr. 33, 1983, 4. p.157-158. 0902

Herbert, Francis: The Royal Geographical Society's membership, the map trade, and geographical publishing in Britain 1830 to c 1930: an introductory essay with listing of some 250 fellows in related professions. In: Imago Mundi. 35, 1983. p.67-95, 4 ill., 12 portr. 0903

Høgset, Odd: Samfunnsmessig nytteverdi av kartvirksomhet. In: Kart og plan. 75, 1982, 2. p.125-128. [The benefit of the mapping activity on the society.] [Norw. with Engl. rés.] 0904

Hoffmann, Frank: Aufgaben und Arbeitsergebnisse des KDT-Fachausschusses "Automatisierung kartographischer Prozesse". In: Vermess.-techn. 31, 1983, 3. p.99. 0905

Jawara, L.K.: ITC and the third world. In: ITC-Journal. 1982, 1. p.20-23, 1 ill. 0906

*25 Jahre Bodenkartierung. [Hrsg.:] Anton Krabichler. Festschrift der Bundesanstalt fur Bodenwirtschaft. - Wien: Selbstverlag 1983. 0907

Kretschmer, Ingrid: Das Jahr 1982 - Aktivitäten in Österreich. In: Kartogr. Nachr. 33, 1983, 2. p.75-79. 0908

Lepretre, J.-P.: . . . colloque de Lille. La documentation bibliographique et factuelle du service géologique national du bureau de recherches géologiques et minières. In: XYZ - Rev. de l'Assoc. Franç. de Topogr. 17, 1983. p.28-30, 4 ill. 0909

*Mackensen, Ludolf von: Die Naturwissenschaftlich-Technische Sammlung in Kassel. Sonderdruck. - Kassel: Hessische Brandversicherungsanstalt 1983. 136 p., ill. 0910

Meyl, W.: Ergebnisse wissenschaftlich-technischer Forschungs- und Entwicklungsarbeiten an der Ingenieurschule für Geodäsie und Kartographie. In: Vermess.-techn. 31, 1983, 2. p.46-48, 2 ill. 0911

Emil Meynen Ehrenmitglied der Internationalen Kartographischen Vereinigung. In: Kartogr. Nachr. 33, 1983, 5. p.199-200, 1 photo. 0912

Murre, L.M.: Tachymetrie bij de Meetkundige Dienst van de Rijkswaterstaat. In: Geodesia. 24, 1982, 10. p.349-350, 1 ill. 0913

Neumann, Joachim: Die Entwicklung des Landesvereins Mittelrhein der Deutschen Gesellschaft für Kartographie 1958-1982. In: Kartogr. Nachr. 33, 1983, 5. p.195-199. 0914

Ormeling, Ferdinand Jan: Az ICAmegelékezik Radó Sándor professzorról. In: Geod. és Kartogr. 34, 1982, 4. p.298-299. [The ICA honours Professor S. Radó.] [Hung.] 0915

Ormeling, Ferjan: Een kwart eeuw KS/NVK - Nakaarten en vooruitzien. In: Kartogr. T. 9, 1983, 4. p.51-73, 4 ill., 1 photo, 6 suppl. [With Engl. rés.] 0916

*Pinsel, Marc I.: 150 years of service on the seas: a pictorial history of the US Naval Oceanographic Office from 1830-1980. Vol. 1: 1830-1946 - Washington, D.C.: Department of the Navy 1982. X, 233 p. 0917

Plaumann, Ulrich: Landesverein Schleswig-Holstein der Deutschen Gesellschaft für Kartographie. In: 32. Dt. Kartographentag 1983. - Kiel 1983. p.159-166. 0918

*Programme des actions organisées par l'E.N.S.G. dans le cadre de la formation continue. - Saint Mandé: Ecole Nationale des sciences Géographiques 1983. 16 p. 0919

Slaboch, Václav: Plánovitý rozvoj rationalizace v resortu Českého úřadu geodetického a kartografického. In: Geod. a kartogr. obz. 28, 1982, 9. p.230-233. [Planned development of rationalization in the branch of Czech Office of Geodesy and Cartography.] [Czech.] 0920

Stevens, Stanley D.: The standards committee on cartographic microforms - a progress report. In: Microcartography: applications for archives and libraries. - Santa Cruz, Ca. 1981. p.123-127. (West. Assoc. of Map Libr. Occ. Paper. 6.) 0921

Urbán, A.: Kaartvervaardiging met het Wild Geomap-systeem bij Ingenieursbureau Oranjewoud BV. In: Geodesia. 24, 1982, 7/8. p.251-255, 7 ill. 0922

Vachrameeva, L.A.: Razvitie kartografičeskogo fakul'teta MIIGAIK za 60 let. In: Izv. vysš. učebn Zaved. Geod. i aerofotos'emka. 1983, 5. p.99-102. [The development of cartographic division of MIIGAIK in 60 years.] [Russ.] 0923

Wendt, Botho: Universität und Landesvermessung - Kooperation ohne Verträge. In: Festschrift. 100 Jahre Geodätische Lehre und Forschung in Hannover. - Hannover 1981. p.191-199, 6 ill. (Wissenschaftliche Arbeiten der Fachrichtung Vermessungswesen der Universität Hannover. 100.) 0924

Worm, J.P.R. van den: De nieuwe ITC kleurenkaart. In: Kartogr. T. 9, 1983, 3. p.58-59. 0925

Zuijlen, Luuk van: Activities of the International Institute for Aerial Survey and Earth Sciences (ITC). In: Geodesia. 24, 1982, 6. p.216-223, 2 ill. 0926

C CONGRESSES AND EXHIBITIONS — UDC 528.9 : 061.4
TAGUNGEN UND AUSSTELLUNGEN — 528.9 : 061.3
SESSIONS. EXPOSITIONS

*Aangeenbrug, Robert T.: Auto Carto IV. Vol. I and II. Proceedings of the International Symposium on Cartography and Computing; Applications in Health and Environment. November 4-8, 1979. - Reston, Virginia; Falls Church, Virginia: Amer. Congr. on Surv. a. Mapp. 1980. 0927

Albrecht, W.: DDR-Fachtagung über das neue Kartensystem für die Volkswirtschaft. In: Vermess.-techn. 31, 1983, 8. p.281. 0928

*Die amerikanischen Küstenlinien. Sonderausstellung im Amerika Haus Hamburg, 4. Okt. - 21. Nov. 1983. - Bremen: Werbedr. Bremen 1983. 56 p., XII pl. (Die Welt in Seekarten. [5.]) 0929

Asche, Hartmut: Trierer Kolloquium über die Nutzungsmöglichkeiten neuer Erderkundungssysteme für die Kartographie. In: Kartogr. Nachr. 33, 1983, 6. p.225-227. 0930

*Australien og Stillehavet. Soerudstilling i Aabenraa Museum, Abenra 26. juni - 14 aug. 1983. - Bremen: Werbedr. Bremen 1983. 56 p., XII pl., 1 suppl. (Die Welt in Seekarten. [6.]) 0931

Bastian, Karl-Heinz: Bericht über die 10. Kartographische Regionalkonferenz der Vereinten Nationen für Asien und den Pazifik. In: Z. f. Vermess.-wesen. 108, 1983, 9. p.412-413. 0932

*Beiträge zum Carl Koppe Gedächtniskolloquium des Instituts für Vermessungskunde und des Lehrstuhls für Photogrammetrie und Kartographie der Technischen Universität Carolo-Wilhelmina zu Braunschweig am 13. November 1981. Hrsg. von Dietrich Möller und Günter Weimann. - München: Verl. d. Bayer. Akademie d. Wiss. in Komm. Beck 1983. 85 p. (Veröffentlichungen Deutsche Geodätische Kommission. E.20.) 0933

*Benes, Peter: New England prospect: a loan exhibition of maps at the Currier Gallery of Art, Manchester, New Hampshire. - Boston: Boston Univ. for the Dublin Seminar New England Folklife 1981. XX, 124 p. 0934

Bertinchamp, Horst-Peter: 32. Deutscher Kartographentag in Kiel. In: Allg. Vermess.-Nachr. 90, 1983, 11/12. p.435-437. 0935

Bertinchamp, Horst-Peter: 18. Sitzung der Arbeitsgruppe "Automation in der Kartographie" vom 10. bis 11. November 1981 in Berlin. In: Kartogr. Nachr. 32, 1982, 2. p.58-59. 0936

Bickmore, David P.: Euro-Carto I. In: Auto-Carto 5 Proceedings, ASP-ACSM 1982. p.133-140. 0937

Böhme, Rolf: 4. Konferenz der Vereinten Nationen zur Standardisierung geographischer Namen und 10. Sitzung der Sachverständigengruppe der Vereinten Nationen für Geographische Namen, Genf 1982. In: Kartogr. Nachr. 33, 1983, 1. p.25-28, 1 ill. 0938

Böhme, Rolf: XVII. Kongreß der Internationalen Vereinigung der Vermessungsingenieure (FIG) in Sofia vom 19.-28. Juni 1983. In: Kartogr. Nachr. 33, 1983, 6. p.227-228. 0939

Böhme, Rolf: 5. Regionale Kartographische Konferenz der Vereinten Nationen für Afrika in Kairo vom 28. Februar - 7 März 1983. In: Kartogr. Nachr. 33, 1983, 4. p.144-145. 0940

Bos, Edzard S. a.o.: International Cartographic Association Conference. 29 July - 4 August 1982, Warsaw, Poland. In: ITC-Journal. 1983, 1. p.72-74. 0941

*The Canadian West discovered. An exhibition of printed maps from the 16th to early 20th centuries. [Glenbow Museum, Calgary, Alberta, Jan. 26 - April 15, 1983.] Katalog: Mary Javorski [Bearb.] - Calgary: Glenbow Museum 1983. 75 p. 0942

Carrington, David K.: Report on IFLA meeting. In: Bull. Spec. Libr. Assoc. Geogr. a. Map Div. 127, 1982. p.18-24. 0943

Ciolkosz, Andrzej; Jerzy Ostrowski: Konferencje naukowo-techniczne Międzynarodowej Asocjacji Kartograficznej. In: Polski przegląd kartogr. 14, 1982, 2. p.61-67, 1 tab. [Scientific and technical conferences of the International Cartographic Association.] [Pol. with Russ. a. Engl. rés.] 0944

Clement-van Alkemade, M.H.G.: Verslag van de 10 International Conference on the History of Cartography, Dublin, 1983. In: Caert-Thresoor. 2, 1983, 4. p.59-60. 0945

La 11e Conférence cartographique internationale de Varsovie, 29 juillet - 4 août 1982. In: Bull. du Com. Franç. Cartogr. 94, 1982, 4. p.5-46. 0946

*Congrès international des géomètres: Compte rendu officiel du XVIe Congrès international des géomètres, Montreux, Suisse, 9 au 18 août 1981. - Thun: Fédération internationale des géomètres; Lausanne (EPF): Institut de géodésie et mensuration [1981]. 336 p., ill. (Archives - Archiv - Archives. 0.) 0947

*Congrès international des géomètres: XVIe Congrès international des géomètres, Montreux, 9-18 août 1981, Suisse: exposés - Berichte - papers. - Thun: Fédération internationale des géomètres 1981. 10 vol., ill. 0948

*Congrès international des déomètres: XVIe Congrès international des géomètres, Montreux, 9-18 août, Suisse: Congress prize. - Thun: Fédération internationale des géomètres 1981. 266 p. 0949

De Rocchi Storai, Tina: Il LV Seminario europeo di cartografia. In: Boll. della Soc. Geogr. Ital. 11, 1982, 10/12. p.775-783. 0950

Deumlich, Fritz; K. Näser; V. Gaebler: Geodäsie, Photogrammetrie und Kartographie auf der Leipziger Frühjahrsmesse 1983. In: Vermess.-techn. 31, 1983, 7. p.240-242, 6 ill. 0951

Deumlich, Fritz: Geodätentag 1982 in Wien. In: Vermess.-techn. 31, 1983, 2. p.64. 0952

Dörflinger, Johannes: Oberösterreich im Kartenbild. In: 1000 Jahre Oberösterreich. Ausstellungskatalog, Beitragsteil. - Linz, Amt der oberösterr. Landesregierung 1983. p.255-275, 12 ill. 0953

Dudich, E.: Contributions to the History of Geological Mapping. Proceedings of the Xth INHJGEO Symposium, 16.-22. August 1982, Budapest, Hungary. - Budapest: Akadémiai Kinadó 1983, XIV, 442 p., ill. ISBN 963-05-3616-1 0954

Else-Mitchell, R.: First Australian congress of surveying and cartography. In: Austral. Surv. 31, 1982, 2. p.101-106. 0955

*Entdecker in der Südsee. Sonderausstellung im Schloß Glücksburg, Glücksburg/ Ostsee, 6. Mai - 2. Okt. 1983. - Bremen: Werbedr. Bremen 1983. 38 p., XVII pl. (Die Welt in Seekarten. [2.]) 0956

*Environmental assessment and resource management: proceedings of the Fifth International Symposium on Computer-Assisted Cartography, Auto Carto V, August 22-28, 1982, Crystal City, Virginia. - Falls Church, Va.: American Society of Photogrammetry and American Congress on Surveying and Mapping 1983. X, 738 p. 0957

*Evolution in der Kartographie. Tagungsführer. 32. Deutscher Kartographentag, Kiel, 11.-14.6.1983. Vorbereitender Ausschuß des 32. Deutschen Kartographentages 1983 der Deutschen Gesellschaft für Kartographie. - Kiel 1983. 166 p., ill., mp. 0958

Flink, K.: 1. Arbeitssitzung: Klevisches Kataster. In: Mitt.-Bl. Arb.-Kreis für Hist. Kartogr. in der Arb.-Gemeinsch. Hist. Komm. u. Landesgesch. Inst. 21, 1983. p.9-16. 0959

Frančula, Nedjeljko: Avtomatizacija v kartografiji. Pregledni referat na posvetovanju "Avtomatizacija v geodeziji", Bled, 1983. In: Geod. vestn. 27, 1983, 2/3. p.76-80. [Automation in cartography. Survey report at professional meeting "Automation in geodesy", Bled, 1983.] [Sloven. with Engl. rés.] 0960

Freitag, Ulrich: 10. Regionale Kartographische Konferenz der Vereinten Nationen für Asien und den Pazifik 1983 in Bangkok. In: Kartogr. Nachr. 33, 1983, 4. p.143-144. 0961

Goto, Ryoichi: From the 1st International Symposium on Maps and Graphics for Visually Handicapped. In: Map. 21, 1983, 3. p.31-37, 5 ill. [Japan.] 0962

Grothenn, Dieter: 32. Deutscher Kartographentag in Kiel vom 11.-14. Mai 1983. In: Kartogr. Nachr. 33, 1983, 4. p.150-152. 0963

Hamilton, Elizabeth: A report on LRIS' digital mapping seminar (Nov. 1983.) In: Bull. Assoc. of Canad. Map Libr. 49, 1983. p.10-13, 1 ill. 0964

*Havn og skib, flag og kompas. Saerudstilling; Fisken- og Søfartsmuseet Saltvandsakvariet, Esbjerg, 8 juli - 16 sept. 1983. - Bremen: Werbedr. Bremen 1983. 56 p., XII pl. (Die Welt in Seekarten. [7.]) 0965

Heidorn, Dieter: Bericht über das Seminar "Funktion und Gestaltung der Deutschen Grundkarte 1:5 000 (DGK 5)" an der Technischen Hochschule Darmstadt vom 16.-18. März 1983. In: Kartogr. Nachr. 33, 1983, 3. p.109-111. 0966

*Hellwig, Fritz: Das Bild der Erde. Kontinent, Länder und Städte in der italienischen Kartographie des 16. und 17. Jahrhunderts. Ausstellung und Katalog: Fritz Hellwig. - Köln: Italienisches Kulturinstitut 1983. [22] sheets. 0967

Historische Karten - ein Seminar in Bratislava. In: Kartogr. Nachr. 33, 1983, 5. p.189-190. 0968

Hoffmann, Frank: 25 Jahre Hochschulausbildung in der Fachrichtung Kartographie - Wissenschaftliches Kolloquium an der Technischen Universität Dresden 1982. In: Vermess.-techn. 31, 1983, 4. p.116-117, 4 photos. 0969

*Hoinkes, Christian: Lecture notes for ICA Seminar on Computer Assisted Cartography, Wuhan, China, Oct. 1981 - Cartographic Systems - Handware, Software, Configurations. 25 p., ill. 0970

Jäger, E.: Funktion und Gestaltung der Deutschen Grundkarte. [Tagungsbericht] In: Allg. Vermess.-Nachr. 90, 1983, 11/12. p.438-440. 0971

Javorski, Mary: The Canadian West discovered the preparation of an exhibition catalogue. In: Bull. Assoc. of Canad. Map Libr. 49, 1983. p.14-17. 0972

Kanakubo, Toshitomo; Takahiro Sato: Attending the 10th United Nations Regional Cartographic Conference for Asia and the Pacific. In: Map. 21, 1983, 2. p.18-30, 1 ill., 4 photos, 3 tab. [Japan. with Engl. rés.] 0973

Kanakubo, Toshitomo: On the abstract of reports which were offered to the 10th Conference of the International Cartographic Association. Session I: Map as a means of communication. In: Map. 20, 1982, 1. p.28-31. [Japan.] 0974

Kartenhistorisches Colloquium Bayreuth '82. 18-20. März 1982. Vorträge und Berichte. Hrsg. v. Wolfgang Scharfe, Hans Vollet und Erwin Herrmann in Verbindung mit dem Arbeitskreis "Geschichte der Kartographie" der Deutschen Gesellschaft für Kartographie und dem Historischen Verein für Oberfranken. - Berlin: Dietrich Reimer Verlag 1983. X, 227 p. 0975

Kohler, Alfred: Zur Ausstellung "Globen aus Urgroßvaters Zeit". In: Globusfreund. 31/32, 1983. p.178-180, 1 ill. 0976

11. Konferencija mezdunarodnoj kartografi'ceskoj Associacii. In: Geod. i Kartogr., Moskva. 1983, 4. p.35-39. [11th ICA Conference.] [Russ.] 0977

Kreibig, Horst; Frank Hoffmann: 11. Internationale Kartographische Konferenz der Internationalen Kartographischen Vereinigung. In: Vermess.-techn. 31, 1983, 7. p.244-245. 0978

Kretschmer, Ingrid: Globenausstellung in Ungarn. In: Information Nr. 7 der Internationalen Coronelli-Gesellschaft für Globen- und Instrumentenkunde, Wien 1983. p.9-10. 0979

Kudrnovská, Olga: Historische Karten - ein Seminar in Bratislava. In: Kartogr. Nachr. 33, 1983, 5. p.189. 0980

*Die Küsten Westeuropas. Sonderausstellung im Schwedenspeicher Museum, Stade, 4. Juni - 17. Juli 1983. - Bremen: Werbedr. Bremen 1983. 56 p., XVI pl. (Die Welt in Seekarten. [4.]) 0981

Kupčik, Ivan: Die Kartenausstellung "Il disegno del mondo" in Turin. In: Kartogr. Nachr. 33, 1983, 6. p.228-229, 1 photo. 0982

Kupčik, Ivan: Kartenausstellung in Lissabon. In: Kartogr. Nachr. 33, 1983, 1. p.30-31. 0983

Leibbrand, Walter: Bericht des Arbeitskreises "Praktische Kartographie" zum 32. Deutschen Kartographentag '83 in Kiel. In: Kartogr. Nachr. 33, 1983, 4. p.153-154. 0984

*Lindh, Carl Erik: Die Welt der Seekarten. Entdecker in der Südsee. Sonderausstellung im Schloß Glücksburg, Glücksburg, 6.5. - 2.10.1983. - (Kopenhagen:) SAS 1983. 38 p. text, ill. 0985

Marek, K.-H.: Erste wissenschaftliche Konferenz "Stand und Entwicklungstendenzen der Fernerkundung". In: Vermess.-techn. 30, 1982, 5. p.173-174, 3 photos. 0986

Matsuda, Hiroyuki: The 4th Conference on the Standardization of Geographical Names, United Nations. In: Map. 21, 1983, 3. p.23-30, 6 photos, 1 tab. [Japan.] 0987

*Die sieben Meere. Sonderausstellung in der Schleswig-Holsteinischen Landesbibl., Kiel, 10. Mai - 4. Sept. 1983. - Bremen: Werbedr. Bremen 1983. 56 p., XII pl. (Die Welt in Seekarten. [3.]) 0988

Meurer, Peter H.: Alte italienische Kartographie in Koln. In: Kartogr. Nachr. 33, 1983, 3. p.111-112. 0989

*Middelhavet og øerne i Atlanterhavet. Saerudstilling i Museet på Sønderborg Slot, Sønderborg, 1. juli - 11. sept. 1983. - Bremen: Werbedr. Bremen 1983. 56 p., XII pl. (Die Welt in Seekarten. [9.]) 0990

Nischan, Nina: Wissenschaftlich-technische Konferenz zu Problemen der Kartierung von Städten und städtischen Agglomerationen. In: Vermess.-techn. 31, 1983, 7. p.245. 0991

*Nord for Skandinavien, vestpå Grønland. Saerutstilling i Tønder Museum, Tønder 25. juni - 28. aug. 1983. - Bremen: Werbedr. Bremen 1983. 56 p., XII pl. (Die Welt in Seekarten. [10.]) 0992

*On the map: an exhibit and catalogue of maps relating to Maryland and the Chesapeake Bay honoring George Washington at the beginning of the third century of Washington College at Chestertown, Maryland, Febr. 21 - March 6, 1983. By Russell Morrison, Edward C. Papenfuse etc. - Chestertown, MD: Washington College 1983. 0993

Ormeling, Ferdinand Jan: 11e conference cartographique internationale. 29 juillet - 4 août Varsovie, Pologne. In: Bull. du Com. Franç. Cartogr. 93, 1982, 3. p.6. 0994

Ormeling, Ferdinand Jan: The eleventh International Cartographic Conference in Warsaw, Poland, 29th July - 4th August 1982. In: Internat. Yb. of Cartogr. 23, 1983. p.7-18. [With German a. French rés.] 0995

*Os descobrimentos portugueses e a Europa do renascimento. [Ed.:] Conselho da Europa. Vol. 1-5. - Lisboa: presidencia do Conselho de Ministros 1983. [Catalog of the European Council Exhibition 1983 at Lisboa.] 0996

Paladini Cuadrado, Angel: La cartoteca histórica del Servicio Geográfico del Ejército. In: Bol. de Inform. Serv. Geogr. Ejército. 55, 1983, 1. p.79-88. 0997

Pobanz, Wolfram: Kartenhistorisches Colloquium Bayreuth 1982. In: Kartogr. Nachr. 32, 1982, 4. p.137. 0998

* Podschadli, Edwin: Gravurseminar '81. Zusammengestellt von Edwin Podschadli und Rudolf Schweißthal. Kurzvorträge und Firmenausstellung während des 30. Kartographentages in Dortmund. - Dortmund 1982. 100 p., 6 sheets ill. 0999

*Pommern und Mecklenburg in alten Karten. 10.5. bis 5.6. 1983. Gemeinsame Ausstellung der Stiftung Pommern, Kiel, u.d. Stiftung Mecklenburg, Ratzeburg, in d. Stiftung Pommern, Kieler Schloß, Rantzaubau. Verzeichnis d. Exponate. - Kiel 1983. 24 p. [mimeogr.] 1000

Pospelov, E.M.: Školniye atlasy i karty na XXIV mezhdunarodnom geograficheskom kongresse. In: Geografiya v shkole. 48, 1981, 2. p.67-68. [Shool atlases and maps at the 14th International Geographic Congress.] [Russ.] 1001

*Probleme der thematischen Kartographie und der Automatisierung der Kartenherstellung. Vorträge d. Arbeitsgruppe 4 zu d. Geodätischen und Kartographischen Tagen 1978 an der Technischen Universität Dresden. Red.: W.G. Koch und W. Stams. - Dresden: TU, Sekt. Geodäsie und Kartographie 1983. 95 p. (Kartographische Bausteine. 5.) 1002

*Progress report on the cartographic activities of the United States, January 1, 1977, to december 31, 1981, for presentation to the XIV Pan American Consultation on Cartography in Santiago, Chile, March 22 - April 3, 1982. - Washington: US. National Oceanic and Atmospheric Administration 1982. VI, 94 p. 1003

*Protokoll über die Podiumsdiskussion am 11.3.1982: Siedlungsdarstellung zwischen topographischer Generalisierung und Benutzererwartung - Kartenprobe Siedlungsflächen TK 100. Diskussionsleiter: Hans Kleinn. - Münster 1982. 51 p. [mimeogr.] 1004

Ray, Jean M.: Report on map & geography round table meetings, American Library Association Annual Conference, Los Angeles, June 24-28, 1983. In: Bull. Spec. Libr. Assoc. Geogr. a. Map Div. 134, 1983. p.29-31. 1005

*Relief-Ausstellung Joachim Eugen Müller. Mai - November 1980. - Engelberg: Edition Engelberger Dokumente 1982. 43 p., ill. (Engelberger Dokumente. 13.) 1006

*Carl Ritter. Werk und Wirkungen. Beiträge eines Symposiums im 200. Geburtsjahr des Gelehrten, Quedlinburg, DDR. - Gotha: VEB Haack 1983. 256 p., 65 ill. (Wissenschaftliche Abhandlungen der Geographischen Gesellschaft der DDR. 16.) 1007

Satzinger, Walter: 10. Kartographische Konferenz der Vereinten Nationen für Asien und den Pazifik und 5. Kartographische Konferenz der Vereinten Nationen für Afrika. In: Allg. Vermess.-Nachr. 90, 1983, 11/12. p.441-442. 1008

Savov, Jordan: Nacionalna naučno-techničeska konferencija po kartografija. In: Geod., Kartogr., Zemeustroj. 23, 1983, 1. p.37-38. [National scientific and technical conference of cartography.] [Bulg.] 1009

*Schätze der Astronomie. Treasures of Astronomy. Arabische und deutsche Instrumente aus dem Germanischen Nationalmuseum. Hrsg.: Gerhard Bott. Katalog und Ausstellung: Johannes Willers und Karin Holzamer. - Nürnberg: Germanisches Nationalmuseum 1983. 140 p., ill., col. pl. [Text in German, Engl., Arab.] 1010

Schrader, Bodo: 67. Deutscher Geodätentag Hannover 1983. In: Z. f. Vermess.-wesen. 108, 1983, 12. p.588-590. 1011

Scott, Valerie G.: Dublin Conference fulfilled promise. In: Map Collector. 25, 1983. p.34-35, photos. 1012

Scott, Valerie G.: Mirror of the World at British Library. In: Map Collector. 23, 1983. p.38, 3 ill. 1013

Sebert, Lou M.: Proceedings of the Association of Canadian Map Libraries. 17th Annual Conference. Papers. The mapping of Northern Ontario. In: Bull. Assoc. of Canad. Map Libr. 47, 1983. p.1-17, 8 ill. 1014

Seifert, Herwart: Bericht über die Seminarveranstaltung "Funktion und Gestaltung der Deutschen Grundkarte 1:5 000". In: Z. f. Vermess.-wesen. 108, 1983, 8. p.367-369. 1015

Shannon, Michael O.: Conference on the state of map acquisitions and reference use in libraries. In: Cartographica, Mono. 20, 1983, 3. p.90-92. 1016

*De skandinaviske Farvande. Saerudstilling i Museet på Koldinghus, Kolding, 18 juni-18 sept. 1983. - Bremen: Werbedr. Bremen 1983. 56 p., XVI pl. (Die Welt in Seekarten. [8.]) 1017

Symposium du Pont de Memours. Orsay des 8-9 mars 1982. In: Bull. du Com. Franç. Cartogr. 92, 1982, 2. p.6-7, 1 photo. 1018

Szangolies, K.: Symposium "Anwendung von Photogrammetrie und Fernerkundung für Kartographie und Datenbanken" und "Auto-Carto 5" (Tagung und Ausstellung zur Automatisierung der Kartographie.) In: Vermess.-techn. 31, 1983, 2. p.65. 1019

*Toonneel des Aerdrijcx. Catalogus bij de tentoonstelling. Oude kaarten in het Universiteitsmuseum . . . 14 maart - 29 april 1983. Red. en tekst: P.C.J. van der Krogt. - Utrecht: Univ.-Mus. 1983. 76 p. 1020

*Third United Nations Conference on the Standardization of Geographical Names. Vol. II. Technical Papers. Athens, 17 August - 7 September 1977. - New York: United Nations 1981. 445 p. 1021

Fourth United Nations Conference on the Standardization of Geographical Names. In: World Cartography. 17, 1983. p.44-115, tab. 1022

*Fourth United Nations Conference on the Standardization of Geographical Names. Geneva, 24 August - 14 September 1982. Vol. I. Report of the Conference. - New York: United Nations 1983. 79 p. 1023

The tenth United National Regional Cartographic Conference for Asia and the Pacific. I. Cartographic work in Japan (1979-1981). In: Bulletin of the Geographical Survey Institute. 28, 1983. p.1-11, 11 tab. 1024

*Tenth United Nations Regional Cartographic Conference for Asia and the Pacific. Bangkok, 17-28 january 1983. Vol. I. Report of the Conference. - New York: United Nations 1983. 37 p. 1025

Verklarende lijst van termen op het gebied van geautoamtiseerde kartografie, samengesteld ten behoeve van de kartografendagen 1983 te Kampen. In: Kartogr. T. 9, 1983, 3. p.18-20, 1 ill. 1026

Weber, Wigand: AUTO-CARTO 5. Bericht über das "Fifth International Symposium on Computer-Assisted Cartography" in Crystal City, Virginia, USA, vom 22.-25. August 1982. In: Kartogr. Nachr. 33, 1983, 1. p.28-29. 1027

Weber, Wigand a.o.: Report on the International Cartographic Association Seminar on 'Computer-assisted Mapping and Charting' at Wuhan, China, October 15th to November 1st, 1981. In: Nachr. a.d. Kart.- u. Vermess.-wesen. R.2. 40, 1982. p.141-167, ill. 1028

*Der Weg zu den Schätzen des Fernen Ostens. Uwe Schnall <Hrsg.> Mit Beiträgen von Ulla Ehrensvärd [a.o.]. Sonderausstellung im Deutschen Schiffahrtsmuseum, Bremerhaven, 26 März - 2. Okt. 1983. - Bremen: Werbedr. Bremen 1983. 32 p., XXIII pl. (Die Welt in Seekarten. [1.]) 1029

*Die Welt der Seekarten. Søkortener Verden. Ausstellung von Seekarten aus fünf Jahrhunderten im nordwestlichen Deutschland und südlichen Dänemark. Ausstellungsidee von Carl Erik Lindh. Mit Texten von Ulla Ehrensvärd, Uwe Schnall.- Bremen: Werbedr. Bremen 1983. [Bd 6-10 in dänisch.] 1030

*Wiedel, Joseph W.: Proc. of the First-International Symposium on Maps and Graphics for the Visually Handicapped, March 10-12, 1983. Washington, D.C. - Washington, D.C.: Assoc. of Amer. Geographers 1983. VII, 185 p. 1031

Wilski, Ingo: ACSM-ASP Fall Technical Meeting 1982 in Fort Lauderdale. In: Kartogr. Nachr. 33, 1983, 2. p.63-64. 1032

Tretoto zacedenie na komisijata po gradsko kartografirane kom meždunarodnata kartografska asociacija. In: Geod., Kartogr., Zemeustroj. 23, 1983, 6. p.34-35. [3rd seminar of the Commission on Urban Cartography of the International Cartographic Association.] [Russ.] 1033

*Zögner, Lothar: China Cartographica. Chinesische Kartenschätze und europäische Forschungsdokumente. Ausstellung der Staatsbibliothek zum 150. Geburtstag des Chinaforschers Ferdinand von Richthofen. 7. Okt. - 26. Nov. 1983. - Berlin: Staatsbibliothek Preußischer Kulturbesitz 1983. 150 p., ill. (Staatsbibliothek Preussischer Kulturbesitz, Ausstellungskataloge. 19.) ISBN 3-920597-43-8 1034

D LAW OF CARTOGRAPHY. LEGAL QUESTIONS (COPYRIGHT) UDC 528.9:347
RECHTSFRAGEN. URHEBERRECHT
PROBLEMES JURIDIQUES. DROITS D'AUTEUR

Harbeck, Rolf: Einige rechtliche Aspekte bei der Nutzung der Topographischen Landeskartenwerke. In: Nachr. a.d. öffentl. Vermess.-dienst Nordrh.-West. 16, 1983, 2. p.97-102, 3 ill. 1035

Nittinger, Johannes: Zur Entstehung der Länderkompetenz für das Vermessungswesen. In: Allg. Vermess.-Nachr. 89, 1982, 6. p.262. 1036

Pietruska, Franz; Harald Harms: Wie weit überschneidet die Zuständigkeit der Landesvermessungsämter den Bereich der privaten Kartographie? In: Kartogr. Nachr. 33, 1983, 4. p.146-147. 1037

Zavrl, Rudi: Avtorsko pravno varstvo v kartografski dejavnosti. Referat s posveta "Predpisi v geodetski stroki", Skopje, 1982. In: Geod. vestn. 27, 1983, 1. p.9-14. [Legal protection of authors in cartography. Report at professional meeting "Regulations on geodetic profession", Skopje, 1982.] [Slov. with Engl. rés.] 1038

E EDUCATION AND TRAINING UDC 528.9:37
AUSBILDUNGSFRAGEN
PROBLEMES DIDACTIQUES ET D'ENSEIGNEMENT

Anson, R.W.: Cartographic education at Oxford polytechnic 1964-1982. In: Cartographica, Mono. 20, 1983, 4. p.43-54, 2 append. [With French, German a. Span. rés.] 1039

*Arnberger, Erik; Fritz Kelnhofer: Das Ordinariat für Geographie und Kartographie und der Studienzweig Kartographie an der Universität Wien. - Wien: Institut für Geographie 1983. 64 p., 13 ill. (Beiträge aus dem Seminarbetrieb und Arbeitsbereich des Ordinariats für Geographie und Kartographie. 14.) 1040

Aschenberner, Peter: Ausbildungszahlen in der Kartographie. In: Kartogr. Nachr. 33, 1983, 6. p.214-219, 3 ill., 2 tab. 1041

Balogun, Olayinka, Y.: Structure and problems of cartographic education in Nigeria. In: Internat. Yb. of Cartogr. 23, 1983. p.121-135, 1 ill., 4 tab. [With German a. French rés.] 1042

*Berufe in der Vermessung: Vermessungszeichner, Vermessungstechniker mit Fachausweis (FA), Geometer-Techniker HTL, eidg. pat. Ingenieur-Geometer, Photogrammetrie-Operateur, Kartograph /hrsg. vom Verband schweizerischer Vermessungstechniker (VSVT), Schweizerischer Technischer Verband, Fachgruppe der Geometer-Techniker HTL (STV-FGT), Schweizerischer Verein für Vermessungswesen und Kulturtechnik (SVVK), SIA Fachgruppe der Kultur- und Vermessungsingenieure (FKV), Schweizerische Gesellschaft für Photogrammetrie (SGP) in Verbindung mit dem Schweizerischen Verband für Berufsberatung. - Zürich: Schweizerischer Verband für Berufsberatung 1979. 39 p., 7 ill. 1043

Birtles, Terry G.: Cartographic education and training in Australia. In: Internat. Yb. of Cartogr. 23, 1983. p.137-150, 1 ill. [With German a. French rés.] 1044

Böhme, Rolf: Erster Ausbildungskurs in geographischer Namengebung in Indonesien. In: Kartogr. Nachr. 32, 1982, 5. p.193-194, 1 photo. 1045

Bos, Edzard S.: Beroepsopleidingen en functionele beroepsniveaus in de kartografie in Nederland. In: Kartogr. T. 9, 1983, 5. p.24-27, 1 tab. [With Engl. rés.] 1046

Braund, Michael: Preparing students for a technical career in Papua New Guinea with special emphasis on cartography. In: Bull. Soc. of Univ. Cartographers. 15, 1982, 2. p.15-28. 1047

Clauß, Christian: Einsatz thematischer Karten in der Landwirtschaft und daraus abzuleitende Schlußfolgerungen für die Aus- und Weiterbildung landwirtschaftlicher Kader. In: Probleme der thematischen Kartographie und der Automatisierung der Kartenherstellung. - Dresden 1983. p.39-45. 1048

Dahlberg, Richard E.: Structure and context of cartographic education in US colleges and universities. In: Internat. Yb. of Cartogr. 23, 1983. p.151-159, 1 ill., 8 tab. [With German a. Engl. rés.] 1049

Desaulniers, Philippe: Place des étudiants. In: Rev. de Carto-Québec. 4, 1983, 1. p.8-9, 1 ill. 1050

Fairbairn, David: Education in cartography at Newcastle University. In: Bull. Soc. of Univ. Cartographers. 16, 1983, 2. p.21-27. 1051

Farkaš, Mikulaš; Alfonz Porvažnik: Československá pomoc pri výchove kubánskych technických kádrov pre geodeziu a kartografiu. In: Geod. a kartogr. obz. 29, 1983, 9. p.232-235, 2 ill., 1 tab. [Czechoslovac help with education of Cuban technical personnel for geodesy and cartography.] [Slov.] 1052

Fraser, C.S.: A survey of continuing education requirements in surveying and mapping in Western Canada. In: Canad. Surv. 37, 1983, 2. p.79-84. 1053

Hoffmann, Frank: 25 Jahre Hochschulausbildung in der Fachrichtung Kartographie - Wissenschaftliches Kolloquium an der Technischen Universität Dresden 1982. In: Vermess.-techn. 31, 1983, 4. p.116-117, 4 photos. 1054

Hoffmann, Frank: LETSMAP - ein rechnergestütztes Geo-Informationssystem für die kartographische Ausbildung. In: Vermess.-techn. 31, 1983, 8. p.283. 1055

Hoffmann, Frank: Zur Weiterbildung auf dem Gebiet der rechnergestützten Kartographie. In: Vermess.-techn. 31, 1983, 2. p.67-68. 1056

Horváth, Gergely: A térképészet oktatásának preblémái a tanárképző föiskolákon. In: Geod. és Kartogr. 35, 1983, 2. p.107-109. [Problems of cartographic education at the teachers' training colleges in Hungary.] [Hung. with Engl. rés.] 1057

Kadmon, Naftali: Graphic communication and the importance of teaching traditional cartographic principles in the computer age. In: Internat. Yb of Cartogr. 23, 1983. p.161-167. [With German a. French rés.] 1058

Kanazawa, Kei: The situation of cartographic education and training courses in Japan concerning to generate new frontier of map usage. In: Internat. Yb. of Cartogr. 23, 1983. p.169-172. [With German a. French rés.] 1059

Lawrence, G.R.P.: Nauczanie kartografii w Wielkiej Brytanii. In: Polski przegląd kartogr. 15, 1983, 2. p.75-81, 1 ill., 1 tab. [Cartographic education in Britain.] [Pol. with Russ. a. Engl. rés.] 1060

*Mapping skills for geography students in New South Wales schools. - Sydney: Central Mapping Authority of NSW, Dept. of Education 1981. 20 p., ill. 1061

Meine, Karl-Heinz: Basic thoughts to introduce apprentices in cartography. In: Internat. Jb. f. Kartogr. 22, 1982. p.150-161. 1062

Pöhlmann, Gerhard: Kartographischer Weiterbildungskursus 1983 an der TFH Berlin erfolgreich beendet. In: Kartogr. Nachr. 33, 1983, 3. p.108-109. 1063

*Rahmenlehrplan für den Ausbildungsberuf Kartograph/Kartographin. Anh.: Verordnung über die Berufsausbildung zum Kartographen/zur Kartographin <Kartographen-Ausbildungsverordnung - KartAusbv> v. 17.3.1982 des Bundesministers für Wirtschaft und des Bundesministers des Innern. - Neuwied: Luchterhand 1982. 31 p. (Beschlüsse der Kultusministerkonferenz.) 1064

Rumney, Thomas: Training and practice in geographic skills: an aerial photo interpretation course project. In: J. of Geogr. 81, 1982, 2. p.46-50, 4 ill. 1065

Sorrell, P.E.: Training, education and employment in the field of computer-assisted cartography. In: Computers in cartography. 1982. p.85-89. (British Cartogr. Soc., London: Spec. Publ. 2.) 1066

Strauß, M.: 30 Jahre zentralisierte Berufsausbildung im staatlichen Vermessungs- und Kartenwesen. In: Vermess.-techn. 30, 1982, 9. p.289-292, 5 photos, 1 tab. 1067

Taylor, David Ruxtan Fraser: Education, training and employment in cartography in Canada. Report of the Education Committee of the National Commission for Cartography. In: Internat. Yb. of Cartogr. 23, 1983. p.173-192, 6 tab. [With German a. French rés.] 1068

Training course in toponymy, Indonesia. In: World Cartography. 17, 1983. p.42-43. 1069

*Verordnung über die Berufsausbildung zum Kartographen, zur Kartographin. <Kartographen-Ausbildungsverordnung - Kart AusbV>. Vom 17. März 1982. <Bundesgesetzbl. Teil I S.373 vom 31. März 1982.> Nebst Rahmenlehrplan für den Ausbildungsberuf Kartograph, Kartographin. Beschluß der Kultusministerkonferenz vom 5. April 1982. <Beil. zum Bundesanzeiger Nr 101 vom 3. Juni 1982.> - Bielefeld: Bertelsmann 1982. 22 p. 1070

Yuju, Hu; Zhang Kequan: Some experience in training cartographers in the People's Republic of China. In: Internat. Yb. of Cartogr. 23, 1983. p.193-201, 1 ill., 5 tab. [With German a. French rés.] 1071

V. Theoretical Cartography
Theoretische Kartographie
Cartographie théorique

UDC 528.912/.914

A GENERAL METHODOLOGY OF CARTOGRAPHY. MAP REDACTION. REVIEW OF MAPS. TERMINOLOGY

ALLGEMEINE KARTENMETHODIK. KARTENREDAKTION. KARTENKRITIK. TERMINOLOGIE

METHODES GENERALES. REDACTION DES CARTES. CRITIQUE TERMINOLOGIE

*ABC Kartenkunde. [Hrsg.: Rudi Ogrissek.] - Leipzig: Edition Leipzig 1983. 684, 48 p., ill. ISBN 3-87144-784-6 1072

Adeyemi, Elijah O.: The effect of map orientation on human spatial orientation performance. In: Cartogr. J. 19, 1982, 1. p.28-33, 7 tab. 1073

Antakov, B.J.; A.N. Panin: Voprosy podgotovki kart k izdaniju. In: Geod. i Kartogr., Moskva. 1982, 7. p.38-40. [Problems of the map preparation for edition.] [Russ.] 1074

Bélanger, Robert: Cartography: Satellites to the rescue. In: Bull. Assoc. of Canad. Map Libr. 46, 1983. p.7-11, 2 ill. 1075

Bertin, Jacques: A new look at cartography. In: D.R.F. Taylor, [ed.]. Graphic communication and design in contemporary cartography. 1983. p.69-86. 1076

Board, Christopher: The development of concepts of cartographic communication with special reference to the role of Professor Ratajski. In: Internat. Yb. of Cartogr. 23, 1983. p.19-29, 1 ill. [With German a. French rés.] 1077

Board, Christopher: Maps and mapping. In: Progress in Human Geography. 6, 1982, 1. p.106-113. 1078

Borgerding, L.H. a.o.: Computer-assisted map compilation, editing, and finishing. In: Auto-Carto 5 Proceedings, ASP-ACSM 1982. p.141-146. 1079

Branson, Margaret S.: Building map skills: the other energy crisis. In: J. of Geogr. 82, 1983, 1. p.30-33, 1 ill., 2 photos. 1080

Branson, Margaret S.: Mapping global aging trends. In: J. of Geogr. 82, 1983. p.74-76, 1 ill., 2 photos. 1081

Buder, Ivan: Značaj, mesto i uloga simiologije u kartografiji. In: Geod. list. 37, 1983, 7/9. p.161-166. [The character, place, and the role of semiology in the cartography.] [With Engl. rés.] 1082

Burdová, Pavla: Mapy desek zemských. In: Rozpravy Národního technického muzea v Praze. 90, 1982. p.60-65. [Maps in the provincial table records.] [Czech. with German a. Engl. rés.] 1083

Castner, Henry W.: Research questions and cartographic design. In: D.R.F. Taylor [ed.]. Graphic communication and design in contemporary cartography. 1983. p.89-113. 1084

Castner, Henry W.: Tactual maps and graphics. Some implications for our study of visual cartographic communication. In: Cartographica, Mono. 20, 1983, 3. p.1-16, 11 ill. [With French, German a. Span. rés.] 1085

Cole, C.E.D.; R.W. Dixon-Gough; P.E. Sorrell: First steps in map making. In: North east London Polytechnic, Department of Land Surveying, working Paper 7, 1983. 126 p., 99 ill., 3 tab., 6 mp. 1086

DeLucia, Alan A.; Donald W. Hiller: Natural legend design for thematic maps. In: Cartogr. J. 19, 1982, 1. p.46-52, 11 ill., 2 tab. 1087

Dermanis, A.; E. Livieratos; I. Paraschakis: Applications of strain criteria in cartography. In: Bulletin géodesique. 57, 1983, 3. p.215-225. 1088

Dobrovol'skaja, N.V.; V.F. Markov; G.V. Šadrina: kartografičeskie proizvedenija vodinnadcatoj pjatiletke. In: Geod. i Kartogr., Moskva. 1983, 1. p.14-18. [Cartography arts in the 11th Five-Year-Plan.] [Russ.] 1089

Dobson, Michael W.: Visual information processing and cartographic communication: the utility of redundant stimulus dimensions. In: D.R.F. Taylor, [ed.]. Graphic communication and design in contemporary cartography. 1983. p.149-175. 1090

*Dragomir, V.C. a.o.: Theory of the earth's shape. - Amsterdam, New York: Elsevier 1982. 694 p. (Developments in solid earth geophysics. 13.)
ISBN 0-444-99705-9 1091

Eastman, J. Ronald; Henry W. Castner: The meaning of experience in task-specific map reading. In: D.R.F. Taylor, [ed.] Graphic communication and design in contemporary cartography. 1983. p.115-147. 1092

Fezzani, Chedly: La cartographie, base d'une coopération scientifique et d'un développement intégré. In: Acta Geogr. 55, 1983. p.1-11. 1093

*Finamore, Patricia Mary: The value of cartograms as communication devices. - Bloomington: Indiana Univ. 1982. [Master's thesis.] 1094

*Frank, André: Datenstrukturen für Landinformationssysteme. Semantische, topologische und räumliche Beziehungen in Daten der Geo-Wissenschaften. - Zürich 1983. 115 p. (Institut für Geodäsie und Photogrammetrie an der Eidgenössischen Technischen Hochschule Zürich. Mitteilungen. 34.) 1095

Friedlein, Günter: Zur Problematik der Information über den internationalen wissenschaftlich-kartographischen Fortschritt. In: Probleme der thematischen Kartographie und der Automatisierung der Kartenherstellung. - Dresden 1983. p.48-52. 1096

Gaudreau, Yvan: La carte syntèse, un outil avantageux. In: Rev. de Carto-Québec. 4, 1983, 1. p.28-29. 1097

Goodrick, B.E.: What is cartography? In: Cartography. 12, 1982, 3. p.146-150. 1098

Gosselin, Jean: Le contrat en cartographie. In: Rev. de Carto-Québec. 4, 1983, 1. p.23-24. 1099

Greenberg, Gerald L.: Microcartography at the US. Geological Survey. In: Microcartography: applications for archives and libraries. - Santa Cruz, Ca. 1981. p.35-45, 1 tab. (West. Assoc. of Map Libr. Occ. Paper. 6.) 1100

Grelot, Jean-Philippe: L'informaticien et le cartographe. In: XYZ- Rev. de l'Assoc. Franç. de Topogr. 17, 1983. p.11-12. 1101

Grelot, Jean-Philippe: L'Informaticien et le cartographie. In: Bull. du Com. Franç. Cartogr. 96, 1983, 2. p.21-22. 1102

Grenier, Lucien: Le milieu cartographique. In: Rev. de Carto-Québec. 3, 1982, 2. p.11. 1103

Griffin, T.L.C.: Problem solving on maps - the importance of user strategies. In: Cartogr. J. 20, 1983, 2. p.101-109, 3 ill., 1 tab. 1104

Griffin, T.L.C.: Recognition of areal units on topological cartograms. In: Amer. Cartographer. 10, 1983, 1. p.17-29, 6 ill., 2 tab. 1105

*Grimmeau, Jean-Pierre: Méthodes cartographiques et quantitatives d'analyse des répartitions et structures spatiales. - Bruxelles: Presses universitaires de Bruxelles 1983. 191 p. 1106

*Grosso, P.F.; A.A. Tarnowski: Pre-production model cartographic EBR system. - Fairfield, CT: Image Graphics Inc. 1980. 51 p. 1107

Grygorenko, Wiktor: Cybernetyczny model procesu przekazu kartograficznego. In: Polski przegląd kartogr. 14, 1982, 2. p.67-78, 3 ill., 1 tab. [Cybernetic model of cartographic communication.] [Pol. with Russ. a. Engl. rés.] 1108

*Hagan, Paula Jeane: A network model for cartographic features. - St. Louis: Washington Univ. 1980. [Doct. diss.] 1109

Hake, Günter: Gedanken zur kartographischen Darstellung des Lebensraumes. In: Z. f. Vermess.-wesen. 108, 1983, 12. p.565-568. 1110

Haubner, Karl: Raumordnung und Kartographie. In: Kartogr. Nachr. 32, 1982, 3. p.86-91. 1111

Henning, Mervin D.; David Hargreaves: Techniques of computer-assisted generalization - accomodating subjective cognition and objective logic. In: Cartographica, Mono. 20, 1983, 4. p.55-64, 4 ill. [With French, German a. Span. rés.] 1112

Henning, Mervin D.: Toward an understanding of scale and its relevance to cartographic communication. In: Cartogr. J. 20, 1983, 2. p.119-120, 2 ill. 1113

Henry, Norah F.; Burrel E. Montz: Interpreting proportional circle maps. In: Amer. Congr. on Surv. a. Mapp. Techn. Papers, Ann. Meeting. 42, 1982. p.100-107. 1114

Hodler, Thomas W.; Roy Doyon: Spreads and chokes: cartographic applications and procedures. In: Amer. Cartographer. 11, 1981, 1. p.63-69. 1115

Hoffmann, Frank: Rechnergestützter Kartenentwurf - eine Entscheidung für die Zukunft. In: Vermess.-techn. 30, 1982, 3. p.105. 1116

Hoffmann, Frank: Zur Struktur der Wissenschaftsdisziplin Kartographie. In: Vermess.-techn. 31, 1983, 3. p.101-102, 1 ill. 1117

Hoogendoorn-Beks, W.: Legenda's bij ruilverkavelingskaarten. In: Kartogr. T. 9, 1983, 1. p.69-72, 3 photos. 1118

Hrnčiar, Dušan: Koncepčné i pragmatické úvahy o kartografickej terminológii. In: Geod. a kartogr. obz. 29, 1983, 6. p.158-162. [Conceptional and pragmatic considerations on cartographic terminology.] [Czech.] 1119

*Hurand, Fred Alexander: Cognitive mapping: a tool in land use planning. - Ann Arbor, Mich.: Univ. Microfilms Internat. 1983. LX, 167 p. (Pennsylvania State Univ., Phil. diss. Nov. 1979.) 1120

Imhof, Eduard: Wenn man den Panorama- und Kartenzeichnern über die Schulter guckt. In: Der Schneehase, Jahrbuch des Schweizerischen Akademischen Ski-Clubs SAS. 32, 1981/83. p.90-105, 11 ill., 4 pl. 1121

*Irmer, Michael: Kartographische Darstellungsmethoden. - Dresden: Ingenieurschule für Geodäsie und Kartographie. T.1: Grundlagen der Darstellung quantitativer und qualitativer Merkmale. 1980. II, 41 p. T2: 1981. I, 50 p. (Spezielles Lehrmaterial für die Aus- und Weiterbildung von Ingenieuren der Fachrichtung Kartographie: Kartengestaltung.) 1122

*Johnson, Margaret: An empirical and theoretical examination of the mental map. - Madison: Univ. of Wisconsin 1982. [Master's thesis.] 1123

Joó, István: A földmérés és térképészet népgazdasági vonatkozásai. In: Geod. és Kartogr. 34, 1982, 3. p.157-161. [Geodesy and cartography from the aspects of national economy.] [Hung. with Engl. rés.] 1124

Jouret, Bernard: Les cartes topographiques et le probleme de la generalisation aspects quantitatifs et qualitatifs. In: Bull. trim. Soc. Belge de Photogramm. et télédét. 151/152, 1983. p.15-33. 1125

Jouret, Bernard: Les nouvelles editions des cartes topographiques de l'IGN à 1:25 000 et 1:50 000. Problemes de la revision cartographique. In: Bull. trim. Soc. Belge de Photogramm. et télédét. 151/152, 1983. p.35-45. 1126

Kadmon, Naftali: Graphic communication and the importance of teaching traditional cartographic principles in the computer age. In: Internat. Yb. of Cartogr. 23, 1983. p.161-167. [With German a. French rés.] 1127

Kanakubo, Toshitomo: On the abstract of reports which were offered to the 10th Conference of the International Cartographic Association. Session I: Map as a means of communication. In: Map. 20, 1982, 1. p.28-31. [Japan.] 1128

Karssen, Aart J.: Legenda en titel in het grafisch-semiologisch systeem. In: Kartogr. T. 9, 1983, 1. p.40-46, 8 ill., 1 tab. 1129

Katranuškova, Christina: Kartografija i inženerna psichologija. In: Geod., Kartogr., Zemeustroj. 23, 1983, 6. p.29-31. [Cartography and engineering psychology.] [Bulg.] 1130

Ke, Liao: On the modern cartographic system. In: Acta Geographica Sinica. 38, 1983, 1. p.80-89, ill. [Chinese] 1131

Knajashev, W.A.: Kompleksnaja brigada po kartosostavleniju. In: Geod. i Kartogr., Moskva. 1982, 9. p.7-8. [Complex team for map compilation.] [Russ.] 1132

Knöpfli, Rudolf: Die Bedeutung der Begrenztheit des menschlichen Wahrnehmungsvermögens für die Kommunikation. In: Internat. Jb. f. Kartogr. 23, 1983. p.75-81, 19 ill. [With Engl. a. French rés.] 1133

Knöpfli, Rudolf: Generalization - a mean to transmit reliable messages through unreliable channels. In: Internat. Jb. f. Kartogr. 1982. p.83-91. 1134

Koeman, Cornelis: Onbezonnenheid en doelmatigheid in de kartografie, gedemonstreerd aan de hand van oude en nieuwe kaarten ten behoeve van verkeer en toerisme. In: Kartogr. T. 9, 1983, 4. p.19-25, 5 ill. [With Engl. rés.] 1135

Kopylova, A.D.: Novye napravlenija v oformlenii i izdami kart. In: Geod. i Kartogr., Moskva. 1983, 4. p.40-43. [New directions of the map design and edition.] [Russ.] 1136

Kopylova, A.D.; A.V. Šilov: Razvitie technologii oformlenija i izdanija kart i atlasov. In: Geod. i Kartogr., Moskva. 1983, 1. p.9-13. [Development of the map drawing and edition technic.] [Russ.] 1137

Kouba, Jaroslav: Aufgaben, ökonomische Ziele und Effektivitätskriterien der geodätischen und kartographischen Forschung. In: Vermess.-techn. 31, 1983, 3. p.88-89, 2 tab. 1138

Krcho, Jozef: Mapa ako abstraktny kartograficky model S_k geografickej krajiny ako realneho priestorove ho systemu S_g. In: Geogr. časopis. 33, 1981, 3. p.244-272, 13 ill. [Maps as an abstract cartographical model S_k of geographical landscape as of a real spatial system S_g.] 1139

Lapierre, Marie: Le milieu cartographique. In: Rev. de Carto-Québec. 4, 1983, 1. p.10-11; 26-27. 1140

*Leimer, Judith: The influences of the technical constraints and personnel limitations on the quality of maps in American newspapers. - Madison: Univ. of Wisconsin 1982. [Master's thesis.] 1141

Libura, Hanna: Niektóre aspekty kartograficzne map wyobrazeniowych. In: Polski przegląd kartogr. 15, 1983, 3. p.126-132, 4 ill. [Some cartographic aspects of cognitive maps.] [Pol. with Russ. a. Engl. rés.] 1142

*Ljutyi, Aleksandr Alekseevič: Jazyk karty. - Moskva: Izd. "Znanie" 1981. 48 p., 19 ill. (Novoe v žizni, nauke, technike. Ser. "Nauki o Zemle". 11.) [The language of the map.] [Russ.] 1143

Macioch, Andrzej: The system of cartographic denotations: a scientific language for cartography. In: D.R.F. Taylor, [ed.]. Graphic communication and design in contemporary cartography. - New York 1983. p.219-229. 1144

Mackay Yarnal, Careen M.; Michael R.C. Coulson: Recreational map design and map use: an experiment. In: Cartogr. J. 19, 1982, 1. p.16-27, 7 ill., 10 tab. 1145

Magnenat-Thalmann, Nadia; Daniel Thalmann: La conception de cartes geographiques assistee par ordinateur. In: Cartographica, Mono. 19, 1982, 1. p.41-50. [With Engl., German a. Span. rés.] 1146

*Mari, Jean-Luc: Interpolation et transformations de cartes. - Paris: Univ. Pierre et Marie Curie 1982. 175 p., ill. [Diss.] 1147

Markov, V.F.; Ju. A. Skopinzev: Kompleksnaja sistema upravlenija kačestvom produkzii v kartosostavitel'skom proizvodstve. In: Geod. i Kartogr., Moskva. 1983, 2. p.1-3. [Complex-systems for production quality control in map compilation work.] [Russ.] 1148

*Marsh, David: A cartography of popular maps. - University Park: Pennsylvania State Univ. 1983. [Doct. diss.] 1149

McCormack, Duncan D.: Computer graphics in the DSIR cartographic unit. In: New Zealand Cartogr. J. 12, 1982, 1. p.11-12. 1150

McCormack, Duncan D.: The concept of map information as a malleable, user-oriented commodity. In: New Zealand Cartogr. J. 12, 1983, 2. p.18-20. 1151

*McMaster, Robert Brainerd: A quantitative analysis of mathematical measures in linear simplification. - Lawrence: Univ. of Kansas 1982. [Master's thesis.] 1152

Meine, Karl-Heinz: Basic thoughts to introduce apprentices in cartography. In: Internat. Jb. f. Kartogr. 22, 1982. p.150-161. 1153

*Menke, Kurt: Zur rechnergestützten Generalisierung des Verkehrswege- und Gewässernetzes, insbesondere für den Maßstab 1:25 000. - Hannover 1983. II, 116 p. (Hannover, Diss., 1982.) (Wissenschaftliche Arbeiten der Fachrichtung Vermessungswesen der Universität Hannover. 119.) 1154

Menke, Kurt: Zur rechnergestützten Generalisierung des Verkehrswege- und Gewässernetzes, insbesondere für den Maßstab 1:25 000. In: Allg. Vermess.-Nachr. 90, 1983, 7. p.297-298. 1155

Merkel, Johannes: Zur Qualität bei den Erzeugnissen und Leistungen des Vermessungs- und Kartenwesens. In: Vermess.-techn. 30, 1982, 9. p.292-294. 1156

Mijksenaar, P.: Kanttekeningen bij kaart-legenda's door een grafisch vormgever. In: Kartogr. T. 9, 1983, 1. p.29-39, 24 ill. 1157

Mladenovska, Paraskeva M.: S'vremenni sredstva za rešavane na zadači ot matematičnata kartografija i kartometrija. In: Geod., Kartogr., Zemeustroj. 23, 1983, 1. p.25-27, 2 ill., 2 tab. [Up-to-date means for solving the problems of mathematical cartography and cartometry.] [Bulg.] 1158

Monmonier, Mark Stephen: Cartography, mapping and geographic information. In: Progress in Human Geography. 7, 1983, 3. p.420-428. 1159

Monmonier, Mark Stephen: Raster-mode area generalization for land use and land cover maps. In: Cartographica, Mono. 20, 1983, 4. p.65-91, 18 ill., 7 tab. [With French, German a. Span. rês.] 1160

*Morris, Jean: The magic of maps: the art of cartography. - Honolulu: Univ. of Hawaii 1982. [Master's thesis.] 1161

Muller, Jean-Claude: La cartographie des espaces fonctionnels. In: Espace géographique. 12, 1983, 2. p.142-152. 1162

Muller, Jean-Claude: Ignorance graphique ou cartographie de l'ignorance. In: Cartographica, Mono. 20, 1983, 3. p.17-30, 9 ill. [With French, German a. Span. rês.] 1163

Muller, Jean-Claude: Die nichteuklidische Darstellung funktionaler Räume. In: Kartogr. Nachr. 33, 1983, 1. p.10-19, 4 ill., 2 tab. 1164

*Mullis, Chad: An eye-movement analysis of the effect of map design on map communication. - Grand Forks: Univ. of North Dakota 1982. [Master's thesis.] 1165

Murata, Mamoru; H. Yokoi: Automatic map compiling equipment. In: Bulletin. Geographical Survey Institute. 27, 1982. p.33-52, 9 ill., 8 tab. 1166

Näser, K.: Erfahrungsaustausch zur Standardisierung großmaßstäbiger Karten. In: Vermess.-techn. 31, 1983, 5. p.171. 1167

Nelson, B.; B. McGregor: A modification of the non-contiguous area cartogram. In: New Zealand Cartogr. J. 12, 1983, 2. p.21-29, 6 ill. 1168

Nittinger, Johannes: Im Dschungel der Begriffe im Bereich des Vermessungswesens unter Berücksichtigung der Landinformationssysteme. In: Allg. Vermess.-Nachr. 90, 1983, 4. p.136-139. 1169

Nittinger, Johannes: Zur Bedeutung von Orthophotokarten in Entwicklungsländern. In: Z. f. Vermess.-wesen. 108, 1983, 8. p.331-339, 4 ill. 1170

Norberg, Dag: Signalering for kartlegging i store målestokker. In: Kart og plan. 74, 1982, 1. p.3-13, 7 ill., tab. [Premarking for large scale mapping.] [Norw. with Engl. rês.] 1171

O'Callaghan, John F.: Developments in geographic data processing systems: thoughts for cartographers and surveyors. In: 1st Austral. Congr. Surv. and Cartogr. - Canberra 1982: Challenge tomorrow together. Techn. Paper. Vol. 1. p.95-98. 1172

Ogrissek, Rudi: Vorstellungskarten als Erkenntnismittel der Kartographie. In: Vermess.-techn. 31, 1983, 11. p.378-380, 3 ill. 1173

Olson, Judy M.: Future research directions in cartographic communication and design. In: D.R.F. Taylor, [ed.]. Graphic communication and design in cartography. 1983. p.257-284. 1174

*Ormeling, Ferjan: Minority toponyms on maps. The rendering of linguistic minority toponyms on topographic maps of Western Europe. - Utrecht 1983. 262 p., 73 ill. (Utrechtse geografische studies. 30.) ISBN 90-6266-042-8 1175

Pápay, Gyula: Einige theoretische Aspekte der kartographischen Raum-Zeit-Problematik. In: Probleme der thematischen Kartographie und der Automatisierung der Kartenherstellung. - Dresden 1983. p.53-67, 10 ill. 1176

Petchenik, Barbara Bartz: A map maker's perspective on map design research, 1950-1980. In: D.R.F. Taylor, [ed.]. Graphic communication and design in contemporary cartography. GA 102.3, 1983. p.37-68. 1177

*Peterson, Michael P.: Map, image, and mind: a pattern quality test of some graduated symbol maps. - Amherst: State Univ. of New York at Buffalo 1981. 201 p. [Doct. diss.] 1178

Piket, J.J.C.: Kartografische evaluatie van het natuurlijk milieu. In: Kartogr. T. 9, 1983, 4. p.74-77, 1 ill., 2 photos. [With Engl. rés.] 1179

Pravda, Ján: Kartografia a kartografický jazyk. Geogr. časopis. 34, 1982, 4. p.326-351, 10 ill. [Cartography and cartographical language.] [Slov. with Russ. a. Engl. rés.] 1180

Pravda, Ján: Kartografické aspekty tvorby syntetických máp. In: Geod. a kartogr. obz. 29, 1983, 8. p.200-205, 4 ill. [Cartographic aspects of production of synthetic maps.] [Slov.] 1181

Pravda, Ján: K otázke kategórii a zákonov v kartografii. In: Geod. a kartogr. obz. 29, 1983, 12. p.307-313, 1 ill. [On the question of categories and laws in cartography.] [Slov.] 1182

Pravda, Ján: Zákon kartogramu a problem vyjadrovania nerozlohovych charakteristik. In: Geogr. časopis. 35, 1983, 2. p.136-159, 11 ill. [The law of cartogram and the problem of expressing non-areal characteristics.] [Slov. with Russ. a. Engl. rés.] 1183

Ramondou, J.-B.: Le fichier des toponymes. In: Bull. d'Inform. de l'Inst. Géogr. Nat. 47, 1983, 1. p.26-27. 1184

Rimbert, Sylvie: La carte: image de la surface terrestre. In: Ukpik, Cahiers de l'Institut de géographie de Fribourg. - Fribourg, 1, 1983. p.23-46, ill. 1185

Saetersdal, Olaf: Produktivitet i kartvirksomheten. In: Kart og plan. 75, 1983, 2. p.111-114. [Productivity in mapping and data management.] [Norw. with Engl. rés.] 1186

Salichtchev, Konstantin A.: Cartographic communication: a theoretical survey. In: D.R.F. Taylor, [ed.]. Graphic communication and design in contemporary cartography. - New York 1983. p.11-35. 1187

Sališčev, Konstantin A.: Ideje a teoretické problémy současné kartografie. In: Geod. a kartogr. obz. 28, 1982, 4. p.79-84. [Ideas and theoretical problems of contemporary cartography.] [Czech. with French, German a. Engl. rés.] 1188

Sališčev, Konstantin A.: O jazyke kart i kartografičeskoj nauki. In: Geod. i Kartogr., Moskva. 1982, 4. p.42-47. [On the language of maps and cartography as science.] [Russ.] 1189

Sališčev, Konstantin A.: Rasrabotka teorii kartografii v socialističeskich stranach Evropy. In: Geod. i Kartogr., Moskva. 1983, 10. p.50-57. [Development of cartography theory in socialist countries in Europe.] [Russ.] 1190

Sauer, Jonathan D.: Cartonyms: geographic names generated by maps. In: UCLA Map Library Newsletter & Selected Acquisitions. 4, 1983, 1. p.11-12. 1191

Schlichtmann, Hansgeorg: Specific traits of the sign system 'map symbolism'. (Paper pres. at the 11th International Cartographic Conference. - Warsaw 1982.) 20 p. 1192

Schwenk, Walter: Kartentheoretische Grundlagen bei der Strukturierung digitaler Kartenmodelle. In: Int. Arch. Photogramm. 23, Part B4, Comm 4. - Hamburg 1980. p.629-639. 1193

Seidel, E.; Heidrun Lenk: Anforderungen des Umweltschutzes an Geodäsie, Photogrammetrie und Kartographie. In: Vermess.-techn. 30, 1982, 5. p.149-151, 2 ill. 1194

Slocum, Terry A.: Predicting visual clusters on graduated circle maps. In: Amer. Cartographer. 10, 1983, 1. p.59-72, 9 ill., 3 tab. 1195

Spencer, Christopher; Marie Weetman: The microgenesis of cognitive maps: a longitudinal study of new residents of an urban area. In: Institute of British geographers. 6, 1981, 3. p.375-384, 3 tab. 1196

Steinke, Theodore; Robert Lloyd: Judging the similarity of choropleth map images. In: Cartographica, Mono. 20, 1983, 4. p.35-42, 2 ill., 1 tab. [With French, German a. Span. rés.] 1197

*Stenzel, Hans-Joachim: Automatisierte Bearbeitung von Kartennamen. - Dresden: Ingenieurschule für Geodäsie und Kartographie. T.1: 1981. I, 24 p., ill.; T.2: 1981. I, 37 p. (Spezielles Lehrmaterial für die Aus- und Weiterbildung von Ingenieuren der Fachrichtung Kartographie: Kartenherstellung.) 1198

Svendsen, Oddmund: Normalkontrakt for kart- og oppmålingsarbeider. In: Kart og plan. 74, 1982, 3. p.345-353. [Standard contract for mapping and surveying tasks.] [Norw. with Engl. rés.] 1199

*Swirnov, Leonid E.: Trechnernoe kartografirovanie. - Leningrad: Izv. Univ. 1982. [Dreidimensionale Kartierung.] [Russ.] 1200

Tardy, János: A természetvédelmi térképezés, mint a környezetminősítés egyik eszköze és lehetősége. In: Geod. és Kartogr. 35, 1983, 4. p.284-289. [Nature conservation cartography as means of environment qualification.] [Hung. with Engl. rés.] 1201

*Taylor, D.F.: Graphic communication and design in contemporary cartography. - Chichester, New York a.s.o.: Wiley 1983. 314 p., ill. (Progress in Contemporary Cartography. 2.) ISBN 0-471-10316-0 1202

Teterin, G.N.: Informačionnaja struktura nekotorych vidov kart. In: Geod. i Kartogr., Moskva. 1982, 9. p.43-46. [Informationstructure of some types of maps.] [Russ.] 1203

Vebeneeva, R.P.: O nekotorych psichologičeskich osobennostjach vosprijatija kartografičeskoj informacii. In: Izv. vysš. učebn. Zaved. Geod. i aerofotos'emka. 1983, 5. p.107-110. [Psychological specialities at the interpretation of cartographic informations.] [Russ.] 1204

Viau, B.: Exageration et simplification de profils graphiques. In: Geoscope. 13, 1982, 1. p.15-21, 3 ill. 1205

Villasana, L.J. Alberto: Cartography today. In: Profess. Paper. US.Geol. Surv. 1193, 1983. p.77-78. 1206

Wagner, Heinz Peter: Ein neuer Kartentyp - Idee und Technik. In: Kartogr. Nachr. 33, 1983, 4. p.134-137. 1207

*Werken met kaarten: begrijpend kaartlezen en kaartkennis. Joop bokhove. - Tilburg: Twijsen; Meerhout: Infoboek 1983. 144 p., ill. (Onderwijskundige brochurenreeks. 299.) ISBN 90-276-0539-4 1208

*Woodcock, Curtis: Reducing the influence of topography on the classification of remotely sensed data. - Santa Barbara: Univ. of California, Santa Barbara 1982. [Master's thesis.] 1209

Woodward, David: Map design and the national consciousness: typography and the look of maps. In: Amer. Congr. on Surv. a. Mapp. Techn. Papers, Ann. Meeting. 42, 1982. p.339-347. 1210

Zhengyi, Fan: A study on the development of general geographic maps. In: Scientia Geographica sinica. 2, 1982, 3. p.232-237. [Chinese] 1211

UDC 528.9 : 528.2/7

B DATA BASES (SURVEYING. PHOTOGRAMMETRY; REMOTE SENSING, AIR PHOTO INTERPRETATION. PROJECTIONS)

GRUNDLAGEN (VERMESSUNG. PHOTOGRAMMETRIE, FERNERKUNDUNG, LUFTBILDINTERPRETATION. PROJEKTIONEN)

SCIENCES FONDAMENTALES (MESURAGE. PHOTOGRAMMETRIE, TELEDETECTION, INTERPRETATION DES PHOTOS AERIENNES. PROJECTIONS)

Surveying / Vermessung / Mésurage

Albert, Karl-Heinz; Čeněk Kadlec: Neuvermessung und Erneuerung der Markierung des Verlaufs der Staatsgrenze zwischen der DDR und der ČSSR sowie Anfertigung einer neuen Grenzdokumentation. In: Vermess.-techn. 31, 1983, 4. p.113-115, 5 ill. 1212

Baade, Klaus: Ein Sonderfall einer topographischen Aufnahme mit dem Tachymetertheodolit. In: Nachr. d. Niedersächs. Vermess.- u. Katasterverwalt. 33, 1983, 4. p.299-304. 1213

Ballestad, Arne S.: Kommunal- og fylkeskommunal kart- og oppmålingstjeneste. Et faglig/politisk synspunkt. In: Kart og plan. 74, 1982, 2. p.233-243, 2 ill. [Local and regional mapping and surveying service. A professional and political aspect.] [Norw. with Engl. rés.] 1214

Bartha, Lajos: A legkorábbi hazai földrajzi koordinátákról. In: Geod. ès Kartogr. 35, 1983, 5. p.353-359, 4 tab. [On Hungary's oldest geographical coordinates.] [Hung. with Engl. rés.] 1215

*A basic guide to mapping. - North Sydney: North Sydney Region in-service Education 1981. 47 p., ill., mp. 1216

Bastian, Karl-Heinz: Die Verbindung zwischen Landesvermessung und räumlicher Planung. Dargestellt am Beispiel des Landes Rheinland-Pfalz. In: Kartogr. Nachr. 33, 1983, 1. p.1-10, 8 ill. 1217

Bialas, Volker: Die Pioniere der Geodäsie. In: Z. f. Vermess.-wesen. 108, 1983, 4. p.166-169. 1218

Birkeland, Knut: Kalibreringstjeneste innen kart og oppmåling. In: Kart og plan. 75, 1983, 2. p.141-145, 1 ill. [Calibration Service in the mapping and surveying profession. Possibilities for the future.] [Norw. with Engl. rés.] 1219

Blankenburgh, Jan Chr.: Geodetiske stedfestingsmetoder for åtti- og nitti-årene. In: Kart og plan. 74, 1982, 1. p.49-60, 8 ill., 4 tab. [Geodetic positioning methods for the eighties and nineties.] [Norw. with Engl. rés.] 1220

Böhme, Rolf: XVII. Kongreß der Internationalen Vereinigung der Vermessungsingenieure (FIG) in Sofia vom 19.-28. Juni 1983. In: Kartogr. Nachr. 33, 1983, 6. p.227-228. 1221

Bouchareine, P.: La définition du mètre. In: XYZ. Rev. de l'Assoc. Franç. de Topogr. 5, 1983, 15. p.29-35, 4 ill., 1 tab. 1222

Brandstätter, G.; T. Wunderlich: Die Bestimmung der höchsten Gipfelkote Österreichs. In: Allg. Vermess.-Nachr. 89, 1982, 8/9. p.309-320, 8 ill., 7 tab. 1223

Corsten, H.; Th. Kötter; M. Kuschke: Das Navstar Global Positioning System (GPS) - ein neues System zur Koordinatenbestimmung in der Landesvermessung. In: Nachr. a.d. öffentl. Vermess.-dienst Nordrh.-Westf. 16, 1983, 3. p.149-160, 6 ill. 1224

Dalsrud, Per: Geodetiske problem og beregningsmodeller. In: Kart og plan. 74, 1982, 1. p.63-73, 6 ill. [Geodetic problems and calculation models. A presentation of simplified formulas for geodetic calculations.] [Norw. with Engl. rés.] 1225

Danielsen, Jan: Transformasjoner ved Norges Geografiske Oppmåling. In: Kart og plan. 74, 1982, 1. p.23-32, 2 ill., 7 ill. [Transformations used by The Geographical Survey of Norway.] [Norw. with Engl. rés.] 1226

Dave, V.S.: Development of integrated perspective survey plans for state governments. In: Indian Surveyor. 24, 1983, 1. p.14-16. 1227

Desreumaux, Roger: L'arpenteur temoin des mentalités de son temps. (Paper pres. at the 10th International Conference on the History of Cartography. - Dublin 1983.) 10 p. 1228

Deumlich, Fritz: Maßstab der topographischen Aufnahme in bebauten Gebieten. In: Vermess.-techn. 31, 1983, 2. p.67. 1229

*Deumlich, Fritz: Surveying instruments. - Berlin: De Gruyter 1982. 316 p. ISBN 3-11-007765-5 1230

Dufour, H.M.: Eléments remarquables du relief. Definitions numeriques utilisables. In: Bull. du Com. Franç. Cartogr. 95, 1983, 1. p.57-86, ill. 1231

Dupraz, Herbert; J.-D. Bonjour: Réseaux géodésiques et mesure des distances: un exemple récent. In: Vermess., Photogramm., Kulturtechn. 81, 1983, 4. p.119-124, 4 ill., 6 tab. 1232

Gerke, Karl: Carl Koppes Werden und sein Wirken an der Carolo-Wilhelmina. In: Beiträge zum Carl Koppe-Gedächtniskolloquium 1983. p.21-48, ill. (Veröffentl. Deutsche Geodätische Kommission. R.E. 20.) 1233

Gollin, W.: AP-Karten (Polygonpunkteinmessungs-Risse), Zweck und Inhalt. In: Nachr. a.d. öffentl. Vermess.-dienst Nordrhein-Westf. 15, 1982, 1. p.50-54, 4 ill. 1234

*Green, L.: The boundary hunters: surveying the 141st meridian and the Alaska panhandle. - Vancouver: Univ. of British Columbia Press 1982. 1235

Greulich, Gunther: Metric standards in subdivision and zoning. In: Surv. a. Mapp. 42, 1982, 3. p.257-264, 3 ill. 1236

Hecker, F.: 100 Jahre Stadtvermessung Leipzig. In: Vermess.-techn. 31, 1983, 11. p.394. 1237

Hell, G.: Vermessungsarbeiten auf geowissenschaftlichen Expeditionen - Aufgaben und Schwierigkeiten. In: Mitt. DVW Bayern. 35, 1983, 1. p.23-30, 3 photos. 1238

Heyne, K.-H.: Über die Genauigkeit von Echolot-Messungen. In: Vermess.-techn. 30, 1982, 3. p.94-98, 6 ill. 1239

Höhle, J.; P. Pohjola: Instrumentelle und wirtschaftliche Gesichtspunkte bei Projektkartierungen. In: Vermess., Photogramm., Kulturtechn. 1983. p.127-133. 1240

Howse, Derek: Greenwich time and the discovery of the longitude. In: Bull. Soc. of Univ. Cartographers. 16, 1983, 2. p.41-42. 1241

Hrbek, Friedrich: 100 Jahre Führung des Katasters. In: Eich- u. Vermess.-mag. 40, 1983. p.5-6. 1242

Hussong, Donald M.; Patricia Fryer: Back-arc seamounts and the SeaMARC II sea-floor mapping system. In: EOS. Transactions. Amer. Geophysical Union. 64, 1983. p.627-632. 1243

Jiresch, Erich: Die geodätischen und kartographischen Arbeiten am Untersulzbach-kees (Venedigergruppe) von 1974 bis 1982. In: Geowiss. Mitt. d. TU Wien. 21, 1982. p.67-112, 14 ill., 4 tab. 1244

Kadlec, Ceněk; Karl Heinz Albert: Nové zaměřeni a abnova vyznačeni průběhu státnich hranic mezi CSSR a NDR a vyhotoveni nové hranični. In: Geod. a kartogr. obz. 29, 1983, 4. p.103-107, 5 ill. [New survey and renewal of marking the course of State Boundaries between CSSR and GDR and making out the new frontier documentation.] [Czech.] 1245

Kramer, D.: Einsatz elektronischer Anlagen in der Seevermessung. In: Vermess.-techn. 31, 1983, 12. p.407-410, 9 ill. 1246

Levallois, J.-J.: Trois cents ans de géodésie française. In: XYZ - Rev. de l'Assoc. Franç. Topogr. 16, 1983. p.6-10, 5 ill. 1247

Lunkenheimer, Ludwig: Die Bedeutung alter Grenzsteine. Einige Beispiele im Solinger Raum. In: Vermess.-Ing. 34, 1983, 6. p.213-216, 5 ill. 1248

Mařik, Vladimir: K otázce využití lokálního kartézského systému pro zpracováni lokálnich geodetických sítí. In: Geod. a kartogr. obz. 29, 1983, 8. p.195-200, 4 ill., 2 tab. [On the question of the use of the local cartesian system for elaborating local geodetic networks.] [Czech.] 1249

Meiswinkel, H.-G.: Atlas Polarfix - ein neues Ortungssystem hoher Genauigkeit für den Einsatz auf Binnenwasserstraßen. In: Z. f. Vermess.-wesen. 108, 1983, 3. p.127-129, 1 ill. 1250

Möller, D.: Deutsche Antarktisforschung - Überblick und geodätische Aspekte. In: Z. f. Vermess.-wesen. 108, 1983, 12. p.578-581. 1251

Moser, K.: Flugvermessung von Flugsicherungseinrichtungen in der Bundesrepublik Deutschland. In: Mitt. DVW Bayern. 35, 1983, 1. p.8-21, 7 photos, 1 ill., 1 tab. 1252

Müller, H.F.: Die technische Überprüfung der trigonometrischen Punkte in Rheinland-Pfalz. In: Nachr.-Bl. d. Vermess.- u. Katasterverwalt. Rheinl.-Pf. 26, 1983, 2. p.100-101. 1253

Murre, L.M.: Tachymetrie bij de Meetkundige dienst van de Rijkswaterstaat. In: Geodesia. 24, 1982, 10. p.349-350, 1 ill. 1254

Nittinger, Johannes: Im Dschungel der Begriffe im Bereich des Vermessungswesens unter Berücksichtigung der Landinformationssysteme. In: Allg. Vermess.-Nachr. 90, 1983, 4. p.136-139. 1255

Nowakowski, Herbert: Eine graphische Datenerfassungsstation für die Landesaufnahme. In: Eich- u. Vermess.-mag. 40, 1983. p.20-22, 1 ill. 1256

*Patterson, Thomas H.: An evaluation of singlehanded plane table mapping. - Honolulu: Univ. of Hawaii 1982. [Master's thesis.] 1257

*Pellinen, L.P.: Theoretische Geodäsie. [Translation from the Russian: Fritz Deumlich.] - Berlin: Verl. für Bauwesen 1982. 240 p. 1258

Philipp, E.: Transformation von Gauß-Krüger-Koordinaten in ein Nachbarsystem mit geographischen Koordinaten auf dem Taschenrechner HP-67. In: Allg. Vermess.-Nachr. 90, 1983, 1. p.36-43. 1259

Point positioning in marine geodesy. In: Allg. Vermess.-Nachr. 89, 1982, 10. p.418. 1260

Puschmann, Oskar: Koordinatbestemmelse av fastmerker i grunne farvann Kulemetoden. In: Kart og plan. 75, 1983, 1. p.59-63, 6 ill., 1 tab. [The subsea surveying sphere centre method.] [Norw. with Engl. rés.] 1261

Ramsayer, Karl: Die Bedeutung der Erdmessung in der Vergangenheit, Gegenwart und Zukunft. In: Österr.Z. f. Vermess.-wesen u. Photogramm. 71, 1983, 2. p.95-101. 1262

Saxena, Narenda K.: Hydrographic Surveys of the 1990's. In: Allg. Vermess.-Nachr. 89, 1982, 6. p.227-233. [With German rés.] 1263

Schöler, Horst: Kartierung mit Panoramakammer-Bildern. In: Vermess.-techn. 30, 1982, 10. p.358, 1 ill. 1264

Schoeps, D.: Zur Transformation von Gauß-Krüger-Koordinaten in geographische Koordinaten. In: Vermess.-techn. 31, 1983, 5. p.173. 1265

Schulte, Hermann: Gedanken zu Landesvermessung und Liegenschaftskataster. In: Nachr. d. Niedersächs. Vermess.- u. Katasterverwalt. 32, 1982, 1. p.9-16. 1266

Sebert, Lou M.: Geodesy for map librarians, part I + II. In: Bull. Assoc. of Canad. Map Libr. 48, 1983. p.41-43, 1 ill.; 49, 1983. p.5-9, 6 ill. 1267

Sommer, M.: Zur Bestimmung des Gebrauchswertes geodätisch-kartographischer Erzeugnisse und Leistungen. In: Vermess.-techn. 31, 1983, 1. p.8-10. 1268

Stewart, P.J.H.: New Zealand national base topographical mapping (from a photogrammetric point of view). In: New Zealand Cartogr. J. 12, 1983, 2. p.3-17, 5 ill. 1269

Strößner, Günther: Herausforderungen an die Flurbereinigung. In: Z. f. Vermess.-wesen. 108, 1983, 1. p.8-13. 1270

Sultanov, A.S.: Iz opyta rabot po topografičeskoj s'enke podvodnych kommunikcij. In: Geod. i Kartogr., Moskva. 1983, 11. p.40-43, 3 ill. [From experience of topographic surveying subwater communications.] [Russ.] 1271

Urbán, A.: Kaartvervaardiging met het Wild Geomap-systeem bij Ingenieursbureau Oranjewoud BV. In: Geodesia. 24, 1982, 7/8. p.251-255, 7 ill. 1272

Wendt, Botho: Universität und Landesvermessung - Kooperation ohne Verträge. In: Festschrift. 100 Jahre Geodätische Lehre und Forschung in Hannover. - Hannover 1981. p.191-199, 6 ill. (Wissenschaftliche Arbeiten der Fachrichtung Vermessungswesen der Universität Hannover. 100.) 1273

Wessel, Ole: Topometermåling. Herning juli 1981. In: Kart og plan. 74, 1982, 1. p.15-21, 5 ill., 3 tab. [Topometer-surveying. Herning, july 1981.] [Norw. with Engl. rés.] 1274

*Wild, Emil: Die Prädiktion mit Gewichtsfunktionen und deren Anwendung zur Beschreibung von Geländeflächen bei topographischen Geländeaufnahmen. - München: Verl. d. Bayer. Akad. d. Wiss. 1983. 139 p., ill., tab. (Veröffentl. d. Deutschen Geodät. Komm. R. C. 277.) 1275

Wilmes, H.: Umrechnung von Koordinaten des geozentrischen Systems in das Gauß-Krüger- und das Höhen-System der deutschen Landesvermessung. In: Nachr. a.d. öffentl. Vermess.-dienst Nordrh.-Westf. 16, 1983, 3. p.161-172. 1276

Wolf, Helmut: Erdmessung und Landesvermessung in ihren heutigen Wechselbeziehungen. In: Z. f. Vermess.-wesen. 108, 1983, 1. p.1-7. 1277

World cadastral surveying and mapping, 1980. In: World Cartography. 17, 1983. p.37-38, 1 tab. 1278

Zeger, Josef: Nullmeridian von Greenwich - 100 Jahre international anerkannt. In: Eich- u. Vermess.-mag. 41, 1983. p.36-37. 1279

Zimmermann, B.: Vor 75 Jahren führte Theodor Scheimpflug zielgerichtete Bildflüge im Ballon aus. In: Vermess.-techn. 30, 1982, 9. p.321. 1280

Zimmermann, B.: Vor 60 Jahren wurde die Einführung des Gauß-Krüger-Koordinatensystems vorgeschlagen. In: Vermess.-techn. 31, 1983, 11. p.394. 1281

Zimmermann, B.: Vor 125 Jahren wurden erste Luftbildaufnahmen ausgeführt. In: Vermess.-techn. 31, 1983, 8. p.286. 1282

Photogrammetry, Remote sensing, Air photo interpretation / Photogrammetrie, Fernerkundung, Luftbildinterpretation / Photogrammétrie, Télédétection. Interprétation des photos aériennes

Alimuchamedov, M.A.: Nekotorye voprosy primenenija kosmiskich snimkov pri sostavlenii gljaciologičeskich kart. In: Geod. i Kartogr., Moskva. 1983, 3. p.42-46. [Some problems of application of the space photos for glaciologic mapping.] [Russ.] 1283

Asche, Hartmut: Trierer Kolloquium über die Nutzungsmöglichkeiten neuer Erderkundungssysteme für die Kartographie. In: Kartogr. Nachr. 33, 1983, 6. p.225-227. 1284

Baranowska, Teresa; Andrzej Giolkosz: Über die Anwendung von Satellitenaufnahmen in der thematischen Kartographie. In: Peterm. Geogr. Mitt. 127, 1983, 3. p.205-212, 7 ill. 1285

Barsch, Heiner: Methodische Untersuchungen zur Auswertung multispektraler Fernerkundungsdaten für Flächennutzungskartierungen in der DDR. In: Peterm. Geogr. Mitt. 127, 1983, 3. p.191-204, 7 ill. 1286

Benny, A.H.; G.J. Dawson: Satellite imagery as an aid to bathymetric charting in the Red Sea. In: Cartogr. J. 20, 1983, 1. p.5-16, 8 ill. 1287

*Blum, Edgar: Ein interaktives Verfahren zur Klassifikation von multivariaten Fernerkundungs-Bilddaten. - Zürich: Geographisches Institut der ETH, 1982. 113 p., ill. (Zürcher geographische Schriften. 6.) 1288

Boekhold, Rob L.: Plaatsbepaling met behulp van richtingen aufstandmeting naar satellieten. In: Geodesia. 25, 1983, 5. p.145-149, 7 ill. [With Engl. rés.] 1289

Brossier, Raymond: La télédétection et le Service des Activités Aériennes de l'IGN. In: Bull. d'Inform. de l'Inst.Géogr. Nat. 44, 1982. p.12-16, 6 photos, 3 tab. 1290

*Campbell, James B.: Mapping the land: aerial imagery for land use information. - Washington, D.C.: Assoc. of Amer. Geographers 1983. VIII, 96 p. (Resource publ. in geography.) ISBN 0-89291-167-0 1291

Čapek, Richard: Dálkový pruzkum Země z družic. In: Sborník Československ. goegr. společ. 88, 1983, 4. p.298-309. [Remote sensing of the Earth from satellites.] [Czech.] 1292

Capek, Richard: Indisches Institut für Photointerpretation in Dehra Dun. In: Kartogr. Nachr. 33, 1983, 2. p.64-65. 1293

Capek, Richard: Satelliten fotografieren die Erde. In: Kartogr. Nachr. 33, 1983, 5. p.179-187, 7 tab. 1294

Cárdenas Hernández, José: Empleo de satélites geodésicos en el levantamiento cartográfico de la Antártida. In: Terra Australis, Revista geográfica de Chile. 24, 1980. 1295

Catalan, Manuel: La telemetria sobre satélites. In: Bol. de Inform. Serv. Geogr. Ejército. 53, 1982, 2. p.39-66, 13 ill., 2 tab. 1296

Cernij, A.N.; L.A. Muzeus; E.V. Sajko: Rentgenovskaja fotogrammetrija v archeologii. In: Geod. i Kartogr., Moskva. 1983, 10. p.43-48, 5 ill. [X-Ray photogrammetry in archeology.] [Russ.] 1297

Chlebnikova, T.A.: Snosob opredelenija elementov vzaimnogo orientirovanija perspektivnych aerofotosnimkov. In: Geod. i Kartogr., Moskva. 1983, 11. p.29-32. [A method of relative orientation elements determination for oblique air photograms.] [Russ.] 1298

*Constance, Eric: The analysis and mapping of water bodies and drainages using Landsat multispectral digital data. - Stillwater: Oklahoma State Univ. 1983. [Master's thesis.] 1299

Csáti, Ernö: Eine Methode zur Hervorhebung des Informationsgehaltes von Schwarz-Weiß-Satellitenbildern. In: Probleme der thematischen Kartographie und der Automatisierung der Kartenherstellung. - Dresden 1983. p.35-38. 1300

Dagenscharf, Ernst: Laser kartografiert Küstengewässer. In: Elektronik. 32, 1983, 3. p.88. 1301

Delong, Bořivoj: Využití dálkového pruzkumu Země v národnim hospodařství. In: Geod. a kartogr. obz. 29, 1983, 9. p.221-226. [Use of the Earth's Remote Sensing in national economy.] [Czech.] 1302

Derenyi, E.E.; L. Szabo: Cartographic accuracy of synthetic aperture radar imagery. In: Proc. 6th Canad. Symp. Remote Sens., Halifax, 21-23 May 1980. p.287-288. 1303

Eilhardt, Peter; Peter Geisler: Über das Einfügen von Schrift und Höhenlinien in einfarbigen Luftbildkarten. In: Bildmess. u. Luftbildw. 50, 1982, 4. p.143-146, 1 photo. [With German, Engl. a. French rés.] 1304

Elzakker, C.P.J.M. van: Legenda's bij satellietopnamen ? In: Kartogr. T. 9, 1983, 1. p.92-94. 1305

Faugères, L.: Utilisation de la télédétection pour la cartographie de l'environnement un exemple de paysage couvert: la Basse-Normandie. In: Bull. d'Inform. de l'Inst. Géogr. Nat. 44, 1982. p.22-28, 4 ill. 1306

Fay, Temple H. a.o.: An intelligent earth sensing information system. In: Photogramm. engng a. Remote Sens. 48, 1983, 2. p.281-286. 1307

Finsterwalder, Rüdiger: Zur Kontrolle der Geländedarstellung in Karten mit Hilfe von Stereoorthophotos. In: Kartogr. Nachr. 33, 1983, 5. p.187-189. 1308

*Fotografische Fernerkundung der Erde: Experimente auf der Orbitalstation "Salut-6". [Nebent.:] Kosmičeskoe zondirovanie Zemli. - Berlin: Akademie-Verl. 1983. 217 p. (Akademie der Wissenschaften der DDR. Zentralinstitut für Physik der Erde. Hauptverw. Geodäsie und Kartographie beim Ministerrat der UdSSR; Staatliches Zentrum "Priroda". [Russ.] 1309

Fryer, J.G.: Stereoscopic coral maps from underwater photogrammetry. In: Cartogr. J. 20, 1983, 1. p.23-25, 1 ill. 1310

Gavish, D.; G. Biger: Innovative cartography in Palestine of 1917-1918. Initial use of aerial photography in town-mapping. In: Survey Rev. 27, 1983. p.81-91, 11 ill. 1311

Gonzalez Martin, Adolfo: Ortofotos en color y ortopictoplanos. In: Bol. de Inform. Serv. Geogr. Ejército. 55, 1983, 1. p.33-42, 27 ill. 1312

Gossmann, H. a.o.: Wärmekarten des Ruhrgebietes, Satelliten-Thermalbilder der Heat Capacity Mapping Mission (HCMM). In: Geogr. Rdsch. 33, 1981. p.56-62. 1313

Hassenpflug, Wolfgang: Leistungsgrenzen von Landsat? Anmerkungen zur Wattklassifikation von Dennert-Möller in BuL. 6/82. In: Bildmess. u. Luftbildw. 51, 1983, 5. p.187-188. 1314

'Helmcke, Dietrich: Die Satellitenbildkarte 1:500 000 von Zentral-Neuguinea <östliche Jayawijaya- und westliche Sepik-Region>. Von D. Helmcke; Gerhard Pöhlmann und Joachim Pohlmann. - Berlin: Reimer 1983. 23 p., 4 pl., 1 mp. (Mensch, Kultur und Umwelt im zentralen Bergland von West-Neuguinea. 13.) ISBN 3-496-01512-8 1315

Herinckx, L.C.: Remote Sensing en straatbomen. In: Geodesia. 25, 1983, 6. p.188-192, 3 ill. 1316

*Hornsby, John K.: Mapping surficial geology by Landsat: an investigation into variations in spectral response patterns. - Ottawa: Carleton Univ. 1983. [Master's thesis.] 1317

Iha, S.K.: Satya Prakash: Photogrammetry & Remote sensing as a tool in hydrographic surveying and nautical charting. In: Indian Surveyor. 24, 1983, 1. p.37-45, 3 ill. 1318

Ikhuoria, Isi: Urban land use inventory and mapping from semi-controlled photomosaics. In: ITC-Journal. 1983, 4. p.341-347, 5 ill., 3 tab. [With French a. Span. rés.] 1319

Ivanov, I.S.: The problems of up-to-date photogrammetry and their significance in this country. In: Geodesie, cartographie, aménagement foncier. 23, 1983, 2. p.28-31. 1320

Janutš, D.A.; A.P. Dementěv: Voprosy prognozirovanija kačestva aerofotosnimkov. In: Geod. i Kartogr., Moskva. 1983, 9. p.29-32, 5 ill. [Problems on forecasting aerial photos quality.] [Russ.] 1321

Jensen, John R.: Biophysical remote sensing. In: Ann. of the Assoc. of Amer. Geographers. 73, 1983, 1. p.111-132. 1322

Jensen, John R.; Peter J. Pace; Eric J. Christensen: Remote sensing temperature mapping: the thermal plume example. In: Amer. Cartographer. 10, 1983, 2. p.111-128, 6 tab., 6 ill. 1323

Jones, A.: Photographic methods and remote sensing. In: Cartography. 12, 1982, 3. p.168-172, 3 ill. 1324

Junkin, Bobby G.: Development of three-dimensional spatial displays using a geographically based information system. In: Photogramm. engng a. remote sens. 48, 1982, 4. p.577-586. 1325

Kairu, E.N.: An introduction to remote sensing. In: Geo-Journal. 6, 1982, 3. p.251-260, 4 ill. 1326

Kel'ner, Ju, G.: Tematičeskoe kartografirovanie na osnove ispol'zovanija kosmičeskoj informacii. In: Geod. i Kartogr., Moskva. 1983, 2. p.34-38, ill. [Thematic mapping based upon remote sensing data.] [Russ.] 1327

Killmayer, Alain; Helmut Epp: Use of small format aerial photography for land use mapping and resource monitoring. In: ITC-Journal. 1983, 4. p.285-290, 10 ill. [With French a. Span. rés.] 1328

Kleinn, Hans: Luftbildauswertung durch Stereoskopie und Stereometrie. - Münster: Arbeitsgemeinschaft Angewandte Geographie 1983. 32 p., 11 ill. (Studienblätter. Arb.-Gemeinsch. Angew. Geographie Münster e.V. 1.) 1329

Kölbl, Otto: Le rôle de la photogrammétrie dans un système d'information du territoire. In: Vermess., Photogramm., Kulturtechn. 79, 1981, 1. p.3-9, 9 ill. 1330

Konecny, Gottfried; Walter Schuhr; Joe Wu: Untersuchungen über die Interpretierbarkeit von Bildern unterschiedlicher Sensoren und Plattformen für die kleinmaßstäbige Kartierung. In: Bildmess. u. Luftbildw. 50, 1982, 6. p.187-200, 24 photos, 6 ill., 3 tab. 1331

Kornblau, M.L.; J.E. Cipra: Investigation of digital Landsat data for mapping soils under range vegetation. In: Remote Sensing of Environment. 13, 1983, 2. p.103-112. 1332

Kraus, Karl: Die Geländehöhendatenbank, Basis eines topographischen Informationssystemes. In: Z. f. Vermess.-wesen. 108, 1983, 1. p.27-33, 3 ill. 1333

Kraus, Karl; Paul Störi: Kartenfortführung mit Stereoorthophotos. In: Bildmess. u. Luftbildw. 51, 1983, 5. p.164-170, 5 ill., 2 tab. 1334

Kraus, Karl; Evangelos Vozikis: Stereoskopie thematischer Informationen. In: Kartogr. Nachr. 33, 1983, 2. p.45-51, 6 ill. 1335

Krönert, Rudolf: Dechiffrierung von Siedlungsflächen nach aerokosmischen Aufnahmen. In: Wiss. Mitt. Akad. Wiss. DDR. Inst. f. Geogr. u. Geookol. 7, 1983. p.111-127. 1336

Krönert, Rudolf a.o.: Geographisch-kartographische Analyse der Flächennutzung nach multispektralen Luftbildern und Satellitenaufnahmen. In: Peterm. Geogr. Mitt. 127, 1983, 3. p.181-190, 6 ill. 1337

Leberl, Franz; J. Raggam; H. Ranzinger: Zur Nutzung multispektraler Satellitendaten. In: Österr. Z. f. Vermess.- u. Photogramm. 71, 1983, 1. p.22-39, 10 ill., 3 tab. 1338

Lehmann, Dietmar: Landesluftbildarchiv. In: Mitt. a.d. Vermess.-wesen. 14, 1983. p.51-53, 1 tab. 1339

Lester, Ken J.: Kleinstmaßstäbige Luftaufnahmen. In: Bildmess. u. Luftbildw. 50, 1982, 4. p.125-130, tab. [With German, Engl. a. French rés.] 1340

Lo, C.P.: Quantitative regional analysis of Chu Chiang Delta Area of South China using Landsat images. In: Geo-Journal. 6, 1982, 3. p.231-240, 14 ill. 1341

Loodts, J.; J. Theatre: Remote sensing and topographic maps. In: Proc. EARSeL/ESA symposium on remote applications for environmental studies 1983. - Brussels. 1983. p.147-148. (ESA SP-188; distributed ESTEC, Noordwijk.) 1342

*Manual of remote sensing. Ed.: Robert N. Colwell. 2nd ed. Vol. 1.2. - Falls Church, Virginia: Amer. Soc. of Photogramm. 1983. 1: Theory, instruments and techniques. Ed.: David S. Simonett. 1232 p. 2: Interpretation and applications. Ed.: John E. Estes. p.1233-2440. 1343

Marckwardt, W.: Orthophotokarte 1:5 000 in Finnland. In: Vermess.-techn. 31, 1983, 5. p.175. 1344

Marek, K.-H.: Erste wissenschaftliche Konferenz "Stand und Entwicklungstendenzen der Fernerkundung". In: Vermess.-techn. 30, 1982, 5. p.173-174, 3 photos. 1345

Mason, Keith: Satellite survey data: availability, acquisition and archiving. In: Bull. Soc. of Univ. Cartographers. 15, 1982, 2. p.7-14, 1 ill., 1 tab. 1346

*Mathews, Steven E.: Cartographic potential of simulated thematic mapper imagery of urban areas. - Athens: Univ. of Georgia 1983. [Master's thesis.] 1347

Maurer, Hans a.o.: Automatisierte Baumarten-Kartierung mit großmaßstäbigen Infrarot-Farbluftbildern. In: Schweizerische Zeitschrift für Forstwesen. 134, 1983, 1. p.37-47. 1348

Mayer, Ferdinand: Weltraumbild-Wandkarte Bundesrepublik Deutschland/DDR von Westermann. In: Lehrmittel aktuell. 8, 1982, 2. p.24-28. 1349

Menke, Kurt: Ein Beispiel rechnergestützter Generalisierung für die TK 25. In: Nachr. a.d. Kart.- u. Vermess.-wesen. R.I, 92, 1983. p.95-108, 3 ill., 1 tab. [With German, Engl. a. French rés.] 1350

Messmer, Werner: Leitungskataster in der Entwicklung zum Teil eines EDV-Landinformationssystems Basel-Stadt. In: Vermess., Photogramm., Kulturtechn. 81, 1983, 3. p.79-85, 5 ill., 1 tab. 1351

Meyer, Rudolf: Photogrammetrische Methoden in der Denkmalpflege. [Meydenbauer'sches Meßbildarchiv.] In: Architektur der DDR. 1982, 10. p.37-39, ill. 1352

Moore, Anna: Remote sensing news. In: Inform. Bull. West. Assoc. of Map Libr. 14, 1983, 3. p.237-245. 1353

Munck, J.C. de: Astronomische refractie in de ionosfeer voor radiogolven van hoge frequentie. In: Geodesia. 24, 1982, 11. p.389-392, 5 ill., 4 tab. 1354

Narayan, L.R.A.: Landuse mapping using Landsat data. An Indian experience. In: Indian Surveyor. 24, 1983, 1. p.17-21. 1355

Natek, Karel: Uporabnost letalskih posnetkov pri geomorfološkem proučevanju. In: Geografski vestnik. 55, 1983. p.101-108. [The application of aerial photographs in geomorphological research.] [Sloven. with Engl. rés.] 1356

Neumann, N.: Luftbilder stereoskopisch betrachtet. Ein hilfreiches Medium selten eingesetzt. In: Lehrmittel aktuell. 7, 1981, 3. p.23-27, 7 ill. 1357

*Nighbert, Jeffery S.: An evaluation of Landsat capabilities for mapping pinyon/juniper. - Albuquerque: Univ. of New Mexico 1982. [Master's thesis.] 1358

Nittinger, Johannes: Zur Bedeutung von Orthophotokarten in Entwicklungsländern. In: Z. f. Vermess.-wesen. 108, 1983, 8. p.331-339, 4 ill. 1359

*Nüesch, Daniel Robert: Augmentation of Landsat MSS Data by SEASAT SAR Imagery for Agricultural Inventories. - Zürich: Univ. of Zürich, Department of Geography 1982. XI, 108 p., ill. (Remote sensing series. Vol. 7.) 1360

Olorunfemi, J.F.: Applications of aerial photography to population estimation in Nigeria. In: Geo-Journal. 6, 1982, 3. p.225-230, 2 ill., 6 tab. 1361

Ottoson, Lars: Production and use of ortho photo maps in Sweden. In: Internat. Arch. Photogramm. 23, Part B4 Comm 4. - Hamburg 1980. p.587-596. 1362

Pape, Erwin: Das Luftbildkartenwerk von Nordrhein-Westfalen. In: Nachr. a.d. öffentl. Vermess.-dienst Nordrh.-Westf. 15, 1982, 2. p.97-125, 18 ill., 1 mp. 1363

Petrovič, Michal; Tomáš Fuchs: K logickej a fyzickej strukture bšzy podporných dat dialkového prieskumu Zeme. In: Geod. a kartogr. obz. 28, 1982, 10. p.261-265. [To the logical and physical structure of the data base of the earth's remote sensing.] [Slov.] 1364

*Photographische Fernerkundung der Erde. - Berlin: Akademie-Verlag 1983. 220 p., 82 ill., 4 tab., 40 mp. 1365

Quirk, B.K.; F.L. Scarpace: A comparison between aerial photography and Landsat for computer land-cover mapping. In: Photogramm. engng a. remote sens. 48, 1982, 2. p.235-240. 1366

Radlinski, William A.: Satellitic view of natural resources. In: Surv. a. Mapp. 43, 1983, 4. p.351-358. 1367

*Richason, Benjamin F.: Introduction to remote sensing of the environment. 2nd. ed. - Dubuque, Iowa: Kendall/Hunt Publishing Co. 1983. XII, 582 p. 1368

Šarkov, V.V.; Z.I. Gur'eva: Primenenie aerofotos'emki dlja sozdanija geologičeskich i geomorfologičeskich kart šel'fa. In: Geod. i Kartogr., Moskva. 1982, 3. p.54-59, 6 ill. [The use of the aerial survey for geological and geomorphological mapping the shelf.] [Russ.] 1369

Schöler, Horst: Kartierung mit Panoramakammer-Bildern. In: Vermess.-techn. 30, 1982, 10. p.358, 1 ill. 1370

Schulz, Günter: Bildqualität von Luftphotographie auf den neuen Agfa-Gevaert-Luftbildfilmen. In: Bildmess. u. Luftbildw. 51, 1983, 4. p.129-142, 20 ill., 1 tab. 1371

Schumann, R.: 80 Jahre terrestrische Stereophotogrammetrie für topographische Zwecke. In: Vermess.-techn. 31, 1983, 7. p.237-238, 3 ill. 1372

Schumann, R.: 60 Jahre Universalauswertegerät Stereoplanigraph. In: Vermess.-techn. 31, 1983, 9. p.312-313, 4 ill. 1373

Schwidefsky, Kurt: Carl Koppes Beiträge zur Photogrammetrie. In: Beiträge zum Carl Koppe-Gedächtniskolloquium 1983. p.65-74, ill. (Veröffentlichungen Deutsche Geodätische Komm. E. 20.) 1374

Sissakian, Varoujan; Rob Soeters; Niek Rengers: Engineering geological mapping from aerial photographs: the influence of photo scale on map quality and the use of stereo-orthophotographs. In: ITC-Journal. 1983, 2. p.109-122, 5 ill. [With French a. Span. rés.] 1375

Snyder, D.R.: Using Landsat imagery to study Soviet land use. In: J. of Geogr. 80, 1981, 6. p.217-223. 1376

Solaas, Johan: Eiendomsinventering for kartlegging i store målestokker. In: Kart og plan. 74, 1982, 1. p.39-48, 3 ill., 4 photos. [Property registration for large scale mapping by air photo interpretation in the field.] [Norw. with Engl. rés.] 1377

Spiess, Ernst: Revision of topographic maps: photogrammetric and cartographic methods of the Fribourg Test. In: Photogramm. Rec. 11, 1983, 61. p.29-42. 1378

Stokkom, H.T.C. van: Interpretatie van luchtfoto's en Remote sensing-beelden. In: Geodesia. 25, 1983, 4. p.114-117, 5 ill. 1379

Torlegard, Kennert: Photogrammetrie und digitale Höhenmodelle - Gegenwärtiger Stand der Entwicklung und Anwendung. In: Bildmess. u. Luftbildw. 51, 1983, 1. p.11-20. 1380

Townshend, John R.G.: Remote sensing of land resources. A review of current research in the Department of Geography, Univ. of Reading. In: Bull. Soc. of Univ. Cartographers. 16, 1983, 2. p.1-8, 4 ill. 1381

Vostokova, E.A.; S.V. Skaterščikov: Kompleksnoe kartografirovanie ochrany okurša-juščej sredy s ispol'zovaniem kosmičeskoj fotoinformacii. In: Geod. i Kartogr., Moskva. 1983, 2. p.38-41. [Complex mapping of environment protection with the use of Space photos information.] [Russ.] 1382

Welch, Roy; S.E. Mathews: Mapping urban areas with thematic mapper simulator and thematic mapper image data. In:Amer. Soc. of Photogramm. Techn. Papers, Ann. Meeting. 49, 1983. p.236-237. 1383

Welch, Roy; T.R. Jordan: Microcomputerbased photogrammetry. In: Amer. Soc. of Photogramm. Techn. Papers, Ann. Meeting. 49, 1983. p.233-235. 1384

Wright, R.; N.K. Hubbard: Some problems associated with large area mapping from Landsat. In: Proc. ISPRS Commission IV Symposium, ASP-ACSM 1982. p.345-352. 1385

Zarzycki, J.M.: Aerial photographs, computers team to provide enhanced cartographic capabilities. In: Amer. Congr. on Surv. a. Mapp. 82, 1983. p.19-21. 1386

Zatonskij, L.K.: Kartografirovanie morskich melkovodij na oznove materialov kosmičeskich fotos'emok. In: Geod. i kartogr., Moskva. 1983, 2. p.51-53. [The sea shelf mapping with the help of remote sensing fotos.] [Russ.] 1387

Zuidam, Robert A. van: Aerial photo-interpretation of the geomorphology of the Galgamuwa-Kala Wena region, Sri Lanka. In: ITC-Journal. 1983, 1. p.43-54, 7 ill. [With French a. Span. rés.] 1388

Projections / Projektionen / Projections

Andreev, Marin: V'rchu obščata teorija na ortofonalnite kr'govi proekzii. In: Geod., Kartogr., Zemeustroj. 23, 1983, 6. p.27-29. [On the general theory of orthogonal circular projections.] [Bulg.] 1389

Balcerzak, Jerzy; Jan Panasiuk: Obliczanie współrzędnych prostokątnych plaskich Gaussa-Krügera w szerokiej strefie poludnikowej powierzchni elipsoidy. In: Geod. i Kartogr., Warszawa. 32, 1983, 4. p.311-326, 4 tab. [Calculation of Gauß-Krüger planar rectangular coordinates in a wide meridional zone of the ellipsoid surface.] [Pol. with Russ. a. Engl. rés.] 1390

Bartsch, Eckhard: Umbezifferung von Kartennetzen. In: Z. f. Vermess.-wesen. 108, 1983, 11. p.471-478, 2 ill. 1391

Beineke, Hans-Dieter: Automationsgerechte Koordinaten-Transformation für kleinmaßstäbige Kartennetzabbildungen mit Hilfe der Tensorrechnung. In: Kartogr. Nachr. 33, 1983, 2. p.55-63, 7 ill. 1392

Cogley, J. Graham: An analysis of the Miller oblated stereographic projection. In: Cartographica, Mono. 20, 1983, 3. p.45-54, 4 ill. [With French, German a. Span. rés.] 1393

Csepregi, Szabolcz; Gábor Soha: Szabatos vetületi számitaśok. In: Geod. ès Kartogr. 35, 1983, 4. p.247-257. [Precise projection calculations.] [Hung. with Engl. rés.] 1394

Depuydt, Frans: The equivalent Quintuple Projection. In: Internat. Yb. of Cartogr. 23, 1983. p.63-74, 14 ill. [With German a. French rés.] 1395

Gilmartin, Patricia Purcell: Aesthetic preferences for the proportions and forms of graticules. In: Cartogr. J. 20, 1983, 2. p.95-100, 4 ill. 1396

Hill, John Davis: Critique of the OCLC map projection code. In: Bull. Spec. Libr. Assoc. Geogr. a. Map Div. 132, 1983. p.36-39. 1397

Hsu, M.; P.M. Voxland: Automation and map projections. In: Amer. Congr. on Surv. a. Mapp. Techn. Papers, Ann. Meeting. 43, 1983. p.241-247. 1398

Hutchinson, M.F.: MAPROJ - a computer map projection system. In: Cartography. 12, 1982, 3. p.144-145. 1399

*Kuntz, Eugen: Kartennetzentwurfslehre. Grundlagen und Anwendungen. - Karlsruhe: Wichmann 1983. XII, 201 p. (Sammlung Wichmann. 15.) ISBN 3-87907-142-X 1400

Lim, Kl.: On cyclic maps. In: Journal of the Australian Mathematical Society, Melbourne. 32, 1982, 3. p.349-357. 1401

Malachov, N.V.: Izpolzovaniye mezhpredmetnikh svyazey pri kharahteristike proyektsiy i iskazhaniy na kartakh. In: Geogr. v. shkole. 1980, 4. p.40-42. [The using of interdisciplinary references at cartographic projections and map drawing.] [Russ.] 1402

Michajlov, A.A.: O ravnopromežutočnych proekcijach kart. In: Geod. i Kartogr., Moskva. 1983, 7. p.41-44. [On equidistant projections for maps.] [russ.] 1403

Minow, Helmut: 100 Jahre Internationaler Nullmeridian von Greenwich. In: Vermess.-Ing. 34, 1983. p.113-115. 1404

Muller, Jean-Claude: Die nichteuklidische Darstellung funktionaler Räume. In: Kartogr. Nachr. 33, 1983, 1. p.10-19, 4 ill., 2 tab. 1405

Nicholson, Norman L.: Map projections and map stamps. In: Carto Philatelist. 27/28, 1983, 4/1. p.12-15. 1406

Die Peters-Karte. In: Lehrmittel aktuell. 7, 1981, 3. p.30-31, 2 ill. 1407

Phanibbusan, Roy; Ashis Sarkar: Some selected map projections for India: their relative efficiencies. In: Geogr. Rev. India. 43, 1981, 2. p.182-195. 1408

Pyšek, Jiři: Některá netradiční válcová zobrazení a jejich porovnání. In: Geod. a kartogr. obz. 29, 1983, 6. p.141-152, 24 ill., 3 tab. [Some non-traditional cylindrical projections and their comparisons.] [Czech.] 1409

Reyes Lorite, Ildefonso: Tablas de parámetros para la transformación de coordenadas Lambert a U.T.M. y coordenadas U.T.M. entre husos contiguos. In: Bol. de Inform. Serv. Geogr. Ejército. 55, 1983, 1. p.7-31, tab. 1410

Roy, P.: Some selected map projections for India: their relative efficiencies. In: Geogr. Rev. of India. 43, 1981. p.182-195. 1411

Serapinas, B.B.: Ocenka iskaženij v kartografičeskich proekcijach trechosnogo ellipsoida. In: Geod. i Kartogr., Moskva. 1983, 8. p.55-56. [Distortion estimation in cartographic projections of 3-axes ellipsoid.] [Russ.] 1412

Snyder, John P.: Efficient transfer of data between maps of different projections. In: Amer. Congr. on Surv. a. Mapp. Techn. Papers, Ann. Meeting. 43, 1983. p.332-340. 1413

Snyder, John P.: Map projections used by the US. Geological Survey. In: New Zealand Cartogr. J. 13, 1983, 1. p.3. 1414

Die sogenannte Peters-Projektion. Eine Stellungnahme der Deutschen Gesellschaft für Kartographie. In: Lehrmittel aktuell. 7, 1981, 5. p.6-8. 1415

Die sogenannte Peters-Projektion. In: Geogr. Rdsch. 33, 1981, 8. p.334-335, ill. 1416

Varga, József: A Lambert-féle szögtartó kúpvetületről. In: Geod. és Kartogr. 35, 1983, 1. p.25-30. [The Lambert conformal conic projection.] [Hung. with Engl. rés.] 1417

Vincze, Vilmos: Az ellipszoid valós vetületei. A valós vetületek általános egyenleti. In: Geod. és Kartogr. 34, 1982, 4. p.235-242. [True ellipsoidal projections. General equations of the projections.] [Hung. with German rés.] 1418

C QUESTIONS ON SCALE AND NEATLINE SYSTEM UDC 528.915/.916

MASZSTABSFRAGEN. BLATTSCHNITT

PROBLEMES D'ECHELLE. COUPURE DES FEUILLES

Deumlich, Fritz: Maßstab der topographischen Aufnahme in bebauten Gebieten. In: Vermess.-techn. 31, 1983, 2. p.67. 1419

Henning, Mervin D.: Toward an understanding of scale and its relevance to cartographic communication. In: Cartogr. J. 20, 1983, 2. p.119-120, 2 ill. 1420

Kleinn, Hans: Maßstäbe und Maßstabsberechnungen alter Karten. In: Kartenhistorisches Colloquium Bayreuth '82. - Berlin 1983. p.71-77, 2 tab. 1421

UDC 528.935 : 801.311
528.935 : 801.311 : 003.035

D NAMES. TRANSCRIPTION

NAMENGEBUNG. NAMENSCHREIBUNG. TRANSKRIPTION

TOPONYMIE. ORTHOGRAPHE. TRANSCRIPTION

*Allgemeine Richtlinie für die Schreibweise geographischer Namen der Union der Sozialistischen Sowjetrepubliken. T.3: Verzeichnis der sonstigen geographischen Objekte. - Berlin: DDR, Ministerium d. Innern, Verwaltung Vermessungs. u. Kartenwesen 1983. p.343-414. 1422

*Allgemeine Richtlinie für die Schreibweise geographischer Namen der Volksrepublik Polen. 2. Aufl. - Berlin: Ministerium d. Innern, Verwaltung Vermessungs- u. Kartenwesen 1983. 207 p. 1423

Aržanov, E.P.; E.V. Goravaja: Konferencija po standartizacii geografičeskich nazvanij. In: Geod. i Kartogr., Moskva. 1983, 9. p.53-55. [Conference on geographic names standardization.] [Russ.] 1424

Böhme, Rolf: Erster Ausbildungskurs in geographischer Namengebung in Indonesien. In: Kartogr. Nachr. 32, 1982, 5. p.193-194, 1 photo. 1425

Böhme, Rolf: 4. Konferenz der Vereinten Nationen zur Standardisierung Geographischer Namen und 10. Sitzung der Sachverständigengruppe der Vereinten Nationen für geographische Namen, Genf 1982. In: Kartogr. Nachr. 33, 1983, 1. p.25-28, 1 ill. 1426

Bormann, Werner: Ständiger Ausschuß für Geographische Namen (StAGN). In: Kartogr. Nachr. 33, 1983, 4. p.143. 1427

Breu, Josef: The standardization of geographical names within the framework of the United Nations. In: Internat. Jb. f. Kartogr. 22, 1982. p.42-47. 1428

Donidze, G.J.: Principij metodij normalizacii russkoj peredači inojazycnych geografičeskich nazvenij. In: Geod. i Kartogr., Moskva. 1983, 9. p.49-53. [Principles and methodes for normalization of geographical names in Russian transliteration.] [Russ.] 1429

Matsuda, Hiroyuki: The 4th Conference on the Standardization of Geographical Names, United Nations. In: Map. 21, 1983, 3. p.23-30, 6 photos, 1 tab. [Japan.] 1430

Nyrcova, T.P.; E.A. Nefedova: Unifikacija sriftovogo oformlenija spravočnych (skladnych) kart na zarubežnye territorii. In: Izv. vysš. učebn. Zaved. geod. i aerofotos'emka. 1983, 5. p.103-106, 1 tab. [The standardization of script in maps of foreign countries.] [Russ.] 1431

*Ormeling, Ferjan: Minority toponyms on maps. The rendering of linguistic minority toponyms on topographic maps of Western Europe. - Utrecht 1983. 262 p., 73 ill. (Utrechtse geografische studies. 30.) ISBN 90-6266-042-8 1432

*Room, Adrian: A concise dictionary of modern place-names in Great Britain and Ireland. - Oxford [a.s.o.] Univ. Pr. 1983. XLIV, 148 p. ISBN 0-19-211590-1 1433

*Rosenkranz, Heinz: Ortsnamen des Bezirkes Gera. Eine kulturhistorische Studie. - Greiz: Kulturbund der DDR 1983. 84 p., ill. 1434

*Third United Nations Conference on the Standardization of Geographical Names. Vol. II. Technical Papers. Athens, 17 August - 7 September 1977. - New York: United Nations 1981. 445 p. 1435

Fourth United Nations Conference on the Standardization of Geographical Names. In: World Cartography. 17, 1983. p.45-115, tab. 1436

*Fourth United Nations Conference on the Standardization of Geographical Names. Geneva, 24 August - 14 September 1982. Vol. I. Report of the Conference. - New York: United Nations 1983. 79 p. 1437

E GRAPHIC ELEMENTS. COLOURS UDC 528.933
GRAPHISCHE ELEMENTE. FARBGEBUNG
ELEMENTS GRAPHIQUES. COULEURS

Balin, B.M.; B. Zelichinskij: Voprosy cvetogo oformlenija kart. In: Geod. i Kartogr., Moskva. 1982, 9. p.39-43. [Problems of multicolor map making.] [Russ.] 1438

Bertin, Jacques: Un outil cartographique: la synthese trichromatique. In: Bull. du Com. Franç. Cartogr. 94, 1982, 4. p.18-21, 1 ill. 1439

Boullion, Theo; Kurt Brunner: Reproduktion farbiger Höhenstufen mit der "kurzen Skala". In: Kartogr. Nachr. 33, 1983, 4. p.131-134, 4 tab. 1440

Ehrensvärd, Ulla: Färg på gamla kartor. In: Biblis, Föreningen för bokhantverk. Årsbok 1982. - Stockholm. p.9-56. [Colour on old maps.] [Swed. with Engl. rés.] 1441

Gonzalez Martin, Adolfo: Ortofotos en color y ortopictoplanos. In: Bol. de Inform. Serv. Geogr. Ejército. 55, 1983, 1. p.33-42, 27 ill. 1442

*Hiatt, Charlette Kay: The function of color in legibility of linear symbology on maps for the partially sighted. - Univ. of Washington 1983. 303 p. 1443

Hofmann-Wellenhof, B.: Aussparungsflächen und unregelmäßige Ränder bei der Ableitung von Höhenlinien aus einem Höhenraster. In: Österr. Z. f. Vermess.-wesen u. Photogramm. 71, 1983, 2. p.83-94, 9 ill. 1444

Hofmann-Wellenhof, B.: Die Berücksichtigung von Geländekanten bei der Ableitung von Höhenlinien aus einem Höhenraster. In: Z. f. Vermess.-wesen. 108, 1983, 2. p.59-66, 11 ill. 1445

Horn, Berthold K.P.: Hill-shading and the reflectance maps. In: Geo-Processing. 2, 1982, 1. p.65-144. 1446

Lawson, S.: The significance of colour for the navigation chart. In: Hydrogr. J. 30, 1983. p.17-19. 1447

Oberstedt, Gerhard: Die amtliche topographische Karte in neuer Farbgestaltung ? In: Kartogr. Nachr. 33, 1983, 5. p.172-178. 1448

Worm, J.P.R. van den: De nieuwe ITC kleurenkaart. In: Kartogr. T. 9, 1983, 3. p.58-59. 1449

F DRAFTING SPECIFICATIONS. STANDARDS. SPECIFICATIONS KEYS OF SYMBOLS UDC528.918

ZEICHENVORSCHRIFTEN UND NORMEN. MUSTERBLÄTTER ZEICHENSCHLÜSSEL

NORMES. TABLEAUX DE SIGNES CONVENTIONNELS. LEGENDES

Bos, M.A.G.: Legenda's voor kaarten, bestemd voor verschillende soorten verkeer. In: Kartogr. T. 9, 1983, 1. p.78-82, 5 ill. 1450

Frączek, Irena: Konstrukcja legendy kartodiagramów (na przykladzie polskich atlasów regionalnych). In: Polski przegląd kartogr. 15, 1983, 4. p.153-167, 8 ill. [Design of legend for the graduated symbol map (on the example of Polish regional atlases).] [Pol. with Russ. a. Engl. rés.] 1451

Frączek, Irena: Z problematyki eksperymentalnych badań kartodiagramów. In: Polski przegląd kartogr. 15, 1983, 3. p.113-126, 1 ill., 4 tab. [A general look on the empirical studies on graduated symbols.] [Pol. with Russ. a. Engl. rés.] 1452

Haas, W.H.G. de: Kaartlegenda's enige kanttekeningen. In: Kartogr. T. 9, 1983, 1. p.14-18, 12 ill. 1453

Hoogendoorn-Beks, W.: Legenda's bij ruilverkavelingskaarten. In: Kartogr. T. 9, 1983, 1. p.69-72, 3 photos. 1454

Karssen, Aart J.: Legenda en titel in het grafisch-semiologisch systeem. In: Kartogr. T. 9, 1983, 1. p.40-46, 8 ill., 1 tab. 1455

Kerkhoff, Heinz: Die neue Zeichenvorschrift für das Flurkartenwerk und für Risse. In: Nachr. d. Niedersächs. Vermess.- u. Katasterverwalt. 33, 1983, 2. p.160-167, ill. 1456

Mijksenaar, P.: Kanttekeningen bij kaart-legenda's door een grafisch vormgever. In: Kartogr. T. 9, 1983, 1. p.29-39, 24 ill. 1457

Riel, A.J.E. van: Legenda's bij geautomatiseerde kartografie. In: Kartogr. T. 9, 1983, 1. p.88-91, 5 ill. 1458

G KEEPING UP TO DATE. MAP REVISION UDC 528.96

LAUFENDHALTUNG. BERICHTIGUNG

MISE A JOUR. CORRECTIONS

Drinkall, P.: Automated cadastral map revision and derivation. In: Cartography. 13, 1983, 1. p.31-34, 1 ill., 1 mp. 1459

Emel'janov, O.G.: Obobščenie rezul'tatov s'emki rel'efa morskogo dna. In: Geod. i Kartogr., Moskva. 1983, 5. p.38-41, 2 ill. [Generalization of the sea bottom topographic surveying results.] [Russ.] 1460

Grundsätze zur Herstellung, Fortführung und Nutzung der DGK 5. In: Nachr. d. Niedersächs. Vermess.- u. Katasterverwalt. 1983. p.168-174. 1461

Horst: Das Negativverfahren für die Kartenfortführung - mit Diazogravurfolien nunmehr komplett. In: Nachr. d. Niedersächs. Vermess.- u. Katasterverwalt. 1983. p.255-256. 1462

Hrbek, Friedrich: 100 Jahre Führung des Katasters. In: Eich- u. Vermess.-mag. 40, 1983. p.5-6. 1463

Kohen, B.: Oldness and problems of revision of the world map 1:2 500 000. In: Geodäsie, cartographie, aménagement foncier. 23, 1983, 4. p.37-39, 4 ill., 2 tab. [Russ.] 1464

Kraus, Karl; Paul Störi: Kartenfortführung mit Stereoorthophotos. In: Bildmess. u. Luftbildw. 51, 1983, 5. p.164-170, 5 ill., 2 tab. 1465

Neugebauer, Gustav: Der Berichtigungsstand der Topographischen Karte 1:25 000 in der Bundesrepublik Deutschland. In: Kartogr. Nachr. 33, 1983, 2. p.51-54, 3 suppl. 1466

*Töpfer, Friedrich: Topographische Laufendhaltung. - Dresden: Ingenieurschule für Geodäsie und Kartographie 1982. 28 p., mp. (Spezielles Lehrmaterial für die Aus- und Weiterbildung von Ingenieuren der Fachrichtung Geodäsie: Topographie.) 1467

Weber, Wigand: Konzept zur automationsgestützten Fortführung der Topographischen Übersichtskarte 1:200 000 im Rastermodus. In: Nachr. a.d. Kart.- u. Vermess.-wesen. R.I, 91, 1983. p.55-75, 1 ill. [With German, Engl. a. French rés.] 1468

VI. Cartographic technology
Kartentechnik. Praktische Kartographie
Cartographie technique

A GENERAL FEATURES UDC 528.92
ALLGEMEINES
GENERALITES

Balin, B.M.; B. Zelichinskij: Voprosy cvetogo oformlenija kart. In: Geod. i Kartogr., Moskva. 1982, 9. p.39-43. [Problems of multicolor map making.] [Russ.] 1469

Bertinchamp, Horst-Peter: Reproduktion alter Karten. In: Kartenhistorisches Colloquium Bayreuth '82. - Berlin 1983. p.103-107, 1 ill. 1470

Boullion, Theo; Kurt Brunner: Reproduktion farbiger Höhenstufen mit der "kurzen Skala". In: Kartogr. Nachr. 33, 1983, 4. p.131-134, 4 tab. 1471

Brandes, Donald: Sources for relief representation techniques. In: Cartogr. J. 20, 1983, 2. p.87-94, 18 ill. 1472

Deshpande, C.D.: Cartographic techniques. In: A survey of research in physical geography. 1972, comp. vol. [1968/78]. - New Delhi 1983. p.243-245. 1473

Dörflinger, Johannes: Zum Problem der Neuauflagen von Kupferstichkarten - dargestellt an Hand Österreichischer Karten des späten 18. und des frühen 19. Jahrhunderts. In: Kartenhistorisches Colloquium Bayreuth '82. - Berlin 1983. p.125-135, 13 ill. 1474

Gerhardt, Claus W.: Der gegenwärtige Stand der druckgeschichtlichen Forschung in Europa. In: Wolfenbütteler Notizen zur Buchgeschichte. 8, 1983, 3. p.109-122. 1475

Göhler, Horst: Zu einigen Grundforderungen der geodätischen und kartographischen Produktion an den Instrumenten- und Rationalisierungsmittelbau. In: Vermess.-techn. 31, 1983, 10. p.325-327. 1476

Goulard, Claude: La cartographie et la micrographie. In: Bull. du Com. Franç. Cartogr. 95, 1983, 1. p.37-38. 1477

Hoffmann, M.: Kartenherstellungsverfahren im Gothaer Verlag "Justus Perthes" bis um das Jahr 1870. In: Vermess.-techn. 31, 1983, 8. p.277-279, 4 ill. 1478

Hügli, Hans; Hans Fehlmann: Kartographie: der Werdegang einer Karte. In: Plan. 37, 1980, 7/8. p.24-25, 1 mp. 1479

Leibbrand, Walter: Bericht des Arbeitskreises "Praktische Kartographie" zum 32. Deutschen Kartographentag '83 in Kiel. In: Kartogr. Nachr. 33, 1983, 4. p.153-154. 1480

Markov, V.F.; Ju. A. Skopinzev: Kompleksnaja sistema upravlenija kačestvom produkzii v kartosostavitel'skom proizvodstve. In: Geod. i Kartogr., Moskva. 1983, 2. p.1-3. [Complex-System for production quality control in map compilation work.] [Russ.] 1481

Pachomova, L.A.; I.I. Tisov: Stancija očistki stočnych vod kartografičeskoj fabriki. In: Geod. i Kartogr., Moskva. 1982, 8. p.45-46. [The station of sewage cleaning at the cartographic plant.] [Russ.] 1482

Palm, Christer: From manuscript to printed chart. In: Internat. Hydrogr. Rev. 60, 1983, 2. p.117-119, 1 mp. 1483

Pearson, Karen Severud: Mechanization and the area symbol - cartographic techniques in 19th century geographical journals. In: Cartographica, Mono. 20, 1983, 4. p.1-34, 17 ill. [With French, German a. Span. rés.] 1484

Plapper, Wolfgang: Vom Entwurf zum Auflagendruck - Anmerkungen zur Kartenreproduktionstechnik. In: Mitt.-Bl. Arb.-Kreis f. Hist. Kartogr. in der Arb.-Gemeinschaft Hist. Komm. u. Landesgeschichtl. Inst. 22, 1983. p.29-37. 1485

Pravda, Ján: Kartografické aspekty tvorby syntetických máp. In: Geod. a kartogr. obz. 29, 1983, 8. p.200-205, 4 ill. [Cartographic aspects of production of synthetic maps.] [Czech.] 1486

Shearer, John W.: Cartographic production diagrams: a proposal for a Standard Notation System. In: Cartogr. J. 19, 1982, 1. p.5-15, 22 ill. 1487

Sommer, M.: Zur Bestimmung des Gebrauchswertes geodätisch-kartographischer Erzeugnisse und Leistungen. In: Vermess.-techn. 31, 1983, 1. p.8-10. 1488

Volkova, N.V.; Ju. P. Selivanov: Vlijanie iskaženij setok v kartoizdatel'skom processe na cvet karty. In: Izv. vysš. učebn. zaved. geod. i aerofotos'emka. 1983, 5. p.110-115. [The influence of falsification at prints to the colours of the maps.] [Russ.] 1489

Wagner, Heinz Peter: Ein neuer Kartentyp - Idee und Technik. In: Kartogr. Nachr. 33, 1983, 4. p.134-137. 1490

Worm, J.P.R. van den: De nieuwe ITC kleurenkaart. In: Kartogr. T. 9, 1983, 3. p.58-59. 1491

UDC 528.923/.924

C DRAWING TECHNICS. SCRIBING AND ENGRAVING TECHNICS
ZEICHENVERFAHREN. RITZ- UND GRAVURVERFAHREN
PROCEDES DE DESSIN, DE FENTE, DE GRAVURE

Barkee, Charles J.: Maps and charts on microfilm ? In: Microcartography: applications for archives and libraries. - Santa Cruz, Ca. 1981. p.9-16, 3 ill. (West. Assoc. of Map Libr. Occ. Paper. 6.) 1492

'Podschadli, Edwin: Gravurseminar '81. Zusammengestellt von Edwin Podschadli und Rudolf Schweißthal. Kurzvorträge und Firmenausstellung während d. 30. Kartographentages in Dortmund. - Dortmund 1982. 100 p., 6 sheets ill. 1493

D PHOTOGRAPHIC AND COPYING TECHNICS
UDC 528.925/.926
PHOTOGRAPHISCHE UND KOPIER-VERFAHREN
PROCEDES PHOTOGRAPHIQUES ET DE COPIE

Bertinchamp, Horst-Peter: Reproduktion alter Karten. In: Kartenhistorisches Colloquium Bayreuth '82. - Berlin 1983. p.103-107, 1 ill. 1494

Brokman, Lech: Polish polyester itims in cartographic editorial and publishing works. In: Proceedings. Institute of Geodesy and Cartography. 1982, 2. p.75-84. 1495

Duchesneau, Serge: Jouons avec le demi-ton. In: Rev. de Carto-Québec. 4, 1983, 1. p.22, 2 ill. 1496

Gintzel, Herbert; Udo Lang: Die Scannertechnik als neues Verfahren zur Vervielfältigung mehrfarbiger Karten und Pläne. In: Kartogr. Nachr. 33, 1983, 3. p.91-93. 1497

Horst: Das Negativverfahren für die Kartenfortführung - mit Diazogravurfolien nunmehr komplett. In: Nachr. d. Niedersächs. Vermess.- u. Katasterverwalt. 1983. p.255-256. 1498

Portnova, O.V.; N.G. Barabanova: Opyt izgotovlenija diapozitivov fonovych elementov kart. In: Geod. i Kartogr., Moskva. 1983, 8. p.41-43, 1 tab. [Experience of making diapositives of the map background elements.] [Russ.] 1499

Schroth, Ralf: Rechnergestützte kartographische Entzerrung mit Reproduktionskameras. In: Kartogr. Nachr. 32, 1982, 3. p.81-85, 1 ill., 1 tab. 1500

Schulz, Günter: Bildqualität von Luftphotographie auf den neuen Agfa-Gevaert-Luftbildfilmen. In: Bildmess. u. Luftbildw. 51, 1983, 4. p.129-142, 20 ill., 1 tab. 1501

Talbot, Bill: Commercial reprographics services. In: Microcartography: applications for archives and libraries. - Santa Cruz, Ca. 1981. p.129-134. (West. Assoc. of Map Libr. Occ. Paper. 6.) 1502

Turner, Eugene: New imaging materials assist in map drafting. In: Amer. Cartographer. 10, 1983, 1. p.73-76, 1 ill. 1503

E REPRODUCTION AND PRINTING TECHNICS UDC 528.927
VERVIELFÄLTIGUNGS- UND DRUCKVERFAHREN
PROCEDES DE REPRODUCTION ET D'IMPRESSION

Agte, Rolf: Fogra Symposium: Qualitätssicherung in Reproduktion und Druck. In: Polygraph. 1983. p.702-704; 803-804. 1504

Bertin, Jacques: Un outil cartographique: La synthese trichomatique. In: Bull. du Com. Franç. Cartogr. 94, 1982, 4. p.18-21, 1 ill. 1505

"Häuser, F.: Die Entstehung des Farbeindrucks bei der autotypischen Farbmischung [Diss. Univ. Bonn. 1982.] 1506

Kopylova, A.D.; A.V. Shilov: Multicolor map reproduction technology with the minimum. In: Ber. XVII, FIG Kongr. 1983. Nr. 505,2. 1507

Ozaki, Toyohiko; Yuji Sugihara; Yasuo Tanaka: Examination for fading of printing ink for the 1:200 000 topographical map. In: Map. 20, 1982, 1. p.37-41, 1 ill., 4 tab. [Japan.] 1508

Schoppmeyer, Johannes: Das 'OPTI' Rastersystem, ein neues Rastersystem zur Verringerung des Moirés und der Farbtonschwankungen beim Mehrfarbendruck. In: Polygraph. 1983. p.496-502. 1509

Sergunin, E.G.: Analiz kolometričeskich svojstv kartografičeskich pečatnych krasok. In: Geod. i Kartogr., Moskva. 1983, 10. p.57-61, 2 ill. [Analysis of colorimetric properties of cartographic printing inks.] [Russ.] 1510

Stäblein, Gerhard: Erfahrungen bei der kartographischen Umsetzung der Feldreinkarten und beim Druck der geomorphologischen Karten (GMK). In: Berlin. Geogr. Abh. 35, 1982. p.15-25. 1511

Walenski, Wolfgang: Marktübersicht: Schwarzfarben für den Offsetdruck. In: Polygraph. 1983. p.954-957; 1070-1071; 1148-1150; 1226-1231; 1356-1360; 1421-1423- 1512

G AUTOMATION UDC 528.921 : 65.011.56

AUTOMATION

AUTOMATION

General features / Allgemeines / Généralités

Aalders, H.J.G.L.: Toepassing van automatisering in de kaartvervaardiging bij het Kadaster. In: Kartogr. T. 9, 1983, 3. p.39-41, 2 ill. 1513

*Aangeenbrug, Robert T.: Auto Carto IV. Vol. I and II. Proceedings of the International Symposium on Cartography and Computing: Applications in health and environment. November 4-8, 1979. - Reston, Virginia; Falls Church, Virginia: Amer. Congr. on Surv. a. Mapp./ Amer. Soc. of Photogramm. 1980. 1514

*Adams, T.A.: Raster data structures and topographic data. - Durham: Univ. of Durham 1982. [Doct. diss.] 1515

*Aissani, Boualem: Cartographie automatique de champs pluviopétriques: Exemple de la région algéroise. - Nancy: Fondation scient. de la géologie et des ses applications 1983. (Sciences de la terre. Série informatique géologique.) ISBN 2-85555-001-7 1516

Aitken, G.D.: An aeronautical area navigation chart produced with computer assistance. I.T.C. - Final project 1981. In: New Zealand Cartogr. J. 13, 1983, 2. p.9-15, 1 ill. 1517

*Alderman, P.K.: Experience with digital terrain elevation data contouring programs. - St. Louis: US Defense Mapping Agency, Aerospace Center 1982. 12 p. 1518

Allam, M. Mosaad: Digital mapping in a distributed system environment. In: Auto-Carto 5 Proceedings, Amer. Soc. of Photogramm./Amer. Congr. on Surv. a. Mapp. p.13-22. 1519

Ammannati, Francesco; Sergio Grassi: L'automazione cartografica presso l'Istituto Geografico Militare. In: Boll. di geod. e sci. affini. 41, 1982, 3. p.215-258. 1520

*Australian marc specification: cartographic materials: an extension of the ausmarc format to cover maps, globes, atlases, photomaps, topographical drawings and other cartographic materials. - Canberra: National Library of Australia 1983. 35 p. ISBN 0-642-99291-6 1521

*Die Automatische Datenverarbeitung als Hilfsmittel bei der Aufnahme und Konstruktion geowissenschaftlicher Karten. Ergebnisse des Forschungsprojektes der Deutschen Forschungsgemeinschaft "Neue Kommunikationswege in den Geowissenschaften mit Hilfe der automatischen Datenverarbeitung". Zusammengestellt von Reiner Vinken. - Hannover: Bundesanstalt für Geowissenschaften und Rohstoffe und Geologische Landesämter der Bundesrepublik Deutschland; Stuttgart: Schweizerbart in Komm. 1983. 306 p. (Geologisches Jahrbuch. Reihe A. Heft 70.) 1522

Batkins, D.L.; G. Gustafson: Computerassisted mapping as part of a study on acid rain. In: Auto-Carto 5 Proceedings. Amer. Soc. of Photogramm./Amer. Congr. on Surv. a. Mapp. 1982. p.93-102. 1523

Beck, Francis J.: Digital cartography aids in the solution of boundary dispute. In: Amer. Congr. on Surv. a. Mapp. Techn. Papers, Ann. Meeting. 43, 1983. p.341-345. 1524

Beckmann, Barbara: Erstellung und Fortführung von Stadtgrundkarten durch 'Interaktive graphische Datenverarbeitung'. In: Z. f. Vermess.-wesen. 108, 1983, 11. p.479-484, 1 ill. 1525

Beineke, Hans-Dieter: Automationsgerechte Koordinaten-Transformation für kleinmaßstäbige Kartennetzabbildungen mit Hilfe der Tensorrechnung. In: Kartogr. Nachr. 33, 1983, 2. p.55-63, 7 ill. 1526

Bertinchamp, Horst-Peter: 18. Sitzung der Arbeitsgruppe "Automation in der Kartographie" vom 10. bis 11. November 1981 in Berlin. In: Kartogr. Nachr. 32, 1982, 2. p.58-59. 1527

*Blodget, H.W.; Glen F. Brown: Geological mapping by use of computer-enhanced imagery in western Saudi Arabia. - Washington, D.C.: Government Printing Office 1982. III, 10 p. 1528

Boersma, F.H.: De perfektie van de thematische computerkaart: een ruimtelijke ordening. In: Kartogr. T. 9, 1983, 3. p.44-48, 3 ill. 1529

Bollmann, Jürgen: Die Erstellung thematischer Karten mittels THEMAK. In: Statistik-Software in der Sozialforschung. Berichtsband von der 2. Konferenz über die wiss. Anwendung von Statistik-Software (ZUMA, Mannheim. 24., 25.2.1983.) - Berlin: Quorum 1983. p.401-426, ill. 1530

Boonstra, Dirk: Computer-assisted engineering geological mapping. In: ITC-Journal. 1983, 2. p.123-125, 4 ill. [With French a. Span. rés.] 1531

Borgerding, L.H. a.o.: Computer-assisted map compilation, editing, and finishing. In: Auto-Carto 5 Proceedings, Amer. Soc. of Photogramm./Amer. Congr. on Surv. a. Mapp. 1982. p.141-146. 1532

Bormans, J.: Waarom automatisering van de leidingen-registratie van de NV PNEM? In: Kartogr. T. 9, 1983, 3. p.37-38, 2 ill. 1533

Brassel, Kurt: Grundkonzepte und technische Aspekte von geographischen Informationssystemen. In: Internat. Jb. f. Kartogr. 23, 1983. p.31-52, 5 ill. [With Engl. a. French rés.] 1534

Brevnov, V.A.; B.N. Nejman: Otázky automatizace topograficko-geodetických a kartografických prací. In: Geod. a kartogr. obz. 29, 1983, 11. p.277-279. [Problems of automation of the topographical-geodetic and cartographic works.] [Czech.] 1535

Briend, Anne-Marie; C. Motsch: Automatisation de la documentation. Traitement informatise des documents cartographiques à intergeo. In: Bull. du Com. Franç. Cartogr. 95, 1983. p.14-28. 1536

Browne, T.J.; A.C. Millington: An evaluation of the use of grid squares in computerised choropleth maps. In: Cartogr. J. 20, 1983, 2. p.71-75, 6 ill. 1537

Brunner, Martin: Von digitalen graphischen Daten zum Film auf dem SCI-TEX response-250 system. In: Kartogr. Nachr. 33, 1983, 6. p.205-208, 4 ill. 1538

*Chan, Kelly Kar-lim: Digital stereo photomapping and surface modelling. - London: Univ. of Western Ontario 1982. [Master's thesis.] 1539

Chrisman, Nicholas R.: A theory of cartographic error and its measurement in digital databases. In: Auto-Carto 5 Proceedings, Amer. Soc. of Photogramm./Amer. Congr. on Surv. a. Mapp. 1982. p.159-168. 1540

Coble, Douglas F.: Managing mapping & drawing data. In: Computer Graphics World. 6, 1983, 7. p.84-86. 1541

*Computers in cartography. Ed. by David Rhind and Tim Adams. - London: British Cartographic Society 1982. 204 p. (British Cartographic Society. Special Publ. 2.) 1542

Coombs, James A.: The reality of online retrieval of geoscience maps. In: 2nd International Conference on Geological Information. Proc., Vol. 1. Ed. C.M. Kidd. - Golden, Colorado, May 1982. p.137-143. 1543

Corbet, C.W.: Digitale grootschalige kaarten bij de Meetkundige Dienst. In: Kartogr. T. 9, 1983, 3. p.23-26, 3 ill. 1544

Corcodel, G.J.: Zur Automation der großmaßstäbigen Kartenherstellung in der Sozialistischen Republik Rumänien. In: Vermess.-techn. 31, 1983, 11. p.375-376. 1545

Damoiseaux, M.A.: Automatisering bij de Waterstaatskartografie. In: Kartogr. T. 9, 1983, 3. p.33-36, 2 ill. 1546

Deutsch-Norwegische Zusammenarbeit bei der rechnergestützten Kartenherstellung. In: Allg. Vermess.-Nachr. 90, 1983, 6. p.230-232, 3 ill. 1547

*Douglas, D.H.; A.R. Boyle: Computer assisted cartography and geographic information processing: hope and realism. Proceedings of a conference, Calgary, 1981. - Ottawa: Canad. Cartogr. Assoc. Ottawa Univ. 1982. 97 p., ill., tab. ISBN 0-919541-01-1 1548

Drinkall, P.: Automated cadastral map revision and derivation. In: Cartography. 13, 1983, 1. p.31-34, 1 ill., 1 mp. 1549

Driver, B.; W. Liles: A communication model for the design of a computer-assisted cartographic system. In: Auto-Carto 5 Proceedings, Amer. Soc. of Photogramm./ Amer. Congr. on Surv. a. Mapp. 1982. p.267-274. 1550

Dumolard, Pierre: Quelques reflexions sur la cartographie assistee par ordinateur. In: Cahiers de géographique de Besançon. 23, 1982. p.129-142. 1551

*Environmental assessment and resource management: proceedings of the Fifth International Symposium on Computer-assisted Cartography, Auto Carto 5, Aug. 22 - 28, 1982. Crystal City, Virginia. - Falls Church, Va. 1983. X, 738 p. 1552

*Erpenbach, C.A.: The development of small scale map control via digital paneling of large scale map source. - St. Louis: Aerospace Center 1982. 8 p. (US Defense Mapping Agency.) 1553

Fegeas, Robin G.: Modularization of digital cartographic data capture. In: Auto-Carto 5 Proceedings, Amer. Soc. of Photogramm./ Amer. Congr. on Surv. a. Mapp. 1982. p.297-306. 1554

Ferro, David P.: Automation and map recording: a background and some longterm objectives. In: Computers in Cartography. 1982. p.145-148. (British Cartogr. Soc. London; Spec. Publ. 2.) 1555

Frančula, Nedjeljko: Automatizacija u kartografiji. In: Geod. list. 37, 1983, 10/12. p.210-215. [Automation in cartography.] [Serbo croat. with Engl. rés.] 1556

Frančula, Nedjeljko: Avtomatizacija v kartografiji. Pregledni referat na postvetovanju "Avtomatizacija v geodeziji", Bled 1983. In: Geod. vestn. 27, 1983, 2/3. p.76-80. [Automation in cartography. Survey report at professional meeting "Automation in geodesy", Bled 1983.] [Slov. with Engl. rés.] 1557

Fraser, S.E.G.: Digital cartography at the Ordnance Survey. In: Computers in Cartography. 1982. p.29-34, 2 tab. (British Cartogr. Soc., London; Spec. Publ. 2.) 1558

*Gelinas, R.: How the computer has affected thematic maps in terms of their applications, accuracy and content. - Ottawa: Carleton Univ. 1982. [Bachelor's thesis.] 1559

Gentles, M.E.: Direct digital mapping. In: Auto-Carto 5 Proceedings. Amer. Soc. of Photogramm./ Amer. Congr. on Surv. a. Mapp. 1982. p.307-316. 1560

Georgenson, Gail: The Space Imagery Center: a multiformat collection with a computer-linked microfiche retrieval system. In: Microcartography: applications for archives and libraries. - Santa Cruz, Ca. 1981. p.27-34, 1 ill. (West. Assoc. of Map Libr. Occ. Paper. 6.) 1561

Giltrap, D.J.: Computer production of soil maps. In: Geoderma. 29, 1983, 4. p.295-311. 1562

Glick, B.J.; S.A. Hirsch: An integrated spatial statistics package for map data analysis. In: Auto-Carto 5 Proceedings. Amer. Soc. of Photogramm./Amer. Congr. on Surv. a. Mapp. 1982. p.327-336. 1563

Goecke, B.: Erste Erfahrungen mit dem neuen Gravurring Kartagraph. In: Kartogr. Nachr. 33, 1983. p.149-150. 1564

Götz, Antonín: Význam kartografické automatizace pro geografii. In: Sborník Československ. geogr. společ. 88, 1983, 1. p.63-66. [The importance of cartographic automation for geography.] [Czech.] 1565

Gold, Christopher: Geological computer mapping: is it the solution, or the problem? In: Computer assisted cartography and geographic information processing: hope and realism. Proc. Conference, Calgary 1981. 1982. p.9-14, 5 ill. (Canad. Cartogr. Assoc.) 1566

Guelke, Leonard: A computer approach to mapping the OPGAAF: the population of the Cape in 1731. In: South Afr. J. of Photogramm., Remote Sens. a. Cartogr. 13, 1983, 4. p.227-238, 14 mp. 1567

Guelke, Leonard; Cnin Lal Poh: Computer cartography in historical geographical research. In: Canad. Geogr. J. 27, 1983, 3. p.202-207. 1568

Guptill, Stephen C.: The role of digital cartographic data in the geosciences. In: Computers & Geosciences. 9, 1983, 1. p.23-26. 1569

Hajek, M.: Projektierung der Kartenherstellungsqualität mittels automationsgestützter Methode. In: Ber. XVII, FIG Kongr. 1983. Nr. 512.6. 1570

Hamilton, Elizabeth: A report on LRIS' digital mapping seminar (November 1983.) In: Bull. Assoc. of Canad. Map Libr. 49, 1983. p.10-13, 1 ill. 1571

Heller, Martin: Toporobot: Höhlenkartographie mit Hilfe des Computers. In: Reflektor. 1, 1980, 2. p.5-19, ill. 1572

Hengelhaupt, U. a.o.: Digitale Bildverarbeitung mit EC 1040 zur Dechiffrierung der Hauptarten der Flächennutzung aus Multispektralfotos. In: Probleme der thematischen Kartographie und der Automatisierung der Kartenherstellung. - Dresden 1983. p.31-34. 1573

Henning, Mervin D.; David Hargreaves: Techniques of computer-assisted generalization - accomodating subjective cognition and objective logic. In: Cartographica, Mono. 20, 1983, 4. p.55-64, 4 ill. [With French, German a. Span. rés.] 1574

Herzog, Adrian a.o.: Die automatische Generierung von Grenzliniendateien der Schweiz. In: Geogr. Helv. 38, 1983, 3. p.112-120. 1575

Hilton, Peter W.: Anwendung von FASTRAK bei SADAB Kartographisches Servicebüro. In: Nachr. a.d. Kart.- u. Vermess.-wesen. R.I, 92, 1983. p.27-54, 6 ill. [With German, Engl. a. French rés.] 1576

*Hirsch, Stephen A.: Algorithms for automatic name placement of point data. - Amherst: State Univ. of New York at Buffalo 1981. [Master's thesis.] 1577

Hodgkiss, Alan: Clay tablet to computer: some problems encountered in producing a book on the use & development of maps in the present economic climate. In: Bull. Soc. of Univ. Cartographers. 16, 1983, 1. p.35-43. 1578

Höper, Dieter: Anwendung digitaler Geländemodelle zur Kartenherstellung für den wasserwirtschaftlich orientierten Ingenieurbau. In: Bildmess. u. Luftbildw. 51, 1983, 2. p.47-56, 6 ill. 1579

Hoffmann, Frank: Aufgaben und Arbeitsergebnisse des KDT-Fachausschusses 'Automatisierung kartographischer Prozesse'- In: Vermess.-techn. 31, 1983, 3. p.99. 1580

Hoffmann, Frank: Datenbasis für die Kartenherstellung zur Planung des Erholungswesens und des Tourismus. In: Vermess.-techn. 31, 1983, 11. p.392. 1581

Hoffmann, Frank: Digitale kartographische Datenbasen beim US. Geological Survey (USGS). In: Vermess.-techn. 31, 1983, 7. p.250. 1582

Hoffmann, Frank: Möglichkeiten der Kartennutzung mittles automatischer Lesesysteme. In: Probleme der thematischen Kartographie und der Automatisierung der Kartenherstellung. - Dresden 1983. p.91-92. 1583

Hoffmann, Frank: LETSMAP - ein rechnergestütztes Geo-Informationssystem für die kartographische Ausbildung. In: Vermess.-techn. 31, 1983, 8. p.283. 1584

Hoffmann, Frank: Rechnergestützter Kartenentwurf - eine Entscheidung für die Zukunft. In: Vermess.-techn. 30, 1982, 3. p.105. 1585

Hoffmann, Frank: Zur Anwendung rechnergestützter Technologien in der topographischen Kartographie. In: Vermess.-techn. 31, 1983, 5. p.174-175. 1586

Hoffmann, Frank: Zur Entwicklung einer digitalen kartographischen Datenbasis in Finnland. In: Vermess.-techn. 31, 1983, 8. p.285-286, 1 ill. 1587

Hoffmann, Frank: Zur Weiterbildung auf dem Gebiet der rechnergestützten Kartographie. In: Vermess.-techn. 31, 1983, 2. p.67-68. 1588

Hsu, M.; P.M. Voxland: Automation and map projections. In: Amer. Congr. on Surv. a. Mapp. Techn. Papers, Ann. Meeting. 43, 1983. p.241-247. 1589

Hussong, Donald M.; Patricia Fryer: Back-arc seamounts and the SeaMARC II seafloor mapping system. In: EOS. Transactions. Amer. Geophysical Union. 64, 1983. p.627-632. 1590

Hutchinson, M.F.: MAPROJ - a compute map projection system. In: Cartography. 12, 1982, 3. p.144-145. 1591

Jackson, M.J.: Automated cartography at the experimental cartography unit. In: Computers in Cartography. 1982. p.133-142, ill., 2 tab. (British Cartogr. Soc., London; Spec. Publ. 2.) 1592

Jackson, M.J.; S.B.M. Bell; B.M. Diaz: Database developments in the experimental cartography unit. In: Cartographica, Mono. 20, 1983, 3. p.55-68, 7 ill. [With French, German a. Span. rés.] 1593

Jiang, Jing-tong: COMEDG - a program to combine logically independent line segments into geometrically coherent lines. In: Nachr. a.d. Kart.- u. Vermess.-wesen. R.I, 92, 1983. p.35-54, 20 ill., 1 tab. 1594

*Johnston, G.W.: Image processing of digital cartographic data. - St. Louis, AFS, MO.: US. Defense Mapping Agency Aerospace Center 1982. 39 p. 1595

Klinghammer, István; K. Kis; A. Papp-Váry: Möglichkeiten der Kategorienbildung und die computergesteuerte Kartogramm- und Diagrammherstellung. In: Probleme der thematischen Kartographie und der Automatisierung der Kartenherstellung. - Dresden 1983. p.83-89. 1596

Kophstahl, Erwin: Automationsgestütztes Erfassen, Verarbeiten und Darstellen topographischer Daten für die Herstellung der Deutschen Grundkarte 1:5 000-Höhe in Niedersachsen. In: Nachr. a.d. Kart.- u. Vermess.-wesen. R.I, 92, 1983. p.55-59. [With German, Engl. a. French rés.] 1597

Krcho, Jozef: Náčrt teoretickej koncepcie komplexného digitalného modelu terénu a jeho niektorych interdisciplinarnych aplikácii. In: Geod. a kartogr. obz. 29, 1983, 10. p.255-265, 9 ill. [Outline of theoretical conception of the complex digital terrain model and some of its interdisciplinary applications.] [Slov.] 1598

Kubik, K.: Automation in cartography. In: Boletim, Sociedade de Geografia de Lisboa. 100, 1982, 1/12. p.121-128, 7 ill., 4 tab. 1599

Kuehn, Henry I.; Kim W. Jones: Managing a computerized mapping system. In: Computer Graphics World. 6, 1983, 2. p.55-57. 1600

Kusch, M.: Rechnergestützte Herstellung von Flächenkartogrammen mit Photosatz. In: Vermess.-techn. 31, 1983, 12. p.405-407, 3 ill. 1601

Lannez, P.: Projet de fichier automatise des cartes geologiques de la cartotheque de BRGM. In: Bull. du Com. Franç. Cartogr. 95, 1983, 1. p.29-32. 1602

Lay, Hans-Günter; Wigand Weber: Waldgeneralisierung durch digitale Rasterdatenverarbeitung. In: Nachr. a.d. Kart.- u. Vermess.-wesen. R.I. 92, 1983. p.61-71, 4 ill. [With German, Engl. a. French rés.] 1603

Lichtner, Werner: Computer-unterstützte Verzerrung von Kartenbildern bei der Herstellung thematischer Karten. In: Internat. Jb. f. Kartogr. 23, 1983. p.83-96, 7 ill. [With Engl. a. French rés.] 1604

Lichtner, Werner: Experiments on automatic digitizing of cartographic maps by means of color-scanners. In: Proceedings ISPRS Commission IV Symposium. Amer. Soc. of Photogramm./Amer. Congr. on Surv. a. Mapp. 1982. p.389-395. 1605

Light, Donald L.: Mass storage estimates for the digital mapping era. In: Amer. Congress on Surv. a. Mapp. Techn. Papers, Ann. Meeting 1983. p.152-159. 1606

Lloyd, C.: The Kongsberg SysScan System for automated cartography. In: Computers in Cartography. 1982. p.14-22, 4 ill. 1607

Loikow, J.D.: Preliminary investigations in the creation of a nationwide digital cartographic database. In: Amer. Congr. on Surv. a. Mapp, Techn. Papers, Ann. Meeting 1983. p.144-151. 1608

Lubkowitz, Reinhard: Kooperative Linienextraktion aus Luftbild und Karte. In: Nachr. a.d. Kart.- u. Vermess.-wesen. R.I, 92, 1983. p.73-82, 5 ill. [With German, Engl. a. French rés.] 1609

Lyle, John; Frederick P. Stutz: Computerised land use suitability mapping. In: Cartogr. J. 20, 1983, 1. p.39-49, 11 ill. 1610

Magnenat-Thalmann, Nadia; Daniel Thalmann: La conception de cartes geographiques assistee par ordinateur. In: Cartographica, Mono. 19, 1982, 1. p.41-50. [With Engl., German a. Span. rés.] 1611

Mapping. Automated mapping systems in Australia. In: Graphics Technology. May/June 1982. p.4-6, ill. 1612

Marčenko, V.V.: Kartographische Information - die Grundlage für die Bildung territorialer maschineller Datenbanken. In: Z. f. angew. Geol. 29, 1983, 1. p.42-46. 1613

Martin, S.E.: The national digital cartographic data base. In: US. Geol. Survey, Ann. Report 1982. 1983. p.17-20, 3 ill. 1614

McCormack, Duncan D.: Computer graphics in the DSIR cartographic unit. In: New Zealand Cartogr. J. 12, 1982, 1. p.11-12. 1615

McEwen, Robert B.: Observations and trends in digital cartography 1982. In: Proceedings ISPRS Commission IV Symposium. Amer. Soc. of Photogramm./Amer. Congr. Surv. a. Mapp. 1982. p.419-431. 1616

*McEwen, Robert B.; Hugh W. Calkins; Benjamin S. Ramey: USGS digital cartographic data standards: overview and USGS activities. - Reston, Va.: US. Geol. Survey 1983. V, 20 p. 1617

Mehlbreuer, Alfred; Gerhard König: Software-Entwicklungen zur rechnergestützten Kartographie an der Technischen Universität Berlin. In: Nachr. a.d. Kart.- u. Vermess.-wesen. R.I, 92, 1983. [With German, Engl., a. French rés.] 1618

Merkel, Johannes: Zur Bereitstellung digitaler topographischer Daten in der DDR. In: Vermess.-techn. 31, 1983, 12. p.397-399. 1619

Meurisch, Heinz; Wigand Weber: Erfahrungen bei der Reproduktion der Topographischen Übersichtskarte 1:200 000 in verkürzter Skala mit einem digitalen Rasterdatenverarbeitungssystem. In: Nachr. a.d. Kart.- u. Vermess.-wesen. R.I, 92, 1983. p.109-142, 7 ill., 12 tab. [With German, Engl. a. French rés.] 1620

Mirkay, Francis M.: Defense Mapping Agency Digital Data Base Evolution. In: Amer. Congr. on Surv. a. Mapp. Techn. Papers, Ann. Meeting. 42, 1982. p.489-498. 1621

*Mix, Wende: Algorithms for computer cartographic line symbolization. - Amherst: State Univ. of New York at Buffalo 1983. [Master's thesis.] 1622

Monmonier, Mark Stephen: Computer-assisted cartography: principles and prospects. Englewood Cliffs, N.J., Pentrice-Hall, 1982. In: Bull. Spec. Libr. Assoc. Geogr. a. Map Div. 133, 1983. p.62-63. 1623

Montgomery, Glenn: The utility/municipal market for mapping. In: Computer Graphics World. 6, 1983, 3. p.79-82. 1624

Müller, Siegfried: Erstellung von mehrfarbigen Themenkarten in der EDV-unterstützten Kartografie. Aus der Praxis der Bundesforschungsanstalt für Landeskunde und Raumforschung. In: tb-report. 13, 1982, 2. p.36-39, 4 ill. 1625

Murata, Mamoru; H. Yokoi: Automatic map compiling equipment. In: Geogr. Surv. Inst. Bull. 27, 1982. p.33-52, 9 ill., 8 tab. 1626

Nedelman, K.S. a.o.: Automated vegetation classification using thematic mapper simulation data. In: Amer. Soc. of Photogramm., Techn. Papers, Ann. Meeting. 49, 1983. p.367-375. 1627

O'Conner, Charles: Charting Chicago with computers. In: Prof. Surveyor. 3, 1983, 1. p.18-22. 1628

Ophoff, Wolfgang: Rasterverarbeitung für die Aufgabenstellung raumbezogener Planung. In: Nachr. a.d. Kart.- u. Vermess.-wesen. R.I, 92, 1983. p.157-165, 7 ill. 1629

Ozerova, A.P.: Kartometričeskij sposob cifrovogo modelirovanija mestnosti. In: Geod. i Kartogr., Moskva. 1983, 5. p.28-32, 4 ill. [Cartometric method of digital terrain modelling.] [Russ.] 1630

Pala, S.: A practical automated mapping system. In: Satellite remote sensing for developing countries. Proc. Symposium, Igis, 1982. p.217-218. 1631

Parvey, Christian Alexander: A digital geographic base file for Australian federal electoral divisions. In: Cartography. 13, 1983, 1. p.49-53, 1 tab., 2 mp. 1632

*Petersen, Timothy R.: SYMAP: a recent historical study illustrating the role of institutional communication in computer-assisted cartography. - Syracuse: Syracuse Univ. 1982. [Master's thesis.] 1633

*Pettinger, Laurence R.: Digital classification of Landsat data for vegetation and land-cover mapping in the Blackfoot river watershed, southeastern Idaho. - Washington, D.C.: U.S. Gov. Print. Off. 1982. VI, 33 p. (Geological survey professional paper. US. Dept. of the Interior. 1219.) 1634

Pillmore, C.L.: Computer-assisted and analytical photogrammetric mapping systems for geologic studies: description and use. In: Amer. Soc. of Photogramm., Techn. Papers, Ann. Meeting 1983. p.77-84. 1635

Plender, L.: Kartografie en de automatisering bij de Rijksplanologische Dienst. In: Kartogr. T. 9, 1983, 3. p.27-30, 5 ill. 1636

Poiker, T.K.: Looking at computer cartography. In: Geo-Journal. 6, 1982, 3. p.241-249, 3 ill. 1637

Polaček, Jiři: Obrazová korelace - metoda automatizovaného vlícování digitálních snímků. In: Geod. a kartogr. obz. 29, 1983, 9. p.226-232, 4 ill., 2 tab. [Picture correlation - a method of automated identifying digital photographs.] [Czech.] 1638

Poynter, Alan: Computer-assisted cartography - the dilemma facing British producers of derived mapping in the 1980s. In: Cartogr. J. 20, 1983, 1. p.31-34. 1639

Quee, H.: Geautomatiseerde kartografie bij de Nederlandse Spoorwegen. In: Kartogr. T. 9, 1983, 3. p.21-22, 2 ill. 1640

Quirk, B.K.; F.L. Scarpace: A comparison between aerial photography and Landsat for computer land-cover mapping. In: Photogramm. engng a. remote sens. 48, 1982, 2. p.235-240. 1641

*Rieger, H.: System "WMAP" für Weltkarten. - Bonn 1983. 48 sheets. (Regionales Hochschulrechenzentrum - RHRZ - der Universität Bonn.) 1642

Rößler, H.: Automatische Höhenlinienzeichnung mittels Parabel- und Ellipsenbögen nach topographischen Erfordernissen. In: Vermess.-techn. 31, 1983, 4. p.129-130. 1643

Rosel, Mike: Computergraphik als Lesehilfe für blinde Studenten. In: Kartogr. Nachr. 33, 1983, 4. p.145-146, 1 photo. 1644

Rosenthal, R.L. a.o.: A methodology for digital processing of geographic and cartographic data. In: Amer. Congr. on Surv. a. Mapp. Techn. Papers, Ann. Meeting. 43, 1983. p.667-673. 1645

Rozman, Janko: Možnost ažurnega informiranja v občinskem merilu z avtomatizirano kartografijo. In: Geod. vestn. 27, 1983, 4. p.171-173, 3 ill. [The possibilities of up-to-date informing within a community by automated cartography. Report at professional meeting "Automation in geodesy", Bled, 1983.] [Slov. with Engl. rés.] 1646

Rubinsky, Yuri: Computer maps: a new turn in the road for videodiscs. In: Esquire 99, 1983, 3. p.250-252. 1647

Schellart, P.: Kartografie en automatisering. In: Kartogr. T. 9, 1983, 4. p.48-50. [With Engl. rés.] 1648

Schmidt, A.: Ein Vorschlag zur Datenstruktur bei der Realisierung digitaler Geländemodelle auf EDVA des Systems der Kleinrechner. In: Vermess.-techn. 31, 1983, 10. p.344-346, 1 ill., 6 tab. 1649

Schöler, Horst: Automatisierte Liegenschaftskarte in der BRD. In: Vermess.-techn. 30, 1982, 3. p.105. 1650

Schroth, Ralf: Rechnergestützte kartographische Entzerrung mit Reproduktionskameras. In: Kartogr. Nachr. 32, 1982, 3. p.81-85, 1 ill., 1 tab. 1651

Schulz, Bernd-Siegfried: Noise reduction and line following in multi-scanned data. In: Nachr. a.d. Kart.- u. Vermess.-wesen. R.II, 40, 1983. p.109-118. 1652

Sena, Michael L.: Computer mapping for publication. In: Computer Graphics World. 6, 1983, 7. p.68-76. 1653

Shelberg, M.C.; H. Moellering: IFAS: a program to measure fractal dimensions of curves and surfaces. In: Amer. Congr. on Surv. a. Mapp. Techn. Papers, Ann. Meeting. 43, 1983. p.483-492. 1654

Shepherd, Ifan D.H.: Bringing computers into the map library: some general issues with special reference to MAPLIB. In: Computers in Cartography. 1982. p.162-199, 6 ill. (British Cartogr. Soc., London; Spec. Publ. 2.) 1655

Siddans, D.R.: The transformation of cartographic data to the geometry of oblique photographs. In: Computers in Cartography. 1982. p.35-42, 4 ill. (British Cartogr. Soc., London; Spec. Publ. 2.) 1656

Sirjaev, E.E.; A.S. Vasil'ev: Spocoby normalizacii kart izolihij pri postroenii cifrovych modelej. In: Geod. i Kartogr., Moskva. 1982, 7. p.34-38, ill. [Methods of isoline maps normalization for digital modelling.] [Russ.] 1657

Smeets, J.F.: Een interactief grid-geörienteerd informatiesysteem (IGIS). In: Kartogr. T. 9, 1983, 3. p.49-53, 4 ill. 1658

Sorrell, P.E.: Training, education and employment in the field of computer-assisted cartography. In: Computers in Cartography. 1982. p.85-89. (British Cartogr. Soc., London; Spec. Publ. 2.) 1659

Southard, Rupert B.; K.E. Anderson: A national program for digital cartography. In: Auto-Carto 5 Proceedings. Amer. Soc. of Photogramm./Amer. Congr. on Surv. a. Mapp. 1982. p.41-49. 1660

Spiegel, R.: Beispiele der automatisierten Herstellung thematischer Karten für den Städtebau. In: Probleme der thematischen Kartographie und der Automatisierung der Kartenherstellung. - Dresden 1983. p.93-95. 1661

Spiess, Ernst: Computergestützte Herstellung des Übersichtsplanes. In: Vermess., Photogramm., Kulturtechn. 79, 1981, 12. p.460-462. 1662

Staufenbiel, Wilfried: Die automatisierte Liegenschaftskarte (ALK), eine Quelle für die topographischen Landeskartenwerke? In: Nachr. a.d. Kart.- u. Vermess.-wesen. R.I, 92, 1983. p.167-175. [With German, Engl. a. French rés.] 1663

Staufenbiel, Wilfried: Topographische Datenbank. In: Z. f. Vermess.-wesen. 108, 1983, 12. p.550-552, 2 ill. 1664

Stefanovič, Pavao: Cartographie assistée par ordinateur. In: Géomètre. 125, 1982, 5. p.55-72. 1665

Stefanovič, Pavao: Digitalno kartiranje. In: Zbornik. Instituta geodetskog. Univerzitet u. Beograd. 20, 1981. p.1-37. [Digital mapping.] [Serb.-croat.] 1666

Stenzel, Hans-Joachim: Automatisierte Bearbeitung von Kartennamen. - Dresden: Ingenieurschule für Geodäsie und Kartographie. T.1: 1981. I, 24 p., ill.; T.2: 1981. I, 37 p. (Spezielles Lehrmaterial für die Aus- und Weiterbildung von Ingenieuren der Fachrichtung Kartographie: Kartenherstellung.) 1667

Storey, P.: Observations on the development of a digital mapping system. In: Photogramm. Rec. 11, 1983. p.55-58. 1668

Stüve, Peter: Computergestützte Herstellung hydrogeographischer Karten. In: Kartogr. Nachr. 33, 1983, 3. p.98-103, 2 ill., 2 suppl. 1669

Szangolies, K.: Symposium "Anwendung von Photogrammetrie und Fernerkundung für Kartographie und Datenbanken" und "Auto-Carto 5" (Tagung und Ausstellung zur Automatisierung der Kartographie). In: Vermess.-techn. 31, 1983, 2. p.65. 1670

Thompson, L.G. Sam: Digitizing and automated output mapping errors. In: Photogramm. engng a. remote sens. 47, 1981, 10. p.1455-1457, ill., 2 tab. 1671

Tien vragen over de toekomst van de automatisering in de kartografie. In: Kartogr. T. 9, 1983, 3. p.54-56. 1672

Töpfer, Friedrich: Grundlagen der Automatisierung der Kartenherstellung. T.2. - Dresden: Ingenieurschule für Geodäsie und Kartographie. 1981. I, 36 p., ill., mp. (Spezielles Lehrmaterial für die Aus- und Weiterbildung von Ingenieuren der Fachrichtung Kartographie: Kartenherstellung.) 1673

Torlegard, Kennert: Photogrammetrie und digitale Höhenmodelle - Gegenwärtiger Stand der Entwicklung und Anwendung. In: Bildmess. u. Luftbildw. 51, 1983, 1. p.11-20. 1674

Turner, Alice K.: Computer generated maps. In: Engineering geology and environmental constraints. Proc. 33rd Highway Geology Symposium, Vail, 1982. 1983. p.231-240. 1675

Turner, Alice K.: Digital cartography - a geological perspective. In: 2nd International conference on Geological Information. Proc., Golden, Colorado, 1982. Vol. 1, 1982. p.153-161. 1676

Uitermark, H.: Trends in de ontwikkeling van interactieve grafische systemen. In: Kartogr. T. 9, 1983, 3. p.31-32. 1677

Verklarende lijst van termen op het gebied van geautoamtiseerde kartografie, samengesteld ten behoeve van de kartografendagen 1983 te Kampen. In: Kartogr. T. 9, 1983, 3. p.18-20, 1 ill. 1678

Verwaal, J.J.: Hoe beleeft of beleefde de kartograaf de de automatisering? In: Kartogr. T. 9, 1983, 3. p.42-43. 1679

Veverka, B.: Die kartographischen Input/Output-Operationen im territorialen Informationssystem der CSSR. In: Probleme der thematischen Kartographie und der Automatisierung der Kartenherstellung. - Dresden 1983. p.90-91. 1680

Vidal, Masso Fernando: Levantamientos hidrograficos y cartografia automatica. In: Bol. de Inform. Serv. Geogr. Ejército. 53, 1982, 2. p.67-91, 9 ill. 1681

Vinken, Reiner; Horst-H. Voss: Die automatische Datenverarbeitung - ein neues Werkzeug bei Aufnahme und Entwurf geowissenschaftlicher Karten. In: Verhandlungen des deutschen Geographentages. 43, 1983. p.133-135. 1682

Weber, Wigand: AUTO-CARTO 5. Bericht über das "Fifth International Symposium on Computer-Assisted Cartography"in Crystal City, Virginia, USA, vom 22.-25. August 1982. In: Kartogr. Nachr. 33, 1983, 1. p.28-29. 1683

Weber, Wigand a.o.: Report on the International Cartographic Association Seminar on 'Computer-assisted Mapping and Charting' at Wuhan, China, October 15th to November 1st, 1981. In: Nachr. a. d. Kart.- u. Vermess.-wesen. R.2, 40, 1983. p.141-167, ill. 1684

Welch, Roy; Yi-rong A. Hsu: Computer graphic representation of land use/cover classification accuracy. In: Prof. Geogr. 35, 1983, 2. p.202-206. 1685

Welch, Roy; Thomas R. Jordan; E. Lynn Usery: Microcomputers in the mapping sciences. In: Computer Graphics World. 6, 1983, 2. p.33-42. 1686

Wolodtschenko, A.: Zur Frage der Herstellung mehrfarbiger Matrixkarten. In: Vermess.-techn. 31, 1983, 1. p.22-23. 1687

Worth, Chris: Computer assisted drawing of block diagrams. In: Bull. Soc. of Univ. Cartographers. 16, 1983, 1. p.9-19, 14 ill. 1688

Wray, James R.: A digital map that doesn't look like one: US. Geological Survey uses new computer graphics techniques to enhance satellite maps. In: Computer Graphics News. 2, 1983, 5. p.8-9, 20. 1689

Yoeli, Pinhas: Digital terrain models and their cartographic and cartometric utilisation. In: Cartogr. J. 20, 1983, 1. p.17-22, 1 ill. 1690

Yoeli, Pinhas: Shadowed contours with computer and plotter. In: Amer. Cartographer. 10, 1983, 2. p.101-110, 18 ill. 1691

Zuijlen, Luuk van: Computer-assisted cartography. In: ITC-Journal. 1982, 1. p.31-34, 1 ill. 1692

Zuijlen, Luuk van: Inleiding in de automatisering in de kartografie. In: Kartogr. T. 9, 1983, 3. p.11-17, 10 ill. [With Engl. rés.] 1693

Data acquisition. Data storage / Datenerfassung und Datenspeicherung / Saisie des données. Emmagasinage des données

Allam, M. Mosaad: Acquisition of digital topographic data and the need for a standardized digital database. In: Proceedings ISPRS Commission IV Symposium. Amer. Soc. of Photogramm./ Amer. Congr. on Surv. a. Mapp. 1982. p.1-12. 1694

Burwell, A.D.M.; C.G. Topley: POLYPLOT - an interactive modular program in BASIC for plotting graphs. In: Computers & Geosciences. 9, 1983, 2. p.157-209, 6 ill. 1695

Hoffmann, Frank: Großmaßstäbiger digitaler topographischer Datenspeicher des Ordnance Survey. In: Vermess.-techn. 30, 1982, 3. p.105. 1696

Huszár, B.: Herstellungsverfahren der Grundkarte und Datenerfassung für den Aufbau einer Datenbank in der Ungarischen Volksrepublik. In: Vermess.-techn. 31, 1983, 10. p.336-337. 1697

Editing. Information content. Generalization /

Datenaufbereitung. Informationsgehalt. Generalisierung /

Edition - correction. Contenu en informations. Généralisation

*Dorigo, Guido: VCPLOT: ein Programmpaket zur Erstellung thematischer Karten: Benützerhandbuch. - Zürich: Geographisches Institut der Universität 1983. 86 p., ill. (Geoprocessing-Reihe. 2.) 1698

Giebels, Matthias: Automatische Symbolerzeugung für topographische Karten durch digitale Rasterdatenverarbeitung am Beispiel der Topographischen Übersichtskarte 1:200 000 (TÜK 200). In: Nachr. a.d. Kart.- u. Vermess.-wesen. R.I, 92, 1983. p.11-25, 8 ill. [With German, Engl. a. French rés.] 1699

Hoffmann, Frank: Entwicklung thematischer Karten mit maschinenlesbarer Legende. In: Vermess.-techn. 30, 1982, 3. p.104-105. 1700

Holmes, G.L.: Computer-assisted chart symbolization at the Defense Agency Aerospace Center. In: Auto-Carto 5 Proceedings. Amer. Soc. of Photogramm./ Amer. Congr. on Surv. a. Mapp. 1982. p.387-396. 1701

Menke, Kurt: Ein Beispiel rechnergestützter Generalisierung für die TK 25. In: Nachr. a.d. Kart.- u. Vermess.-wesen. R.I, 92, 1983. p.95-108, 3 ill., 1 tab. [With German, Engl. a. French rés.] 1702

Menke, Kurt: Zur rechnergestützten Generalisierung des Verkehrswege- und Gewässernetzes, insbesondere für den Maßstab 1:25 000. In: Allg. Vermess.-Nachr. 90, 1983, 7. p.297-298. 1703

Riel, A.J.E. van: Legenda's bij geautomatiseerde kartografie. In: Kartogr. T. 9, 1983, 1. p.88-91, 5 ill. 1704

Weber, Wigand: Konzept zur automationsgestützten Fortführung der Topographischen Übersichtskarte 1:200 000 im Rastermodus. In: Nachr. a.d. Kart.- u. Vermess.-wesen. R.I, 91, 1983. p.55-75, 1 ill. [With German, Engl. a. French rés.] 1705

Data output. Graphic representation /

Datenausgabe. Graphische Darstellung /

Sortie des données. Représentation graphique

*Allders, William R.; Atef A. Elassal: USGS digital cartographic data standards: digital line graphs from 1:24 000-scale maps. - Reston, Va.: US. Geological Survey 1983. VI, 79 p. 1706

Antoy, S.: Contour plotting for function specified at nodal points of a mesh based on a set of irregular profiles. In: Computers & Geosciences. 9, 1983, 2. p.235-244, 5 ill. 1707

Beers, B.J.: Een microcomputer voor de ondersteuning van fotogrammetrische digitalisering. In: Geodesia. 25, 1983, 2. p.37-40, 1 ill., 3 photos. [With Engl. rés.] 1708

*Bell, P.D.; D.A. Kolassa; J.A. Terenzetti: Advanced cartographic data digitizing system. - Rome, N.Y.: Synthetics Corp. 1982. 32 p. 1709

Chamard, Roger R.: The analytical stereoplotter: the data gatherer for computer-assisted cartography and integrated resource mapping. In: Proceedings ISPRS Commission IV Symposium, ASP/ACSM 1982. p.115-121. 1710

Cruse, Larry: Design for a semi-automatic map encapsulator. In: Inform. Bull. West. Assoc. of Map Libr. 15, 1983, 1. p.1-7, 2 ill. 1711

Dalia, Olivér: Digitális kép geometriai transzformációja. In: Geod. és Kartogr. 35, 1983, 1. p.30-38, 13 ill. [Geometric transformation of digital image.] [Hung. with Engl. rés.] 1712

Dann, Rudolf: DIGMAP, ein interaktives graphisches System zur Unterstützung markscheiderischer Arbeiten. In: Nachr. a.d. Kart.- u. Vermess.-wesen. R.I, 92, 1983. p.7-10, 4 ill. [With German, Engl. a. French rés.] 1713

*Domaratz, Michael A. a.o.: US. digital cartographic data standards: digital line graphs from 1:2 000 000-scale maps. - Reston, Va.: US. Geological Survey 1983. VI, 40 p. 1714

*Elassal, Atef A.; Vincent M. Caruso: USGS digital cartographic data standards: digital elevation models. - Reston, Va.: US. Geological Survey 1983. VI, 40 p. 1715

Grams, Peter: Integrierte graphische Verarbeitung bei der Führung des Flurkartenwerks. In: Z. f. Vermess.-wesen. 108, 1983, 12. p.545-547, 2 ill. 1716

Hoffmann, Frank: Automatisierte Herstellung digitaler Reliefmodelle. In: Vermess.-techn. 31, 1983, 8. p.282. 1717

Nackunstz, Ivar: Ein neues System zur automatischen Digitalisierung kartographischer Strichzeichnungen. In: Nachr. a.d. Kart.- u. Vermess.-wesen. R.I, 92, 1983. p.143-165, 6 ill. [With German, Engl. a. French rés.] 1718

Neumyvakin, Ju.K.: Voprosy cifrovogo kartografirovanija. In: Geod. i Kartogr., Moskva. 1983, 6. p.53-56. [Problems of digital mapping.] [Russ.] 1719

Newcomer, Jeffrey A.; John Szajgin: Accumulation of thematic map errors in digital overlay analysis. In: Amer. Cartographer. 11, 1981, 1. p.58-62. 1720

Nonomura, Kunio a.o.: Computer assisted production of a layered map using digital altitude data. In: Bull. of the Geogr. Surv. Inst. 28, 1983. p.101-105, 9 ill. 1721

*Norvelle, F.R.: Interactive digital correlation techniques for automatic compilation of elevation data. - Fort Belvoir, Va.: US. Army Engineer Topogr. Labs. 1981. 16 p. 1722

Nowakowski, Herbert: Eine graphische Datenerfassungsstation für die Landesaufnahme. In: Eich- u. Vermess.-mag. 40, 1983. p.20-22, 1 ill. 1723

Proß, E.: Spezielle Probleme bei der Digitalisierung linienhafter graphischer Vorlagen. In: Vermess.-techn. 31, 1983, 3. p.94-96, ill. 1724

Schmidt, A.: Ein Verfahren zur Digitalisierung großmaßstäbiger Vorlagen mit Hilfe einfacher Digitalisiergeräte. In: Vermess.-techn. 31, 1983, 1. p.11-13, 12 ill. 1725

Thalmann, Nadia a.o.: Elect / An interactive graphical system for the automatic generation of electoral maps. In: Cartographica, Mono. 19, 1982, 1. p.28-40. [With French, German a. Span. rés.] 1726

Weber, Wigand: Ein Datenverwaltungssystem für digitale Rasterkarten. In: Nachr. a.d. Kart.- u. Vermess.-wesen. R.I, 1983. p.77-95, 7 ill. [With German, Engl. a. French rés.] 1727

Weber, Wigand: Vorschlag für ein System zur kartographischen Mustererkennung nach Methoden der digitalen Rasterdatenverarbeitung. In: Nachr. a.d. Kart.- u. Vermess.-wesen. R.I, 92, 1983. p.177-189. [With German, Engl. a. French rés.] 1728

Wolodtschenko, A.: Neue Darstellungsmöglichkeiten mehrerer Merkmale in Schreibwerkkartogrammen. In: Vermess.-techn. 30, 1982, 8. p.276-278, 6 ill. 1729

VII. Topographic and Landscape Cartography
Topographische und chorographische Kartographie
Cartographie topographique et chorographique

A GENERAL FEATURES UDC 528.93
ALLGEMEINES
GENERALITES

*Alletto, Franco: Club alpino italiano. Topografia e orientamento. - Milano: Commissionare nat. scuole di alpinismo 1982. 86 p. 1730

Analysis of the status of world topographic mapping. In: World Cartography. 17, 1983. p.33-36, 1 ill. 1731

Bernhardt, G.: Zur Qualitätssicherung in der topographischen Kartographie. In: Vermess.-techn. 31, 1983, 11. p.365-367. 1732

*Besençon, Maurice: La carte topographique. - [Lausanne]: Guilde de documentation de la Société pédagogique romande 1983. 2 Vol. 66 p.; 64 p., ill. (Guilde de documentation de la SPR. 402.) 1733

Gottschalk, Hans-Jörg: Wie genau sind topographische Karten? In: Vermess.-Ing. 34, 1983, 5. p.151-152, 2 tab. 1734

Hake, Günter: Topographische Darstellungen in Karten im Wandel der Funtionen und Methoden. In: Kartogr. Nachr. 33, 1983, 5. p.165-172. 1735

Hoffmann, Frank: Großmaßstäbiger digitaler topographischer Datenspeicher des Ordnance Survey. In: Vermess.-techn. 30, 1982, 3. p.105. 1736

Hoffmann, Frank: Zur Anwendung rechnergestützter Technologien in der topographischen Kartographie. In: Vermess.-techn. 31, 1983, 5. p.174-175. 1737

Hoffmann, Frank: Zur Entwicklung einer digitalen kartographischen Datenbasis in Finnland. In: Vermess.-techn. 31, 1983, 8. p.285-286, 1 ill. 1738

Hoya, Mutsuko: Arrangement of topographical maps at each countries in the world and their Map Scaling System in six west European countries. In: Map. 21, 1983, 2. p.31-38, 5 ill. [Japan.] 1739

Huang, Wanhua; Zhang Tianzhen: Present situation and developing tendencies of county maps in our country and our suggestions for improvement. In: Scientia Geogr. sinica. 3, 1983, 2. p.125-131. 1740

Huszár, B.: Herstellungsverfahren der Grundkarte und Datenerfassung für den Aufbau einer Datenbank in der Ungarischen Volksrepublik. In: Vermess.-techn. 31, 1983, 10. p.336-337. 1741

*Jokisaari, Allen O.: The Latah Country Map Series: a simplified method for local production of basic topographic mapping. - Moscow: Univ. of Idaho 1983. [Master's thesis.] 1742

Jouret, Bernard: Les cartes topographiques et le probleme de la generalisation aspects quantitatifs et qualitatifs. In: Bull. trim. Soc. Belge de Photogramm. et télédétect. 151/152, 1983. p.15-33. 1743

Konecny, Gottfried; Walter Schuhr; Joe Wu: Untersuchungen über die Interpretierbarkeit von Bildern unterschiedlicher Sensoren und Plattformen für die kleinmaßstäbige Kartierung. In: Bildmess. u. Luftbildw. 50, 1982, 6. p.187-200, 24 photos, 6 ill., 3 tab. 1744

Kraus, Karl; Evangelos Vozikis: Stereoskopie thematischer Informationen. In: Kartogr. Nachr. 33. 1983, 2. p.45-51, 6 ill. 1745

Lakshman, P.M.: R. & D. [Research and Development] in Surveying & Mapping - on future trends. In: Indian Surveyor. 24, 1983, 1. p.22-25. 1746

Langeraar, W.: Charting problems of the Third World. In: Festschrift Baarda. 2, 1982. p.497-505. 1747

Loodts, J.; J. Theatre: Remote sensing and topographic maps. In: Proc. EARSeL/ESA Symposium on Remote Applications for Environmental studies. - Brussels 1983. p.147-148. (ESA SP-188; distributed ESTEC, Noordwijk.) 1748

Markham, Robert: A systematic user oriented plan for topographic maps on microfiche. In: Microcartography: applications for archives and libraries. - Santa Cruz, Ca. 1981. p.109-122. (West. Assoc. of Map Libr. Occ. Paper. 6.) 1749

Merkel, Johannes: Zur Bereitstellung digitaler topographischer Daten in der DDR. In: Vermess.-techn. 31, 1983, 12. p.397-399. 1750

Müller, Hans Horst: "Und sie bewegt sich doch"- Von der zweidimensionalen zur dreidimensionalen Siedlungsdarstellung in topographischen Karten? In: Kartogr. Nachr. 33, 1983, 4. p.128-131, 1 mp-suppl. 1751

Näser, K.: Zur Weiterentwicklung des Standardkomplexes TGL 26711 "Großmaßstäbige Karten". In: Vermess.-techn. 31, 1983, 10. p.340-341. 1752

Semenov, V.I.; V.M. Kamornyj: Bozmožnosti povyšenija informativnosti topografičeskich kart šel'fa. In: Geod. i Kartogr., Moskva. 1982, 3. p.23-26. [Potentialities of increasing shelf topographic maps information capacity.] [Russ.] 1753

Spiess, Ernst: Revision of topographic maps: photogrammetric and cartographic methods of the Fribourg Test. In: Photogramm. Rec. 11, 1983, 61. p.29-42, ill. 1754

Vorožčov, V.J.: O klassifikacii sel'skochozjajstvennych kart. In: Geod. i Kartogr., Moskva. 1983, 11. p.48-51. [On classification of topographic maps.] [Russ.] 1755

Walsh, Jim; Dan Hernden: Conversion tables from DMA/AMS standard series designation to GSGS numbering and from GSGS numbering to DMA/AMS standard series designation. In: Inform. Bull. West. Assoc. of Map Libr. 14, 1983, 2. p.118-125. 1756

Windheuser, Christine S.: Government mapping in the developing countries. In: Government Publications Review. 10, 1983, 4. p.405-409. 1757

Wolf, Helmut: Erdmessung und Landesvermessung in ihren heutigen Wechselbeziehungen. In: Z. f. Vermess.-wesen. 108, 1983, 1. p.1-7. 1758

World cadastral surveying and mapping, 1980. In: World Cartography. 17, 1983. p.37-38, 1 tab. 1759

World topographic mapping, 1980. In: World Cartography. 17, 1983. p.4-15, 8 ill., 1 tab. 1760

Zuijlen, Luuk van: Topografische kaarten vroeger, nu en straks? In: Kartogr. T. 9, 1983, 4. p.27-31, 1 photo. [With Engl. rés.] 1761

B REGIONAL CARTOGRAPHY / REGIONALE KARTOGRAPHIE / CARTOGRAPHIE REGIONALE

UDC 528.93 (4/9)

World / Welt / Monde

Hoya, Mutsuko: Arrangement of topographical maps at each countries in the world and their Map Scaling System in six west European countries. In: Map. 21, 1983, 2. p.31-38, 5 ill. [Japan.] 1762

Inventory of world topographic mapping, 1980. In: World Cartography. 17, 1983. p.16-32, tab. 1763

Makarov, A.J.; V.V. Kiselev: Razgrafka i nomenklatura topografičeskich kart južnogo polišarija. In: Geod. i Kartogr., Moskva. 1983, 8. p.43-45, 3 ill. [Sheet division and nomenclature of topographic maps for the South Hemisphere.] [Russ.] 1764

Oceans / Meere / Océans

Ulrich, Johannes; F.-C. Kögler: Zur Topographie und Morphologie des "Sonne-Seamount" südlich von Hawaii. In: Dt. Hydrogr. Z. 35, 1982, 6. p.239-250, 7 ill., 1 tab., 1 mp-suppl. 1765

Africa / Afrika / Afrique

Algeria / Algerien / Algérie

*Aissani, Boualem: Cartographie automatique de champs pluviométriques: exemple de la région algéroise. - Nancy: Fondation scient. de la géologie et ses applications 1983. (Sciences de la terre. Série Informatique géologique.)
ISBN 2-85555-001-7 1766

Botswana / Botswana / Botswana

Goldberg, G.; Chr. Neumann-Redlin: Hydrogeological reconnaissance maps of the Republic of Botswana at scale 1:500 000. In: Transaction. Geological Society of South Africa. 84, 1981, 2. p.191-192. 1767

Ethiopia / Äthiopien / Ethiopie

Eversole, Richard: An Ethiopian mountain in maps and literature. In: Mapline. 29, 1983. p.[1-3], 4 ill. 1768

Kenya / Kenia / Kenya

*Yego, Joel: The suitability of Landsat data to map and monitor soil erosion hazards in semi-arid lands: a case study of central Kitui, Kenya. - Santa Barbara: Univ. of California, Santa Barbara 1982. [Master's thesis.] 1769

Nigeria / Nigeria / Nigeria

Balogun, Olayinka Y.: Structure and problems of cartographic education in Nigeria. In: Internat. Yb. of Cartogr. 23, 1983. p.121-135, 1 ill., 4 tab. [With German a. French rés.] 1770

Olorunfemi, J.F.: Applications of aerial photography to population estimation in Nigeria. In: Geo-Journal. 6, 1982, 3. p.225-230, 2 ill., 6 tab. 1771

South Africa / Süd-Afrika / Afrique du sud

Thomas, P.W.: The topographical 1:50 000 map series of South Africa, Part III. In: South Afr. J. of Photogramm., Remote Sensing and Cartogr. 13, 1983, 5. p.331-343, 2 ill., 1 tab. 1772

America / Amerika / Amérique

Argentine / Argentinien / Argentine

Siragusa, Alfredo: La representación cartográfica total de la República Argentina. In: Boletin de GAEA. 101, 1982. p.44-47. 1773

Brazil / Brasilien / Bresil

Bandeira de Mello e Silva, S.C.: Cartografia da acessibilidade e da interacao no Estada da Bahia. In: Geografia, Rio Claro. 7, 1982, 13/14. p.51-73, 10 ill. [Cartography of accessibility and interaction in the state of Bahia/Brazil.] 1774

Bittencourt, O.: Sidelooking airborne radar as a tool for natural resources mapping - the Brazilian approach. In: Geol. Surv. Profess. Paper. Nr. 1193, 1983. p.317-335. 1775

Kohlhepp, Gerd: Wirtschaftskarte Brasilien. Anmerkungen zur Kartenbeilage "Sudamerika-Wirtschaft". In: Geogr. Rdsch. 34, 1982. p.374-375. 1776

Canada / Kanada / Canada

*Green, L.: The boundary hunters: surveying the 141st meridian and the Alaska panhandle. - Vancouver: University of British Columbia Press 1982. 1777

Ohta, Hirochi: A consideration on ICAO [Aeronautical Charts Aviation Cartography] in Canada. In: Map. 20, 1982, 2. p.1-8, 8 ill., 1 tab. [Japan. with Engl. rés.] 1778

Schöler, Horst: Das Vermessungs- und Kartenwesen in Kanada. In: Vermess.-techn. 31, 1983, 7. p.249-250. 1779

Stacey, Duncan: The use of fire insurance plans in the heritage conservation of industrial buildings; British Columbia Canneries - a test case. In: Bull. Assoc. of Canad. Map Libr. 47, 1983. p.37-39. 1780

Colombia / Kolumbien / Colombie

Hosoi, Shosuke: Land environment and street patterns of the cities in Venezuela and Columbia. In: Map. 21, 1983, 4. p.1-10, 7 ill., 3 tab. [Japan. with Engl. rés.] 1781

Cuba / Kuba / Cuba

González Otero, Laura; Jaroslav Raušer: Guia para la elaboracion del mapa de la calidad ambiental, a escala 1:50 000, del Parque Gran Piedra-Baconao, provincia de Santiago de Cuba. In: Stud. Geogr. 86, 1983. p.107-124. 1782

González Otero, Laura; Jaroslav Raušer: Principios de elaboracion de los mapas de evaluacion de la calidad ambiental de Cuba. In: Stud. Geogr. 86, 1983. p.32-43. 1783

Peru / Peru / Pérou

Mapa aereo de Cordillera del Condor hizo E.U. el 47. In: Boletin de la Sociedad Geográfica de Lima. 101, 1981. 1784

United States of America / Vereinigte Staaten von Amerika / Etats-Unis d'Amérique

Frasse, J.A.; E.W. Kiessling: Index to geologic maps of California: 1977-1978. In: California Geology. 36, 1983, 1. p.6-13. 1785

Gilman, Clarence R.: Map design at USGS: a memoir. In: Amer. Cartographer. 10, 1983, 1. p.31-49, 2 tab. 1786

*Green, L.: The boundary hunters: surveying the 141st meridian and the Alaska panhandle. - Vancouver: Univ. of British Columbia Press 1982. 1787

Monmonier, Mark Stephen: Federal-state cost-sharing and the geography of cartography in New Hampshire and Vermont. In: Proc. of the Penn. Academy of Science. 57, 1983, 1. p.93-98. 1788

Monmonier, Mark Stephen: Topographic map coverage of Pennsylvania: a study in cartographic evolution. In: Proc. of the Penn. Academy of Science. 56, 1982, 1. p.61-66, 11 ill. 1789

Norris, Frank: Maps, history, and the San Diego environmental consulting industry. In: Inform. Bull. West. Assoc. of Map Libr. 13, 1982, 2. p.143-147. 1790

O'Conner, Charles: Charting Chicago with computers. In: Prof. Surveyor. 3, 1983, 1. p.18-22. 1791

*Petersen, James Frederick: Topographic profile analysis of Piedmont Scarps, Northern Wasatsch Front, Utah. - Univ. of Utah 1981. 138 p. 1792

*Pettinger, Lawrence R.: Digital classification of Landsat data for vegetation and land-cover mapping in the Blackfoot River watershed, southeastern Idaho. - Washington, D.C.: US. Gov. Print. Off. 1982. VI, 33 p. (Geological Survey Prof. Paper. US. Dept. of the Interior. 1219.) 1793

*Progress report on the cartographic activities of the United States, January 1, 1977, to December 31, 1981, for presentation to the XIV Pan American Consultation on Cartography in Santiago, Chile, March 22 - April 3, 1982. - Washington: US. National Oceanic and Atmospheric Administration 1982. VI, 94 p. 1794

*Sayer, Robert B.: A sensitivity mapping scheme based on ecological land surveys: case study Wood Buffalo National Park. - Ottawa: Carleton Univ. 1983. [Master's thesis.] 1795

Southard, Rupert B.: The development of US. national mapping policy. In: Amer. Cartographer. 10, 1983, 1. p.5-15. 1796

Southard, Rupert B.; K.E. Anderson: A national program for digital cartography. In: Auto-Carto 5 Proceedings, ASP-ACSM. 1982. p.41-49. 1797

Tamm-Daniels, F.L.: The Tennessee Valley Authority's 1:12 000 scale topographic series. In: Amer. Congr. on Surv. a. Mapp. Techn. Papers. Ann. Meeting. 43, 1983. 1798

Wagner, Robert L.: Mapping the Suwannee floodplain. In: Prof. Surveyor. 3, 1983, 1. p.35-37. 1799

Venezuela / Venezuela / Venezuela

Hosoi, Shosuke: Cartography in Venezuela - past and present. In: Map. 20, 1982, 1. p.14-22, 7 ill. [Japan. with Engl. rés.] 1800

Hosoi, Shosuke: Land environment and street patterns of the cities in Venezuela and Colombia. In: Map. 21, 1983, 4. p.1-10, 7 ill., 3 tab. [Japan. with Engl. rés.] 1801

Arctic and Antarctic / Arktis und Antarktis / Arctique et Antarctique

Antarctic / Antarktis / Antarctique

Cárdenas Hernández, José: Empleo de satélites geodésicos en el levantamiento cartográfico de la Antártida. In: Terra Australis, Revista geográfica de Chile. 14, 1980. 1802

Magome, Hiroshi; Shoji Hashizume: The present status of map-making on the Antarctic continent in Japan. In: Map. 20, 1982, 1. p.1-13, 3 ill., 5 tab., 1 photo. 1803

Moller, D.: Deutsche Antarktisforschung - Überblick und geodätische Aspekte. In: Z. f. Vermess.-wesen. 108, 1983, 12. p.578-581. 1804

Southard, Rupert B.: Mapping operations in Antarctica. In: Antarctica Journal of the United States. 17, 1982, 5. p.252-253. 1805

Takahashi, Hidenao: Preparation of Antarctic maps by the Geographical Survey Institute. In: Bull. of the Geogr. Surv. Inst. 28, 1983. p.64-67, 1 tab. 1806

Asia / Asien / Asie

Brown, Douglas L.: The case for an international large- and medium-scale nautical chart series in East Asia. In: Internat. Hydrogr. Rev. 60, 1983, 2. p.97-104. 1807

China / China / Chine

Brandenberger, Arthur J.: Surveying and Mapping (S & M) in China. In: Surv. a. Mapp. 43, 1983, 2. p.153-160, 1 ill. 1808

Huang, Wanhua; Zhang Tianzhen: Present situation and developing tendencies of county maps in our country and our suggestions for improvement. In: Scientia Geogr. Sinica. 3, 1983, 2. p.125-131. 1809

Lo, C.P.: Quantitative regional analysis of Chu Chiang delta area of South China using Landsat images. In: Geo-Journal. 6, 1982, 3. p.231-240, 14 ill. 1810

Yuju, Hu; Zhang Kequan: Some experience in training cartographers in the People's Republic of China. In: Internat. Yb of Cartogr. 23, 1983. p.193-201, 1 ill., 5 tab. [With German a. French rés.] 1811

India / Indien / Inde

Gupta, S.P. das: Indian cartography. In: A survey of research in physical geography. 1972, comp. vol. [1968/78]. - New Delhi 1983. p.146-268. 1812

Murthy, M.V.N.: Environmental mapping in India. In: Geol. Surv. Profess. Paper. 1193, 1983. p.292-297. 1813

Indonesia / Indonesien / Indonésie

*Helmcke, Dietrich: Die Satellitenbildkarte 1:500 000 von Zentral-Neuguinea <östliche Jayawijaya- und westliche Sepik-Region>. Von Dietrich Helmcke, Gerhard Pöhlmann und Joachim Pohlmann. - Berlin: Reimer 1983. 23 p., 4 pl., 1 mp. (Mensch, Kultur und Umwelt im zentralen Bergland von West-Neuguinea. 13.) ISBN 3-496-01512-8 1814

Iraq / Irak / Iraq

Ahmad, I.; N. Al-Hamadani; K. Ibrahim: Solar radiation maps for Iraq. In: Solar Energy. 31, 1983, 1. p.29-44. 1815

Japan / Japan / Japon

Hoffmann, Frank: Geo-Kartographisches Informations-Recherche-System in Japan. In: Vermess.-techn. 30, 1982, 9. p.320. 1816

Itagaki, Shigeharu; Naohisa Okada: 1:10 000 compiled map, Nagoya and its vicinity (experimental map). In: Map. 21, 1983, 4. p.29. 1817

Magome, Hiroshi; Shoji Hashizume: The present status of map-making on the Antarctic continent in Japan. In: Map. 20, 1982, 1. p.1-13, 3 ill., 5 tab., 1 photo. 1818

Present status of topographic maps in Japan. In: Geogr. Survey Institute Bulletin (Tokyo). 26, 1981. 85 p., 53 ill., 19 tab. 1819

Une, Hiroshi: On the landslides around Nagasaki city - based on 1:10 000 land condition map. In: Map. 21, 1983, 4. p.21-28, 10 ill. [Japan. with Engl. rés.] 1820

Yamada, Yasuhiko: On some problems pertaining to making atlas of Aza in Boso, Chiba prefecture. In: Map. 21, 1983, 2. p.1-17, 7 ill. [Japan. with Engl. rés.] 1821

Mongolia / Mongolei / Mongolie

Sirin, A.A.: The method for landscape mapping the eastern part of Khangai (Mongolian People's Republic). In: Izv. vsesojuzn. geogr. obščestva. 114, 1982, 5. p.437-444, 3 ill., 2 tab. [Russ.] 1822

Nepal / Nepal / Nêpal

*Gurung, Harka: Maps of Nepal, inventory and evaluation. - Bangkok: White Orchid Press 1983. 100 p. (White Orchid Books) 1823

Saudi Arabia / Saudi-Arabien / Arabie Saoudite

*Blodget, H.W.; Glen F. Brown: Geological mapping by use of computer-enhanced imagery in western Saudi Arabia. - Washington, D.C.: Government Printing Office 1982. III, 10 p. 1824

USSR / UdSSR / URSS

Hoffmann, Frank: Zur Entwicklung der sowjetischen kartographischen Wissenschaft in den 60 Jahren seit der Gründung der UdSSR. In: Vermess.-techn. 31, 1983, 5. p.172. 1825

Hoffmeister, H.: Entwicklungsetappen der topographisch-geodätischen Produktion in der UdSSR. In: Vermess.-techn. 31, 1983, 2. p.67. 1826

Australia and Oceania / Australien und Ozeanien / Australie et Océanie

*Armstrong, Patrick: Reading and interpretation of Australian and New Zealand maps. - Melbourne: Longman Cheshire 1981. 81 p., ill., mp. 1826

Australia / Australien / Australie

Atchison, J.F.: Australian place-names and cartographers. In: Cartography. 12, 1982, 3. p.151-155. 1827

*Australien og Stillehavet. Soerudstilling i Aabenraa Museum, Åbenrå 26. juni - 14. aug. 1983. - Bremen: Werbedr. Bremen 1983. 56 p., XII pl, 1 suppl. 10 p. (Die Welt in Seekarten. [6.]) 1828

*A basic guide to mapping. - North Sydney: North Sydney Region in-service Education 1981. 47 p., ill., mp. 1829

Bell, Andrew: A corrosion map of Melbourne. In: Ecos. 33, 1982. p.10-12, ill., mp. 1830

Bell, Andrew: Wind maps of Australia. In: Ecos. 33, 1982. p.24-25, ill., tab., mp. 1831

Birtles, Terry G.: Cartographic education and training in Australia. In: Internat. Yb. of Cartogr. 23, 1983. p.137-150, 1 ill. [With German a. French rés.] 1832

Button, Brian J.: The status of the national stock of aerial photography in Australia. In: Globe. 20, 1983. p.20-25, 2 tab. 1833

Isdale, L.J.: History in maps - the Queensland initiative. In: Cartography. 13, 1983, 1. p.54-57, 1 ill., 1 photo. 1834

Jennings, J.N.: A map of kart cave areas in Australia. In: Austral. Geogr. Stud. 21, 1983, 2. p.183-186. 1835

Mapping. Automated mapping systems in Australia. In: Graphics Technology. May/June 1982. p.4-6, ill. 1836

Parvey, Christian Alexander: A digital geographic base file for Australian federal electoral divisions. In: Cartography. 13, 1983, 1. p.49-53, 1 tab., 2 mp. 1837

*Register of geodetic stations of New South Wales. Region 1. - Bathurst, New South Wales: Central Mapping Authority 1980. 27 sheets, mp. 1838

Scurfield, Judith M.: New Victorian maps. In: Globe. 18, 1982. p.26-28, tab. 1839

Stackhouse, John: The mapping of our continent. In: Bulletin (Sydney). 1982. p.76-77, 79, mp. 1840

*Waterson, Duncan Bruce; John Arnold: Biographical register of the Queensland parliament 1930-1980 with an outline atlas of Queensland electorates 1859-1980. - Canberra: Australian National University Press 1982. XX, 144 p., mp. 1841

Williams, Ralph J.: Procedures for rapid-response mapping using existing compilation material. In: Cartography. 12, 1982, 3. p.165-161, 2 ill., 3 mp. 1842

*Wood, Nina: Estimated populations for basic mapping units within the Australian Resources Information System. - Canberra: CSIRO 1981. 2, 2, 27, 8 sheets. 1843

New Zealand / Neuseeland / Nouvelle Zélande

Drake, W.G.: The 1:50 000 topographical map series. In: New Zealand Cartogr. J. 13, 1983, 1. p.4-11. 1844

Lee, L.P.: The naming of New Zealand. In: New Zealand Cartogr. J. 12, 1982, 1. p.3-7. 1845

McCormack, Duncan D.: A viable private mapping industry for New Zealand. In: New Zealand Cartogr. J. 12, 1982, 1. p.8-11. 1846

Sowman, P.E.: Project mapping for Clutha Valley development. In: New Zealand Survey. 30, 1982, 3. p.222-242. 1847

Stewart, P.J.H.: New Zealand national base topographical mapping (from a photogrammetric point of view). In: New Zealand Cartogr. J. 12, 1983, 2. p.3-17, 5 ill. 1848

Europe / Europa / Europe

*Knowles, R.; P.W.E. Stowe: Western Europe in maps. Topographical map studies. Rev. ed. of Europe in Maps, Books 1 and 2. - London: Longman 1983. 1849

*Ormeling, Ferjan: Minority toponyms on maps. The rendering of linguistic minority toponyms on topographic maps of Western Europe. - Utrecht 1982. 262 p., 73 ill. (Utrechtse geografische studies. 30.) [Diss.] ISBN 90-6266-042-8 1850

Austria / Österreich / Autriche

Brandstätter, G.; T. Wunderlich: Die Bestimmung der höchsten Gipfelkote Österreichs. In: Allg. Vermess.-Nachr. 89, 1982, 8/9. p.309-320, 8 ill., 7 tab. 1851

Flügel, Helmut W.: Die geologische Karte der Steiermark 1:200 000 als Grundlage von Geopotentialkarten. In: Mitteilungen des Naturwissenschaftlichen Vereines für Steiermark. 112, 1982. p.59-62. 1852

Jiresch, Erich: Die geodätischen und kartographischen Arbeiten am Untersulzbachkees (Venedigergruppe) von 1974 bis 1982. In: Geowiss. Mitt. d. TU Wien. 21, 1982. 1853

Jiresch, Erich: Ein kartographisches Konzept für eine archäologische Landesaufnahme von Österreich. In: Österr. Z. f. Vermess.-wesen u. Photogramm. 71, 1983, 4. p.208-213, ill., 1 tab. 1854

Kretschmer, Ingrid: Geographie und Kartographie [in Oberösterreich 1930-1980]. In: Jahrbuch des OÖ. Musealvereines /Gesellschaft für Landeskunde. 128/I, 1983. p.289-331. 1855

Kretschmer, Ingrid: Das Jahr 1982 - Aktivitäten in Österreich. In: Kartogr. Nachr. 33, 1983, 2. p.75-79. 1856

Wiesinger, Friedrich: Die Neugestaltung der Österreichische Karte 1:50 000 und 1:200 000. In: Eich- u. Vermess.-mag. 41, 1983. p.4-8, 4 ill. 1857

Belgium / Belgien / Belgique

Jouret, Bernard: Les nouvelles editions des cartes topographiques de l'IGN à 1:25 000 et 1:50 000. Problemes de la revision cartographique. In: Bull. trim. Soc. Belge de Photogramm. et télédétect. 151/152, 1983. p.35-45. 1858

Bulgaria / Bulgarien / Bulgarie

Dentchev, L.: Carte topographique a grande echelle 1:5 000 et 1:10 000 de la Republique Populaire de Bulgarie. The large-scale topographic map of the People's Republic of Bulgaria to scales of 1:5 000 and 1:10 000. Die Großmaßstäbige topographische Karte der VR Bulgarien in M 1:5 000 und 1:10 000. In: A föld országai. 1983, 3. p.30-34, 3 photos. [In French, Engl. a. German.] 1859

Dülgerov, S.: La cartographie en RP de Bulgarie. Cartography in Bulgaria. Die Kartographie in der Volksrepublik Bulgarien. In: Geod., Kartogr., Zemeustroj. 23, 1983, 3. p.57-62. [French, Engl. a. German.] 1860

Lakov, Lazar: 155 Jahre Kartographierung von Bulgarien. In: Probleme der thematischen Kartographie und der Automatisierung der Kartenherstellung. - Dresden 1983. p.46-47. 1861

Czechoslovakia / Tschechoslowakei / Tschécoslovaquie

Albert, Karl-Heinz; Čeněk Kadlec: Neuvermessung und Erneuerung der Markierung des Verlaufs der Staatsgrenze zwischen der DDR und der ČSSR sowie Anfertigung einer neuen Grenzdokumentation. In: Vermess.-techn. 31, 1983, 4. p.113-115, 5 ill. 1862

Gybašek, Ja.: Nekotarye aspekty kartografii i geodezii c Čechoslovakii. In: Geod. i aerofotos. 1983, 6. p.98-103. [Some aspects of cartography and surveying in ČSSR.] [Russ.] 1863

Kadlec, Čeněk; Karl-Heinz Albert: Nové zaměření a obnova vyznačení průběhu státních hranic mezi ČSSR a NDR v vyhotovení nové hraniční . . . In: Geod. a kartogr. obz. 29, 1983, 4. p.103-107, 5 ill. [New survey and renewal of marking the course of State Boundaries between CSSR and GDR and making out the new frontier documentation.] [Czech.] 1864

Klauda, Jaroslav: Nové mapy pro návštěvníky Krkonoš. In: Geod. a kartogr. obz. 29, 1982, 11. p.300-302. [New maps for visitors of the Krkonoše Mountains.] [Slov.] 1865

Matula, Zdenko: Edičný plán Slovenskej kartografie, n.p., Bratislava, nositel'ky Radu práce, za rok 1982. In: Geod. a kartogr. obz. 29, 1983, 12. p.322-323. [Edition plan of the Slovak cartography, N.E. Bratislava, the holder of the Order of Labour, for the year 1982.] [Slov.] 1866

Roulová, Zdeňka: První tituly noych mapových edic Automapa ČSSR 1:200 000 a Poznáváme Českolsovensko 1:200 000 před vydánim. In: Geod. a kartogr. obz. 29, 1983, 10. p.265-266, 1 ill. [First titles of new map editions of the road map of CSSR 1:200 000 and recognizing CSSR 1:200 000 before issue.] [Slov.] 1867

Veverka, B.: Die kartographischen Input/Output-Operationen im territorialen Informationssystem der ČSSR. In: Probleme der thematischen Kartographie und der Automatisierung der Kartenherstellung. - Dresden 1983. p.90-91. 1868

Vjačka, Adolf: Technické předpisy pro tvorbu základní mapy ČSSR velkého měřítka. In: Geod. a kartogr. obz. 28, 1982, 4. p.88-93, 4 tab., 2 ill. [Technical instructions for production of the large-scale basic map of the CSSR.] [Czech. with German, French a. Engl. rés.] 1869

Finland / Finnland / Finlande

Hoffmann, Frank: Zur Entwicklung einer digitalen kartographischen Datenbasis in Finnland. In: Vermess.-techn. 31, 1983, 8. p.285-286, 1 ill. 1870

Marckwardt, W.: Orthophotokarte 1:5 000 in Finnland. In: Vermess.-techn. 31, 1983, 5. p.175. 1871

France / Frankreich / France

Delaunay, Jean: Carte des zones exposées à des glissements, écroulements, effondrements et affaissements de terrain en France à 1:1 000 000. In: Mémoires. Bureau de recherches géologie et minières. 124, 1983. 19 p. 1872

Le plan cartographique national. In: Bull. du Com. Franç. Cartogr. 92, 1982, 2. p.41-44. 1873

Poulain, Jacques: PARIS en "couleurs naturelles". In: Bull. d'Inform. de l'Inst. Géogr. Nat. 44, 1982. p.21. 1874

Germany / Deutschland / Allemagne

Federal Republic of Germany / Bundesrepublik Deutschland / République Fédérale d'Allemagne

Bartels, Albrecht-Dieter; Heinz Sabiers; Peter Sack: Das Landeskartenwerk. Karte von Berlin 1:10 000. In: Mitt. a.d. Vermess.-wesen Berlin. 14, 1983. p.26-36, 1 ill., 4 mp. 1875

Bastian, Karl-Heinz: Die Verbindung zwischen Landesvermessung und räumlicher Planung. Dargestellt am Beispiel des Landes Rheinland-Pfalz. In: Kartogr. Nachr. 33, 1983, 1. p.1-10, 8 ill. 1876

Bleumer, Hartmut: 60 Jahre Katasteramt Braunschweig. In: Nachr. d. Niedersächs. Vermess.- u. Katasterverwalt. 33, 1983, 4. p.262-272, 4 ill., 1 tab. 1877

Bosse, Heinz: Entwicklungen der Kartographie in der Bundesrepublik Deutschland. In: Beiträge zur Kartographie. - Karlsruhe 1983. p.39-49. (Karlsruher Geowissenschaftliche Schriften. A.1.) 1878

Ehlers, Jürgen; Horst Mensching: Besonderheiten geomorphologischer Kartierung im Wattenmeer, dargestellt am Beispiel des Blattes 10 der GMK 25 Wangerooge. In: Z. f. Geomorph. N.F. 27, 1983, 4. p.495-510, 4 ill., 1 mp-suppl., 3 photos. 1879

Gossmann, H. a.o.: Wärmekarten des Ruhrgebietes, Satelliten-Thermalbilder der Heat Capacity Mapping Mission (HCMM). In: Geogr. Rdsch. 33, 1981, 8. p.556-562. 1880

Grimm, Wolfgang: Die Weiterentwicklung der Topographischen Karte 1:100 000. In: Kartogr. Nachr. 33, 1983, 4. p.126-128, 1 mp-suppl. 1881

*Grimmel, Eckhard; Klaus Schipull: Geomorphologische Karte 1:25 000, Bl. 2730 Bleckede mit Erläuterungen. - Hamburg: Institut für Geographie und Wirtschaftsgeographie 1983. 30 p., 1 mp. (Hamburger Geogr. Studien. Sonderh.) 1882

Grundsätze zur Herstellung. Fortführung und Nutzung der DGK 5. In: Nachr. d. Niedersächs. Vermess.- u. Katasterverwalt. 1983. p.168-174. 1883

Hinze, Carsten: Die geologische Karte von Niedersachsen 1:25 000 (GK 25) - aktuelle Aufnahme- und Darstellungsmethoden vielschichtiger Überlagerungen. In: Verhandlungen des deutschen Geographentages. 43, 1983. p.128-130. 1884

Jäger, E.: Funktion und Gestaltung der Deutschen Grundkarte. [Tagungsbericht] In: Allg. Vermess.-Nachr. 90, 1983, 11/12. p.438-440. 1885

*Kiel 1879-1979. Entwicklung von Stadt und Umland im Bild der Topographischen Karte 1:25 000. Zum 32. Deutschen Kartographentag vom 11.-14. Mai 1983 in Kiel. Herausgegeben von Jürgen Bähr. - Kiel: Selbstverlag des Geographischen Instituts der Universität Kiel 1983. V, 192 p. (Kieler Geographische Schriften. 58.) 1886

Koch, Til P.: Planungskartographie in Schleswig-Holstein. In: 32. Dt. Kartographentag 1983 Kiel. p.88-96, 1 ill., 2 mp. 1887

Leser, Hartmut: Die geomorphologische Kartierung 1:25 000 des Blattes Mössingen (Raum Tübingen, Baden-Württemberg). Ein Diskussionsbeitrag zum GMK-Projekt. In: Erdkunde. 37, 1983, 4. p.249-258, 3 ill., 1 mp.-suppl. 1888

Meyer, Klaus-Dieter: Die geologische Karte 1:200 000 (GUK 200) unter besonderer Berücksichtigung Niedersachsens - Methodik und Inhalt. In: Verhandlungen des deutschen Geographentages. 43, 1983. p.130-133. 1889

Müller, H.F.: Die technische Überprüfung der trigonometrischen Punkte in Rheinland-Pfalz. In: Nachr.-Bl. d. Vermess.- u. Katasterverwalt. Rheinl.-Pf. 26, 1983, 2. p.100-101. 1890

Neugebauer, Gustav: Der Berichtigungsstand der Topographischen Karte 1:25 000 in der Bundesrepublik Deutschland. In: Kartogr. Nachr. 33, 1983, 2. p.51-54, 3 suppl. 1891

Oberstedt, Gerhard: Die amtliche topographische Karte in neuer Farbgestaltung? In: Kartogr. Nachr. 33, 1983, 5. p.172-178. 1892

Pape, Erwin: Das Luftbildkartenwerk von Nordrhein-Westfalen. In: Nachr. a.d. öffentl. Vermess.-dienst Nordrh.-Westf. 15, 1982, 2. p.97-125, 18 ill., 1 mp. 1893

Schmid, Dieter: Struktur- und Raumnutzungskarten der Regionalpläne auf der Grundlage der amtlichen Karten in Baden-Württemberg. In: Kartogr. Nachr. 33, 1983, 3. p.85-91, 4 ill. 1894

Schöler, Horst: Automatisierte Liegenschaftskarte in der BRD. In: Vermess.-techn. 30, 1982, 3. p.105. 1895

Schulte, Hermann: Gedanken zu Landesvermessung und Liegenschaftskataster. In: Nachr. d. Niedersächs. Vermess.- u. Katasterverwalt. 32, 1982, 1. p.9-16. 1896

Spiess, Ernst: Funktion und Gestaltung der Deutschen Grundkarte 1:5 000. In: Vermess., Photogramm., Kulturtechn. 81, 1983, 7. p.252-254. 1897

Staufenbiel, Wilfried: Die automatisierte Liegenschaftskarte (ALK), eine Quelle für die topographischen Landeskartenwerke? In: Nachr. a.d. Kart.- u. Vermess.-wesen. R.I, 92, 1983. p.167-175. [With German, Engl. a. French rés.] 1898

Wedelich, Bernd: Verkaufsförderung für die Landeskartenwerke. In: Nachr. d. Niedersächs. Vermess.- u. Katasterverwalt. 33, 1983, 2. p.156-158, ill. 1899

Wilmes, H.: Umrechnung von Koordinaten des geozentrischen Systems in das Gauß-Krüger- und das Höhen-System der deutschen Landesvermessung. In: Nachr. a.d. öffentl. Vermess.-dienst Nordrh.-Westf. 16, 1983, 3. p.161-172. 1900

Ziegler, Theodor: Das bayerische Landesvermessungsamt. 2. Aufl. - München: Bayer. Landesvermessungsamt 1982. 109 p., 33 ill. 1901

German Democratic Republic / Deutsche Demokratische Republik / République Démocratique Allemande

Albert, Karl-Heinz; Čeněk Kadlec: Neuvermessung und Erneuerung der Markierung des Verlaufs der Staatsgrenze zwischen der DDR und der ČSSR sowie Anfertigung einer neuen Grenzdokumentation. In: Vermess.-techn. 31, 1983, 4. p.113-115, 5 ill. 1902

Behrens, J.: Methode zur Herstellung der Grundlagenkarte Landwirtschaft 1:25 000. In: Vermess.-techn. 31, 1983, 8. p.271-273. 1903

Kadlec, Čeněk; Karl-Heinz Albert: Nové zaměření a obnova vyznačení průběhu státních hranic mezi ČSSR a NDR a vyhotovení nové hraniční . . . In: Geod. a kartogr.obz. 29, 1983, 4. p.103-107, 5 ill. [New survey and renewal of marking the course of State Boundaries between ČSSR and GDR and making out the new frontier documentation.] [Czech.] 1904

Merkel, Johannes: Zur Bereitstellung digitaler topographischer Daten in der DDR. In: Vermess.-techn. 31, 1983, 12. p.397-399. 1905

Sandner, Eberhard: Gegenwärtige und künftige kartographische Ergebnisse der mittelmaßstäbigen landwirtschaftlichen Standortkartierung der DDR. In: Probleme der thematischen Kartographie und der Automatisierung der Kartenherstellung. - Dresden 1983. p.25-30. 1906

Sandner, Eberhard: Über Aufbau und Form der Legende landschaftskundlicher Karten. In: Vermess.-techn. 31, 1983, 7. p.232-234, tab. 1907

Sieber, Gerd: Zur Ökonomik des Vermessungs- und Kartenwesens in der Deutschen Demokratischen Republik. In: Vermess.-techn. 31, 1983, 8. p.253-256. 1908

Great Britain / Großbritannien / Grande-Bretagne

*Congdon, P.: A map profile of Greater London in 1981. - London: Greater London Council, Statistical Series. 23, 1983. 72 p., 66 ill., tab. 1909

Jaeger, U.: Das Vermessungs- und Liegenschaftswesen in Großbritannien. In: Nachr. a.d. öffentl. Vermess.-dienst Nordrh.-Westf. 15, 1982, 3. p.151-190, ill., mp. 1910

*Landau, N.: London from the 1979 Labour Force Survey. - London: Greater London Council, Statistical Series. 22, 1983. 85 p., 56 tab. 1911

Max, M.D.; D.D. Inamdar; T. McIntyre: Compilation magnetic map: the Irish continental shelf and adjacent areas. In: Geological Survey of Ireland, Report Series, RS 82/2, 1982. 7 p., ill., mp. 1912

Poynter, Alan: Computer-assisted cartography - the dilemma facing British producers of derived mapping in the 1980s. In: Cartogr. J. 20, 1983, 1. p.31-34. 1913

Seymour, W.A.: A history of the Ordnance Survey. In: Bull. Soc. of Univ. Cartographers. 16, 1983, 2. p.39-40. 1914

Shellswell, M.A.: Eyes right . . . map production in a military survey unit. In: Cartogr. J. 19, 1982, 1. p.34-45, 14 ill., 2 tab. 1915

Withers, C.W.J.: The Scottish Highlands outlined: cartographic evidence for the position of the Highland-Lowland boundary. In: Scottish Geogr. Mag. 98, 1982. p.143-157. 1916

Greece / Griechenland / Grece

Glutz, Rudolf: Archäologische Vermessung in Eretria (Griechenland). In: Vermess., Photogramm., Kulturtechn. 81, 1983, 12. p.425-431, 7 ill. 1917

Hungary / Ungarn / Hongrie

Gönczi, Gergely: Az Egységes Országos Térképrendszerre történö áttérés a fövárosban. In: Geod. és Kartogr. 34, 1982, 2. p.105-110, 4 ill. [The unified national map system in the phase of realization in Budapest.] [Hung.] 1918

Horváth, Gergely: A térképészet oktatásának problémái a tanárképzö föiskolákon. In: Geod. és Kartogr. 35, 1983, 2. p.107-109. [Problems of cartographic education at the teachers' training colleges in Hungary.] [Hung. with Engl. rés.] 1919

Huszár, B.: Herstellungsverfahren der Grundkarte und Datenerfassung für den Aufbau einer Datenbank in der Ungarischen Volksrepublik. In: Vermess.-techn. 31, 1983, 10. p.336-337. 1920

Szöke-Tasi, Sándor: Magyarországk megyéinek térképsorozata. In: Földrajztanítás. 1980, 4. p.120-123. [A map series of Hungarian areas.] [Hung.] 1921

Netherlands / Niederlande / Pays-Bas

Bos, Edzard S.: Beroepsopleidingen en functionele beroepsniveaus in de kartografie in Nederland. In: Kartogr. T. 9, 1983, 5. p.24-27, 1 tab. [With Engl. rés.] 1922

Heerema, J.P.: Vernieuwing van de bodemkaart van Nederland 1:50 000. In: Kartogr. T. 9, 1983, 4. p.33-36, 4 ill. [With Engl. rés.] 1923

Koster, M.C. de: Kadastrering van de Zeeuwse wateren en het territoriale zeegebied. In: Geodesia. 25, 1983, 6. p.181-186, 3 ill. 1924

Oele, E. a.o.: Surveying the Netherlands: sampling techniques, maps and their application. In: Geologie en mijnbouw. 62, 1983, 3. p.355-372. 1925

Ormeling, Ferjan: Een kwart eeuw KS/NVK - Nakaarten en vooruitzien. In: Kartogr. T. 9, 1983, 4. p.51-73, 4 ill., 1 photo, 6 suppl. [With Engl. rés.] 1926

Ormeling, Ferjan: De toeristische spoorwegkaart van Nederland. In: Kartogr. T. 9, 1983, 3. p.57-59. 1927

Raaff, H.: De stafkaart en de wandelaar. In: Kartogr. T. 9, 1983, 5. p.22-23. [With Engl. rés.] 1928

Visscher, H.A.: Topografische veranderingen in Nederland. In: Kartogr. T. 8, 1982, 3. p.41-42. 1929

Norway / Norwegen / Norvège

Birkeland, Knut: Kalibreringstjeneste innen kart og oppmåling. In: Kart og plan. 75, 1983, 2. p.141-145, 1 ill. [Calibration Service in the mapping and surveying profession. Possibilities for the future.] [Norw. with Engl. rés.] 1930

Dalsrud, Per: Sammenlikning mellom ulike geodetiske grunnlag i Sør-Norge. In: Kart og plan. 75, 1983, 1. p.41-53, 8 ill. [A comparison between different geodetic datums in Southern Norway.] [Norw. with Engl. rés.] 1931

Elvestad, Siri: Kystsonekartlegging. Hva skal kartlegges. Hvem er brukergruppene. In: Kart og plan. 75, 1983, 2. p.155-163, 5 tab., 2 ill. [Mapping of the coastal zone. What is going to be mapped? Who are the users?] [Norw. with Engl. rés.] 1932

Helland, Steiner S.: Tekniske kart og eiendomskart i M 1:1 000. In: Kart og plan. 75, 1983, 3. p.235-238, 3 ill. [Technical maps and cadastral maps in scale 1:1 000.] [Norw. with Engl. rés.] 1933

Lystad, Joakim: Norske kartkataloger. En oversikt og vurdering. In: Kart og plan. 75, 1983, 1. p.33-39. [Norwegian map catalogues - a survey and valuation.] [Norw.] 1934

Wessel, Ole: Topometermåling. Herning juli 1981. In: Kart og plan. 74, 1982, 1. p.15-21, 5 ill., 3 tab. [Topometer-surveying. Herning, July 1981.] [Norw. with Engl. rés.] 1935

Roumania / Rumänien / Roumanie

Corcodel, G.J.: Zur Automation der großmaßstäbigen Kartenherstellung in der Sozialistischen Republik Rumänien. In: Vermess.-techn. 31, 1983, 11. p.375-376. 1936

Spain / Spanien / Espagne

Trabajos del Instituto Geografico Nacional de Madrid en la Republica de Guinea Ecuatorial. In: Bol. de Inform. Serv. Geogr. Ejército. 56, 1983, 2. p.11-18. 1937

Sweden / Schweden / Suède

Birgersson, B.O.: The Swedish government's mapping policy. In: Svensk Lantmäteritidskrift. 1983. p.117-120. [Swed.] 1938

*Holmstrand, Olov: Engineering geological mapping in Sweden: a tool for resource economizing. - Göteborg: Dept. of Geology, Univ. 1983. VI, 181 p., 6 mp. (Publikationer. Geologiska Institutionen. Chalmers Tekniska Högskola, Göteborgs Univ. A. 42.) [Diss.] 1939

Wickbom, Sten: En svensk kartpolitik. Kartpolitik 85. In: Kart og plan. 75, 1983, 2. p.169-175. [A Swedish policy for mapping and surveying. Map policy 85.] [Norw. with Engl. rés.] 1940

Switzerland / Schweiz / Suisse

*Cartography in Switzerland 1976-1980: national report presented at the 10th International Conference of the International Cartographic Association, Tokyo 1980. Ed.: Ernst Gächter, Christian Hoinkes. Publ. by the Swiss Society of Cartography. - Zurich: Swiss Society of Cartography 1980. 91 p., ill., mp. (Cartographic publication series. 5.) 1941

Feldmann, Hans-Uli: Neue Kartentypen. In: Hauszeitung. Bundesamt für Landestopographie. 46, Juni 1981. p.35-38, ill. 1942

König, Armin: 25 Jahre Leitungskataster der Stadt Bern. In: Schweizer Ingenieur und Architekt. 97, 1979, 6. p.90-91, 1 mp., 1 plan. 1943

Lambert, A.; R.A. Schlund: Die topographische Neukartierung des Walensess. In: Vermess., Photogramm., Kulturtechn. 81, 1983, 11. p.397-402, 6 ill. 1944

Messmer, Werner: Leitungskataster in der Entwicklung zum Teil eines EDV-Landinformationssystems Basel-Stadt. In: Vermess., Photogramm., Kulturtechn. 81, 1983, 3. p.79-85, 5 ill., 1 tab. 1945

Sigrist, R.: 100 Jahre Stadtvermessung St. Gallen. In: Vermess., Photogramm., Kulturtechn. 81, 1983, 11. p.389-393, 6 ill. 1946

Spiess, Ernst: Computergestützte Herstellung des Übersichtsplanes. In: Vermess., Photogramm., Kulturtechn. 79, 1981, 12. p.460-462. 1947

USSR / UdSSR / URSS

Deumlich, Fritz: Touristenkarten in der UdSSR. In: Vermess.-techn. 31, 1983, 5. p.176. 1948

Guljuk, G.J.; A.S. Svirskij: Miniatjurnyj atlas SSSR. In: Geod. i Kartogr., Moskva. 1983, 11. p.53-54. [Mini-Atlas of the USSR.] [Russ.] 1949

Hoffmann, Frank: Zur Entwicklung der sowjetischen kartographischen Wissenschaft in den 60 Jahren seit der Gründung der UdSSR. In: Vermess.-techn. 31, 1983, 5. p.172. 1950

Hoffmeister, H.: Entwicklungsetappen der topographisch-geodätischen Produktion in der UdSSR. In: Vermess.-techn. 31, 1983, 2. p.67. 1951

Makkaveev, N.J. a.o.: Karta erozionnoopasnych zemel'nečernozemnoj zony RSFSR. In: Vestnik Mosk. Univ. Ser. 5: Geogr. 1982, 2. p.3-9, ill. [A map of erosion-dangerous lands of the Non-Chenozem zone of the European Russia.] [Russ.] 1952

Pedroli, Bas: Landscape concept and landscape and rangeland surveys in the Soviet Union. In: ITC-Journal. 1983, 4. p.307-321, 8 ill. [With French a. Span. rés.] 1953

Salmin, A.N.: Iz opyta topografičeskoj s'emki Bajkala. In: Geod. i Kartogr., Moskva. 1982, 3. p.44-46. [From Baikal topographic surveying experience.] [Russ.] 1954

Sukenik, J.Ja.: Nekotorye voprosy kartografirovanija razvitija nacional'nych otnošenij v SSSR. In: Geod. i Kartogr., Moskva. 1983, 7. p.44-47. [Some problems of national relations development mapping in the USSR.] [Russ.] 1955

Yugoslavia / Jugoslawien / Yougoslavie

Božičnik, Maijan: Zagrebački katastar zemljišta izmedu druge i treće katastarske izmjere grada Zagreba od 1914. do 1960. godine. In: Geod. list. 37, 1983, 10/12. p.247-258. [Zagreb's cadastre between the second and third cadastral survey of the Zagreb town from 1914 until 1960.] [Slov.] 1956

C PREPARATION OF CERTAIN SCALES UDC 528.93 /084.3-1)

BEARBEITUNG BESTIMMTER MASZSTÄBE

ECHELLES DIVERSES

1:5 000 and larger / 1:5 000 und größer / 1:5 000 et dussus

Beckmann, Barbara: Erstellung und Fortführung von Stadtgrundkarten durch "Interaktive graphische Datenverarbeitung". In: Z. f. Vermess.-wesen. 108, 1983, 11. p.479-484, 1 ill. 1957

Bröcker, D.: Die Entwicklung von Katasterkarten und daraus resultierende Auswirkungen auf die Leitungsdokumentation. In: GWF, Wasser/Abwasser. 124, 1983, 11. p.541-545. 1958

Corcodel, G.J.: Zur Automation der großmaßstäbigen Kartenherstellung in der Sozialistischen Republik Rumänien. In: Vermess.-techn. 31, 1983, 11. p.375-376. 1959

Dentchev, L.: Carte topographique a grande echelle 1:5 000 et 1:10 000 de la Republique Populaire de Bulgarie. In: A föld országai. 1983, 3. p.30-34, 3 photos. [In French, Engl. a. German.] 1960

Funktion und Gestaltung der Deutschen Grundkarte 1:5 000. Seminar an der Techn. Hochschule Darmstadt. In: Vermess., Photogramm., Kulturtechn. 81, 1983, 7. p.252-254. 1961

Grams, Peter: Integrierte graphische Verarbeitung bei der Führung des Flurkartenwerks. In: Z. f. Vermess.-wesen. 108, 1983, 12. p.545-547, 2 ill. 1962

Grundsätze zur Herstellung, Fortführung und Nutzung der DGK 5. In: Nachr. d. Niedersächs. Vermess.- u. Katasterverwalt. 1983. p.168-174. 1963

Heidorn, Dieter: Bericht über das Seminar "Funktion und Gestaltung der Deutschen Grundkarte 1:5 000 (DGK 5) an der Technischen Hochschule Darmstadt vom 16.-18. März 1983. In: Kartogr. Nachr. 33, 1983, 3. p.109-111. 1964

Helland, Steinar S.: Tekniske kart og eiendomskart i M 1:1 000. In: Kart og plan. 75, 1983, 3. p.235-238, 3 ill. [Technical maps and cadastral maps in scale 1:1 000.] [Norw. with Engl. rés.] 1965

Kerkhoff, Heinz: Die neue Zeichenvorschrift für das Flurkartenwerk und für Risse. In: Nachr. d. Niedersächs. Vermess.- u. Katasterverwalt. 33, 1983, 2. p.160-167, ill. 1966

Kloiber, Otto: 100 Jahre Evidenzhaltung des Grundkatasters. In: Österr. Z. f. Vermess.-wesen u. Photogramm. 71, 1983, 2. p.57-65, 1 ill. 1967

König, Armin: 25 Jahre Leitungskataster der Stadt Bern. In: Schweizer Ingenieur und Architekt. 97, 1979, 6. p.90-91, 1 mp., 1 plan. 1968

Kophstahl, Erwin: Automationsgestütztes Erfassen, Verarbeiten und Darstellen topographischer Daten für die Herstellung der Deutschen Grundkarte 1:5 000-Höhe in Niedersachsen. In: Nachr. a.d. Kart.- u. Vermess.-wesen. R.I, 92, 1983. p.55-59. [With German, Engl. a. French rés.] 1969

Lichtenberg, Rolf: Zur Mikroverfilmung von Flurkarten. In: Nachr. d. Niedersächs. Vermess.- u. Katasterverwalt. 32, 1982, 2. p.128-135, ill. 1970

Marckwardt, W.: Orthophotokarte 1:5 000 in Finnland. In: Vermess.-techn. 31, 1983, 5. p.175. 1971

Näser, K.: Erfahrungsaustausch zur Standardisierung großmaßstäbiger Karten. In: Vermess.-techn. 31, 1983, 5. p.171. 1972

Näser, K.: Zur Weiterentwicklung des Standardkomplexes TGL 26711 "Großmaßstäbige Karten". In: Vermess.-techn. 31,1983, 10. p.340-341. 1973

Oelkers, Karl-Heinz; W. Laukart: Die automationsgestützte Verarbeitung von Bodenschätzungsdaten zur Herstellung der Bodenkarte auf der Grundlage der Bodenschätzung im Maßstab 1:5 000 (DGK 5 Bo). In: Nachr. a.d. Kart.- u. Vermess.-wesen. R.I, 89, 1982. p.63-81. 1974

Sautreau, Michel; A. Cridlig: L'informatisation des plans cadastraux. In: Bull. du Com. Franç. Cartogr. 94, 1982, 4. p.5-9, 4 ill., 3 photos. 1975

Sehnal, Bohuslav: Inovace nabídky suchých obtisku značek map velkých měřítek. In: Geod. a kartogr. obz. 29, 1983, 8. p.210-212, 2 ill. [Innovation of supply of dry transfer-pictures of large-scale map signs.] [Czech.] 1976

Seifert, Herwart: Bericht über die Seminarveranstaltung "Funktion und Gestaltung der Deutschen Grundkarte 1:5 000". In: Z. f. Vermess.-wesen. 108, 1983, 8. p.367-369. 1977

Solaas, Johan: Eiendomsinventering for kartlegging i store målestokker. In: Kart og plan. 74, 1982, 1. p.39-48, 3 ill., 4 photos. [Property registration for large scale mapping by air photo interpretation in the field.] [Norw. with Engl. rés.] 1978

Spiess, Ernst: Funktion und Gestaltung der Deutschen Grundkarte 1:5 000. In: Vermess., Photogramm., Kulturtechn. 81, 1983, 7. p.252-254. 1979

Tooley, Ronald Vere: Large scale English county maps and plans of cities not printed in atlases. In: Map Collector. 24, 1983. p.32-36, 6 ill. 1980

Vjačka, Adolf: Technické předpisy pro tvorbu základní mapy ČSSR velkého měřítka. In: Geod. a kartogr. obz. 28, 1982, 4. p.88-93, 4 tab., 2 ill. [Technical instructions for production of the large-scale basic map of the CSSR.] [Czech. with German, French a. Engl. rés.] 1981

1:10 000

Bartels, Albrecht-Dieter; Heinz Sabiers; Peter Sack: Das Landeskartenwerk. Karte von Berlin 1:10 000. In: Mitt. a.d. Vermess.-wesen Berlin. 14, 1983. p.26-36, 1 ill., 4 mp. 1982

Dentchev, L.: Carte topographique a grande echelle 1:5 000 et 1:10 000 de la Republique Populaire de Bulgarie. In: A föld országai. 1983, 3. p.30-34, 3 photos. [In French, Engl. a. German.] 1983

Itagaki, Shigeharu; Naohisa Okada: 1:10 000 compiled map, Nagoya and its vicinity (experimental map). In: Map. 21, 1983, 4. p.29. 1984

Une, Hiroshi: On the landslides around Nagasaki city - based on 1:10 000 land condition map. In: Map. 21, 1983, 4. p.21-28, 10 ill. [Japan. with Engl. rés.] 1985

Weimann, Guenter: Die Braunschweigische Landeskarte 1:10 000 - Koppes Einfluß auf die Weiterentwicklung der Kartographie. In: Beiträge zum Carl Koppe Gedächtnis-Kolloquium 1983. p.75-84, 1 mp. (Veröffentl. Deutsche Geodätische Kommission. Reihe E. 20.) 1986

1:12 000

Tamm-Daniels, F.L.: The Tennessee Valley Authority's 1:12 000 scale topographic series. In: Amer. Congr. on Surv. a. Mapp., Techn. Papers, Ann. Meeting. 43, 1983. 1987

1:20 000

Danckaert, Lisette: De kaart van Belgie op 1:20 000 door Philippe Vandermaelen. In: Mededelingen van de Kon. Acad. voor Wetenschappen, Letteren en Schone Kunsten van Belgie, Klasse der Wetenschappen. 45, 1983, 3. p.91-100. 1988

Danckaert, Lisette: De kaart van Belgie op 1:20 000 door Philippe Vandermaelen. Varianten en opmaak. In: BEVAS/SOBEG, Tijdschrift van de Belgische Vereniging voor Aardrijkskundige Studies/Bulletin de Société Belge d'études Géographiques. 1983, 2. p.139-155. 1989

1:24 000

Allders, William R.; Atef A. Elassal: USGS digital cartographic data standards: digital line graphs from 1:24 000-scale maps. - Reston, Va.: US. Geological Survey 1983. VI, 79 p. 1990

1:25 000

Behrens, J.: Methode zur Herstellung der Grundlagenkarte Landwirtschaft 1:25 000. In: Vermess.-techn. 31, 1983, 8. p.271-273. 1991

Benzler, Jobst-Henrich; Werner Müller: Die Bodenkarte 1:25 000 (BD 25) und ihre Auswertungskarten. In: Verhandlungen des deutschen Geographentages. 43, 1983. p.124-127. 1992

Hinze, Carsten: Die geologische Karte von Niedersachsen 1:25 000 (GD 25) - aktuelle Aufnahme- und Darstellungsmethoden vielschichtiger Überlagerungen. In: Verhandlungen des deutschen Geographentages. 43, 1983. p.128-130. 1993

Jäger, E.: Funktion und Gestaltung der Deutschen Grundkarte. In: Allg. Vermess.-Nachr. 90, 1983, 11/12. p.438-440. 1994

Jordan, Othmar; Karl Schwarzecker: Aus der Bodenkarte 1:25 000 abgeleitete Karten. In: 25 Jahre Bodenkartierung. Festschrift der Bundesanstalt für Bodenwirtschaft. - Wien 1983. p.109. 1995

Jouret, Bernard: Les nouvelles editions des cartes topographiques de l'IGN à 1:25 000 et 1:50 000. Problemes de la revision cartographique. In: Bull. trim. Soc. Belge de Photogramm. et télédétect. 151/152, 1983. p.35-45. 1996

*Kiel 1879-1979. Entwicklung von Stadt und Umland im Bild der Topographischen Karte 1:25 000. Zum 32. Deutschen Kartographentag vom 11.-14. Mai 1983 in Kiel. Herausg.: Jürgen Bähr. - Kiel: Selbstverlag des Geographischen Instituts der Universität Kiel 1983. V, 192 p. (Kieler Geographische Schriften. 58.) 1997

Leser, Hartmut: Die geomorphologische Kartierung 1:25 000 des Blattes Mössingen (Raum Tübingen, Baden-Württemberg). Ein Diskussionsbeitrag zum GMK-Projekt. In: Erdkunde. 37, 1983, 4. p.249-258, 3 ill., 1 mp.-suppl. 1998

Menke, Kurt: Ein Beispiel rechnergestützter Generalisierung für die TK 25. In: Nachr. a.d. Kart.- u. Vermess.-wesen. R.I, 92, 1983. p.95-108, 3 ill., 1 tab. [With German, Engl. a. French rés.] 1999

*Menke, Kurt: Zur rechnergestützten Generalisierung des Verkehrswege- und Gewässernetzes, insbesondere für den Maßstab 1:25 000. - Hannover 1983. II, 116 p. (Wissenschaftliche Arbeiten der Fachrichtung Vermessungswesen der Universität Hannover. 119.) [Diss.] 2000

Menke, Kurt: Zur rechnergestützten Generalisierung des Verkehrswege- und Gewässernetzes, insbesondere für den Maßstab 1:25 000. In: Allg. Vermess.-Nachr. 90, 1983, 7. p.297-298. 2001

Neugebauer, Gustav: Der Berichtigungsstand der Topographischen Karte 1:25 000 in der Bundesrepublik Deutschland. In: Kartogr. Nachr. 33, 1983, 2. p.51-54, 3 suppl. 2002

1:30 000

*Gierloff-Emden, Hans Günter; Klaus Rudi Dietz: Auswertung und Verwendung von High Altitude Photography <HAP>. <Hochbefliegungen aus Höhen von 12-20 km.> Kleinmaßstäbige Luftbildaufnahmen von 1:125 000 bis 1:30 000 mit Beispielen von UHAP und NHAP aus der USA. - München: Institut für Geographie der Univ.; Nelles-Verl. in Komm. 1983. 106 p., 66 ill., 23 tab. (Münchner geograph. Abhandlungen. 32.) ISBN 3-88618-098-0 2003

1:50 000

Barth, Jürgen: Karte vom Großherzogthume Hessen, Maßstab 1:50 000. In: Kartenhistorisches Colloquium Bayreuth '82. - Berlin 1983. p.185-192, 2 mp. 2004

Drake, W.G.: The 1:50 000 topographical map series. In: New Zealand Cartogr. J. 13, 1983, 1. p.4-11. 2005

French, W.W.: Using 1:50 000 maps in the "Third World" studies. In: Teaching Geography. 5, 1979, 2. p.71-73, 1 ill. 2006

Frey, L.; L. Schubert: Methode zur Ableitung einer Flächennutzungskarte 1:50 000 aus multispektralen Luftbildern. In: Veröffentlichungen des Zentralinstitutes der Physik der Erde. 74, 1982. p.144-148. 2007

*Gierloff-Emden, Hans Günter; Klaus Rudi Dietz: Auswertung und Verwendung von High Altitude Photography <HAP>. <Hochbefliegungen aus Höhen von 12-20 km.> Kleinmaßstäbige Luftbildaufnahmen von 1:125 000 bis 1:30 000 mit Beispielen von UHAP und NHAP aus den USA. - München: Institut für Geographie der Univ.; Nelles-Verl. in Komm. 1983. 106 p., 66 ill., 23 tab. (Münchner geograph. Abhandlungen. 32.) ISBN 3-88618-098-0 2008

González Otero, Laura; Jaroslav Raušer: Guia para la elaboracion del mapa de la calidad ambiental, a escala 1:50 000, del Parque Gran Piedra-Baconao, provincia de Santiago de Cuba. In: Stud. geogr. 86, 1983. p.107-124. 2009

Heerema, J.P.: Vernieuwing van de bodemkaart van Nederland 1:50 000. In: Kartogr. T. 9, 1983, 4. p.33-36, 4 ill. [With Engl. rés.] 2010

Jouret, Bernard: Les nouvelles editions des cartes topographiques de l'IGN à 1:25 000 et 1:50 000. Problemes de la revision cartographique. In: Bull. trim. Soc. Belge de Photogramm. et télédétect. 151/152, 1983. p.35-45. 2011

Sandner, Eberhard: Zur kartographischen Darstellung der naturräumlichen Ordnung im Maßstab 1:50 000. In: Vermess.-techn. 31, 1983, 4. p.121-125, 1 ill., 3 tab. 2012

Thomas, P.W.: The topographical 1:50 000 map series of South Africa, Part III. In: South Afr. J. of Photogramm., Remote sensing and cartogr. 13, 1983, 5. p.331-343, 2 ill., 1 tab. 2013

Wiesinger, Friedrich: Die Neugestaltung der Österreichischen Karten 1:50 000 und 1:20 000. In: Eich- u. Vermess.-mag. 41, 1983. p.4-8, 4 ill. 2014

Williams, Ralph J.: Procedures for rapid-response mapping using existing compilation material. In: Cartography. 12, 1982, 3. p.156-161, 2 ill., 3 mp. 2015

1:100 000

Christ, Fred; Reinald Maletzka; Bernd Stünkel: Versuch einer flächenhaften Siedlungsdarstellung, abgestuft nach Bebauungsdichten, in der Topographischen Karte 1:100 000 und in der Topographischen Übersichtskarte 1:200 000. In: Kartogr. Nachr. 33, 1983, 1. p.19-22. 2016

*Gierloff-Emden, Hans Günter; Klaus Rudi Dietz: Auswertung und Verwendung von High Altitude Photography <HAP>. <Hochbefliegungen aus Höhen von 12-20 km.> Kleinmaßstäbige Luftbildaufnahmen von 1:125 000 bis 1:30 000 mit Beispielen von UHAP und NHAP aus den USA. - München: Institut für Geographie der Univ.; Nelles-Verl. in Komm. 1983. 106 p., 66 ill., 23 tab. (Münchner geograph. Abhandlungen. 32.) ISBN 3-88618-098-0 2017

Grimm, Wolfgang: Die Versuche einer flächenhaften Siedlungsdarstellung in der TK 100 und TÜK 200 von Fred Christ, Reinald Maletzka und Bernd Stünkel. In: Kartogr. Nachr. 33, 1983, 1. p.23. 2018

Grimm, Wolfgang: Die Weiterentwicklung der Topographischen Karte 1:100 000. In: Kartogr. Nachr. 33, 1983, 4. p.126-128, 1 mp-suppl. 2019

*Protokoll über die Podiumsdiskussion am 11.3. 1982: Siedlungsdarstellung zwischen topographischer Generalisierung und Benutzererwartung - Kartenprobe Siedlungsflächen TK 100. Diskussionsleiter: Hans Kleinn. - Münster 1982. 51 p. [mimeogr.] 2020

Weber, Wolfgang: Stellungnahme zu dem von Christ, Maletzka und Stünkel vorgestellten Versuch einer flächenhaften Siedlungsdarstellung in der Topographischen Karte 1:100 000 und in der Topographischen Übersichtskarte 1:200 000. In: Kartogr. Nachr. 33, 1983, 1. p.24. 2021

Williams, Ralph J.: Procedures for rapid-response mapping using existing compilation material. In: Cartography. 12, 1982, 3. p.156-161, 2 ill., 3 mp. 2022

1:125 000

*Gierloff-Emden, Hans Günter; Klaus Rudi Dietz: Auswertung und Verwendung von High Altitude Photography <HAP>. <Hochbefliegungen aus Höhen von 12-20 km.> Kleinmaßstäbige Luftbildaufnahmen von 1:125 000 bis 1:30 000 mit Beispielen von UHAP und NHAP aus den USA. - München: Institut für Geographie der Univ.; Nelles-Verl. in Komm. 1983. 106 p., 66 ill., 23 tab. (Münchner geograph. Abhandlungen. 32.) ISBN 3-88618-098-0 2023

1:200 000

Böhme, Rolf: Die Arbeitskarte Öffentliche Wasserversorgung 1:200 000. In: Nachr. a.d. Kart.- u. Vermess.-wesen. R.I, 91, 1983. p.5-9, 1 ill., 1 suppl. [With German, Engl. a. French rés.] 2024

Christ, Fred; Reinald Maletzka; Bernd Stünkel: Versuch einer flächenhaften Siedlungsdarstellung, abgestuft nach Bebauungsdichten, in der Topographischen Karte 1:100 000 und in der Topographischen Übersichtskarte 1:200 000. In: Kartogr. Nachr. 33, 1983, 1. p.19-22. 2025

Flügel, Helmut W.: Die geologische Karte der Steiermark 1:200 000 als Grundlage von Geopotentialkarten. In: Mitteilungen des Naturwissenschaftlichen Vereines für Steiermark. - Graz 1982. Bd 112. p.59-62. 2026

Giebels, Matthias: Automatische Symbolerzeugung für topographische Karten durch digitale Rasterdatenverarbeitung am Beispiel der Topographischen Übersichtskarte 1:200 000 (TÜK 200). In: Nachr. a.d. Kart.- u. Vermess.-wesen. R.I, 92, 1983. p.11-25, 8 ill. [With German, Engl., a. French rés.] 2027

Grimm, Wolfgang: Die Versuche einer flächenhaften Siedlungsdarstellung in der TK 100 und TÜK 200 von Fred Christ, Reinald Maletzka und Bernd Stünkel. In: Kartogr. Nachr. 33, 1983, 1. p.23. 2028

Meurisch, Heinz; Wigand Weber: Erfahrungen bei der Reproduktion der Topographischen Übersichtskarte 1:200 000 in verkürzter Skala mit einem digitalen Rasterdatenverarbeitungssystem. In: Nachr. a.d. Kart.- u. Vermess.-wesen. R.I, 92, 1983. p.109-142, 7 ill., 12 tab. [With German, Engl. a. French rés.] 2029

Meyer, Klaus-Dieter: Die geologische Karte 1:200 000 (GUK 200) unter besonderer Berücksichtigung Niedersachsens - Methodik und Inhalt. In: Verhandlungen des deutschen Geographentages. 43, 1983. p.130-133. 2030

Ozaki, Toyohiko; Yuji Sugihara; Yasuo Tanaka: Examination for fading of printing ink for the 1:200 000 topographical map. In: Map. 20, 1982, 1. p.37-41, 1 ill., 4 tab. [Japan.] 2031

Roulová, Zdeňka: První tituly nových mapových edic Automapa ČSSR 1:200 000 a Poznáváme Československo 1:200 000 před vydáním. In: Geod. a kartogr. obz. 29, 1983, 10. p.265-266, 1 ill. [First titles of new map editions of the road map of ČSSR 1:200 000 and recognizing ČSSR 1:200 000 before issue.] [Slov.] 2032

Sandner, Eberhard: Gegenwärtige und künftige kartographische Ergebnisse der mittelmaßstäbigen landwirtschaftlichen Standortkartierung der DDR. In: Probleme der thematischen Kartographie und der Automatisierung der Kartenherstellung. - Dresden 1983. p.25-30. 2033

Weber, Wigand: Konzept zur automationsgestützten Fortführung der Topographischen Übersichtskarte 1:200 000 im Rastermodus. In: Nachr. a.d. Kart.- u. Vermess.-wesen. R.I, 91, 1983. p.55-75, 1 ill. [With German, Engl. a. French rés.] 2034

Weber, Wolfgang: Stellungnahme zu dem von Christ, Maletzka und Stünkel vorgestellten Versuch einer flächenhaften Siedlungsdarstellung in der Topographischen Karte 1:100 000 und in der Topographischen Übersichtskarte 1:200 000. In: Kartogr. Nachr. 33, 1983, 1. p.24. 2035

Wiesinger, Friedrich: Die Neugestaltung der Österreichischen Karten 1:50 000 und 1:200 000. In: Eich- u. Vermess.-mag. 41, 1983. p.4-8, 4 ill. 2036

1:500 000

Goldberg, G.; Chr. Neumann-Redlin: Hydrogeological reconnaissance maps of the Republic of Botswana at scale 1:50 000. In: Transaction. Geological Society of South Africa. 84, 1981, 2. p.191-192. 2037

1:1 000 000

Delaunay, Jean: Carte des zones exposées à des glissements, écroulements, effondrements et affaissements de terrain en France à 1:1 000 000. In: Mémoires. Bureau de recherches géologiques et minières. 124, 1983. 19 p. 2038

1:2 000 000

Domaratz, Michael A. a.o.: US. digital cartographic data standards: digital line graphs from 1:2 000 000-scale maps. - Reston, Va.: US. Geological Survey 1983. VI, 40 p. 2039

Momikura, Yoshimasa: Result of conservation survey, especially basic conservation map and criteria matrix of Chiba pref. at the scale of 1:2 000 000. In: Map. 21, 1983, 2. p.39-44, 3 ill. 2040

1:2 500 000

Kohen, B.: Oldness and problems of revision of the World Map 1:2 500 000. In: Geodäsie, cartographie, aménagement foncier. 23, 1983, 4. p.37-39, 4 ill., 2 tab. [Russ.] 2041

1:10 000 000

Ulrich, Johannes: Die neue offizielle Tiefenkarte des Weltmeeres im Maßstab 1:10 Mio. als Ergebnis erfolgreicher internationaler Zusammenarbeit. In: Schriften des Naturwissenschaftlichen Vereins Schleswig-Holstein. 52, 1982. p.69-79. 2042

1:50 000 000

Gellert, Johannes F.; Eberhard Scholz: Konzeption und Probleme einer Serie analytischer geomorphologischer Erdkarten im Maßstab 1:50 Mio. In: Peterm. Geogr. Mitt. 127, 1983, 4. p.273-278, 1 mp. 2043

D MAP DATA — UDC 528.931/.935

KARTENELEMENTE

ELEMENTS CARTOGRAPHIQUES

Boundaries / Grenzen / Frontières

Herzog, Adrian a.o.: Die automatische Generierung von Grenzliniendateien der Schweiz. In: Geogr. Helv. 38, 1983, 3. p.112-120. 2044

Terrain / Gelände / Terrain

Boullion, Theo; Kurt Brunner: Reproduktion farbiger Höhenstufen mit der "kurzen Skala". In: Kartogr. Nachr. 33, 1983, 4. p.131-134, 4 tab. 2045

Brandes, Donald: Sources for relief representation techniques. In: Cartogr. J. 20, 1983, 2. p.87-94, 18 ill. 2046

Brandstätter, Leonhard: Gebirgskartographie. Der topograph.-kartograph. Weg zur geometrisch integrierten Gebirgsformendarstellung, erläutert an alpinen Beispielen. - Wien: Deuticke 1983. XVI, 319 p., ill. (Die Kartographie und ihre Randgebiete.2.) ISBN 3-7005-4456-1 2047

Dickson, P.J.: Local weather and the relief map. In: New Zealand Cartogr. J. 13, 1983, 2. p.16-24, 3 ill., 1 tab. 2048

Fairbairn, David: Gerippe-lines and the representation of relief. In: Bull. Soc. of Univ. Cartographers. 15, 1982, 2. p.1-5, 7 ill. 2049

Finsterwalder, Rüdiger: Zur Kontrolle der Geländedarstellung in Karten mit Hilfe von Stereoorthophotos. In: Kartogr. Nachr. 33, 1983, 5. p.187-189. 2050

Fischer, Josef: Diskussionsbeitrag zu Stams, W.: "Zur Stellung der kartographischen Darstellung unter den Abbildungsformen des Geländes". In: Probleme der thematischen Kartographie und der Automatisierung der Kartenherstellung. - Dresden 1983. p.81-82. 2051

Hoffmann, Frank: Automatisierte Herstellung digitaler Reliefmodelle. In: Vermess.-techn. 31, 1983, 8. p.282. 2052

Hofmann-Wellenhof, B.: Aussparungsflächen und unregelmäßige Ränder bei der Ableitung von Höhenlinien aus einem Höhenraster. In: Österr. Z. f. Vermess.-wesen u. Photogramm. 71, 1983, 2. p.83-94, 9 ill. 2053

Hofmann-Wellenhof, B.: Die Berücksichtigung von Geländekanten bei der Ableitung von Höhenlinien aus einem Höhenraster. In: Z. f. Vermess.-wesen. 108, 1983, 2. p.59-66, 11 ill. 2054

Horn, Berthold K.P.: Hill-shading and the reflectance maps. In: Geo-processing. 2, 1982, 1. p.65-144. 2055

Imhof, Eduard: Kartographische Geländedarstellung. - Berlin: de Gruyter 1982. XVIII, 389 p., 14 suppl. ISBN 3-11-0067-11-0 2056

Kantelhardt, Helmut: Geometrische Zuverlässigkeit von Höhendarstellungen verschiedener Verfahren. In: Z. f. Vermess.-wesen. 108, 1983, 5. p.198-206, 9 ill., 2 tab. 2057

Ozerova, A.P.: Kartometričeskij sposob cifrovogo modelirovanija mestnosti. In: Geod. i Kartogr., Moskva. 1983, 5. p.28-32, 4 ill. [Cartometric method of digital terrain modelling.] [Russ.] 2058

Phillips, Richard J.: An experimental investigation of layer tints for relief maps in school atlases. In: Ergonomics. 25, 1982, 12. p.1143-1154. 2059

Rößler, H.: Automatische Höhenlinienzeichnung mittels Parabel- und Ellipsenbögen nach topographischen Erfordernissen. In: Vermess.-techn. 31, 1983, 4. p.129-130. 2060

Schmidt, A.: Ein Vorschlag zur Datenstruktur bei der Realisierung digitaler Geländemodelle auf EDVA des Systems der Kleinrechner. In: Vermess.-techn. 31, 1983, 10. p.344-346, 1 ill., 6 tab. 2061

Schoppmeyer, Johannes: Zum Zusammenhang zwischen Aufnahmegenauigkeit und Äquidistanz bei Höhenliniendarstellungen. In: Allg. Vermess.-Nachr. 90, 1983. p.171-177. 2062

Stams, Werner: Zur Stellung der kartographischen Darstellung unter den Abbildungsformen des Geländes. In: Probleme der thematischen Kartographie und der Automatisierung der Kartenherstellung. - Dresden 1983. p.68-80, 4 ill. 2063

Tanko, Darko: Aksonometrični prikaz reliefa. In: Geod. vestn. 27, 1983, 1. p.29-32, 6 ill., 1 mp. [Axonometric display of relief.] [Slov. with Engl. rés.] 2064

Torlegard, Kennert: Photogrammetrie und digitale Höhenmodelle - gegenwärtiger Stand der Entwicklung und Anwendung. In: Bildmess. u. Luftbildw. 51, 1983, 1. p.11-20. 2065

Vanglevskij, V. Ch.: O sozdanii kart uglov naklona mestnosti. In: Geod. i Kartogr., Moskva. 1983, 12. p.47-50. [About production of the maps of terrain slope angles.] [Russ.] 2066

Vasilev, A.S.; E.E. Širjaev: Sposoby mašinnoj interpoljacii skanirovannych izolinij. In: Geod. i aerofotos. 1983, 6. p.87-98, 10 ill. [Processes of maschine interpolation at isolines.] [Russ.] 2067

Wagner, Heinz Peter: Ein neuer Kartentyp - Idee und Technik. In: Kartogr. Nachr. 33, 1983, 4. p.134-137. 2068

Yoeli, Pinhas: Digital terrain models and their cartographic and cartometric utilisation. In: Cartogr. J. 20, 1983, 1. p.17-22, 1 ill. 2069

Yoeli, Pinhas: Shadowed contours with computer and plotter. In: Amer. Cartographer. 10, 1983, 2. p.101-110, 18 ill. 2070

UDC 528.93 (100.1)

E CARTOGRAPHY OF CELESTIAL BODIES. SPACE CARTOGRAPHY
KARTOGRAPHIE DER WELTKÖRPER. WELTRAUM-KARTOGRAPHIE
CARTOGRAPHIE DES CORPS CELESTES. CARTOGRAPHIE DE L'ESPACE

Garanina, G.F.; L.A. Fokina: Tematičeskoe kartografirovanie luny. In: Geod. i Kartogr., Moskva. 1983, 7. p.47-52. [Thematic mapping of the moon.] [Russ.] 2071

Krogt, Peter van der: 17e eeuwse namen op de maan. In: Kartogr. T. 9, 1983, 5. p.9-18, 9 ill. [With Engl. rés.] 2072

Krogt, Peter van der: De maankaart van Michael Florent van Langren (1645). In: Caert-Thresoor. 2, 1983, 3. p.36-39, 3 ill. [With Engl. rés.] 2073

Michalik, Rudolf: Drehbare Sternkarten. In: Lehrmittel aktuell. 9, 1983, 4. p.24-27. 2074

Piasecka, Janina E.: Glubusy ksiezyca i Marsa. In: Czasopismo Geograficzne. 53, 1982, 1. p.92-94, tab. [Globes of the moon and Mars.] 2075

VIII. Thematic Maps and Cartograms
Thematische Kartographie
Cartographie thématique

A GENERAL FEATURES AND METHODS OF REPRESENTATION UDC 528.942
ALLGEMEINES UND DARSTELLUNGSMETHODEN
GENERALITES ET METHODES DE REPRESENTATION

Amandier, Louis a.o.: Eléments pour un zonage acro-sylvo-pastoral de la Corse. Un outil cartographique pour la mise en valeur. In: Forêt méditerranee. 4, 1982, 1. p.13-22. 2076

Arnberger, Erik: Thematische Kartographie - Revolution oder Evolution? In: Kartogr. Nachr. 33, 1983, 6. p.209-214. 2077

Aurada, Fritz: Kartographische Darstellungsmöglichkeiten eines alpinen Nationalparks. In: Kartogr. Nachr. 33, 1983, 3. p.94-98. 2078

Baranowska, Teresa; Andrzej Giolkosz: Über die Anwendung von Satellitenaufnahmen in der thematischen Kartographie. In: Peterm. Geogr. Mitt. 127, 1983, 3. p.205-212, 7 ill. 2079

*Bodenkundliche Kartieranleitung. Bearb. unter der Leitung von Werner Müller. Hrsg. von der Bundesanstalt für Geowissenschaften und Rohstoffe und den Geolog. Landesämtern. 3. Aufl. - Stuttgart: Schweizerbart 1983. 336 p., ill. 2080

Boersma, F.H.: De perfektie van de thematische computerkaart: een ruimtelijke ordening. In: Kartogr. T. 9, 1983, 3. p.44-48, 3 ill. 2081

Bollmann, Jürgen: Die Erstellung thematischer Karten mittels THEMAK. In: Statistik-Software in der Sozialforschung. Berichtsband von der 2. Konferenz über die wiss. Anwendung von Statistik-Software. (ZUMA, Mannheim. 24.2.1983.) - Berlin: Quorum 1983. p.401-426, ill. 2082

Bonin, Serge: Methodes d'approche pour la realisation des cartes de superposition. In: Bull. du Com. Franç. Cartogr. 94, 1982, 4. p.12-17, 5 ill. 2083

Browne, T.J.; A.C. Millington: An evaluation of the use of grid squares in computerised choropleth maps. In: Cartogr. J. 20, 1983, 2. p.71-75, 6 ill. 2084

Buczkowski, Krzyszof: Cartographic method for the representation of the concentration of a set of points on the basis of distance analysis. In: Geod. i Kartogr., Warszawa. 31, 1982, 1. p.59-67, 2 ill. [With Pol., Russ. a. French rés.] 2085

Clauß, Christian: Untersuchungen zum Gebrauchswert thematischer Karten als Voraussetzung für Vorschläge zur Erarbeitung von Standards. In: Vermess.-techn. 31, 1983, 1. p.13-15. 2086

Clutton, Elizabeth: On the nature of thematic maps and their history. In: Map Collector. 22, 1983. p.42-43, 2 ill. 2087

Coombs, James A.: The reality of online retrieval of geoscience maps. In: 2nd International Conference on Geological Information. Proc., Golden, Colorado, May 1982. vol. 1. Ed.: C.M. Kidd. 1982. p.137-143. 2088

Csáti, Ernö: Eine Methode zur Hervorhebung des Informationsgehaltes von Schwarz-Weiß-Satellitenbildern. In: Probleme der thematischen Kartographie und der Automatisierung der Kartenherstellung. - Dresden 1983. p.35-38. 2089

DeLucia, Alan A.; Donald W. Hiller: Natural legend design for thematic maps. In: Cartogr. J. 19, 1982, 1. p.46-52, 11 ill., 2 tab. 2090

'Dorigo, Guido: VCPLOT: ein Programmpaket zur Erstellung thematischer Karten: Benützerhandbuch. - Zürich: Geographisches Institut der Universität 1983. [86] p., ill. (Geoprocessing-Reihe. 2.) 2091

Dutton, G.: Bivariate construction of equal-class thematic maps. In: Auto-Carto 5 Proceedings, Amer. Soc. of Photogramm./Amer. Congr. on Surv. a. Mapp. 1982. p.285-296. 2092

Dyunin, V.I.: O postroenni p'ezometričeskich kart podzemnych vod neftegazovych gorizontov. In: Vestnik Mosk. Univ., Ser. 4: Geol. 1983, 2. p.45-52. [On the construction of piezometric maps of subterranean water in oil and gas horizons.] [Russ.] 2093

'Finamore, Patricia Mary: The value of cartograms as communication devices. - Bloomington: Indiana Univ. 1982. [Master's thesis.] 2094

Garaevskaja, L.S.: K voprosu unifikacii v tematičeskom kartografirovanii. In: Geod. i aerofotos. 1983, 5. p.121-125. [To questions of standardization in thematic cartography.] [Russ.] 2095

'Gelinas, R.: How the computer has affected thematic maps in terms of their applications, accuracy and content. - Ottawa: Carleton Univ. 1982. [Bachelor's thesis.] 2096

Griffin, T.L.C.: Recognition of areal units on topological cartograms. In: Amer. Cartographer. 10, 1983, 1. p.17-29, 6 ill., 2 tab. 2097

Grimmeau, Jean-Pierre: La carte thematique outil d'analyse spatiale. In: Bull. trim. Soc. Belge de Photogramm. et télédétect. 151/152, 1983. p.49-62. 2098

Hoffmann, Frank: Entwicklung thematischer Karten mit maschinenlesbarer Legende. In: Vermess.-techn. 30, 1982, 3. p.104-105. 2099

'Irmer, Michael: Kartographische Darstellungsmethoden. - Dresden: Ingenieurschule für Geodäsie und Kartographie. T.1: Grundlagen der Darstellung quantitativer und qualitativer Merkmale. 1980. II, 41 p., ill.; T.2: 1981. I, 50 p. (Spezielles Lehrmaterial für die Aus- und Weiterbildung von Ingenieuren der Fachrichtung Kartographie: Kartengestaltung.) 2100

Kel'ner, Ju. G.: Tematičeskoe kartografirovanie na osnove ispol'zovanija kosmičeskoj informacii. In: Geod. i Kartogr., Moskva. 1983, 2. p.34-38, ill. [Thematic mapping based upon remote sensing data.] [Russ.] 2101

Klinghammer, István; K. Kis; A. Papp-Váry: Möglichkeiten der Kategorienbildung und die computergesteuerte Kartogramm- und Diagrammherstellung. In: Probleme der thematischen Kartographie und der Automatisierung der Kartenherstellung. - Dresden 1983. p.83-89. 2102

Krakau, Winfried: Untersuchungen zum Einsatz von Lichtsetzautomaten in der thematischen Kartographie-Satz innerhalb von Zeilen- und Spaltenrastern. In: Vermess.-techn. 31, 1983, 3. p.97-98, 6 ill. 2103

Kusch, M.: Rechnergestützte Herstellung von Flächenkartogrammen mit Photosatz. In: Vermess.-techn. 31, 1983, 12. p.405-407, 3 ill. 2104

Lichtner, Werner: Computer-unterstützte Verzerrung von Kartenbildern bei der Herstellung thematischer Karten. In: Internat. Jb. f. Kartogr. 23, 1983. p.83-96, 7 ill. [With Engl. a. French rés.] 2105

Livieratos, E.: The interpretation of the potential representation of thematic maps in terms of filtering theory. In: Cartographica, Mono. 20, 1983, 3. p.69-77, 2 ill. [With French, German a. Span. rês.] 2106

Meijer, J.: Een nieuwe vorm van snelle produkten van thematische opdrukken op basiskaarten. In: Kartogr. T. 9, 1983, 4. p.41-45, ill. 2107

Müller, Dietrich O.: Zukunftsperspektiven der thematischen Kartographie. In: Beiträge zur Kartographie. - Karlsruhe 1983. p.59-80. (Karlsruher Geowissenschaftliche Schriften. A.1.) 2108

Müller, Siegfried: Erstellung von mehrfarbigen Themenkarten in der EDV-unterstützten Kartografie. Aus der Praxis der Bundesforschungsanstalt für Landeskunde und Raumforschung. In: tb-report. 13, 1982, 2. p.36-39, 4 ill. 2109

Nelson, B.; B. McGregor: A modification of the non-contiguous area cartogram. In: New Zealand Cartogr. J. 12, 1983, 2. p.21-29, 6 ill. 2110

Newcomer, Jeffrey A.; John Szajgin: Accumulation of thematic map errors in digital overlay analysis. In: Amer. Cartographer. 11, 1981, 1. p.58-62. 2111

Patton, Clyde P.: Venn diagrams as cartographic symbols. In: Amer. Cartographer. 10, 1983, 1. p.51-57, 7 ill. 2112

Podlacha, K.; K. Michalik: Klasyfikacja map tematycznych przewidzianych do wykonywania przez sluzbe geodezyjno-kartograficzna. In: Prace Inst. Geod. i Kartogr. 28, 1981, 2. p.23-38, tab. [Classification of thematic maps foreseen for the utilization by the geodetic-and-cartographic service.] [Pol. with Engl. rês.] 2113

Podlacha, K.: Koncepcja podsystemu map spoleczno-gospodarczych do potrzeb racjonalnego uzytkowania obszarow wiejskich. In: Prace Inst. Geod. i Kartogr. 28, 1981, 2. p.3-21, ill. [Conception of the social-and-economic maps subsystem for the needs of rational use of rural areas.] [Pol. with Engl. rês.] 2114

*Probleme der thematischen Kartographie und der Automatisierung der Kartenherstellung. Vorträge der Arbeitsgruppe 4 zu den Geodätischen und Kartographischen Tagen 1978 an der Techn. Univ. Dresden. [Hrsg. vom Wissenschaftsbereich Kartographie der Sekt. Geodäsie und Kartographie. Red.: W.G. Koch und W. Stams.] - Dresden: Techn. Univ., Sekt. Geodäsie u. Kartogr. 1983. 95 p. (Kartographische Bausteine. 5.) 2115

Przewlocki, Stefan; G.J. Kowalski: Am Institut für Umweltingenieure der TH Łódź hergestellte thematische Karten. In: Probleme der thematischen Kartographie und der Automatisierung der Kartenherstellung. - Dresden 1983. p.4-7. (Kartograph. Bausteine. 5.) 2116

Roy, B.K.: Cartography. Thematic cartography with special reference to population mapping. A trend report. In: A survey of research in physical geography. 1972, comp. vol. [1968/78]. 1983. p.289-308. 2117

Ryerson, R.A.: Benefits of using airborne remote sensing for thematic mapping. In: Proceedings of the 6th Canad. Symp. Remote Sens., Halifax, 21-23 May 1980. p.493-500. 2118

Schönfelder, Günther: Zur Klassifikation thematischer Karten aus der Sicht geographischer Umweltforschung. In: Wiss. Z. M.-Luther-Univ., Halle Wittenberg. Math.-Natur-Wiss. R. 32, 1983, 4. p.91-98. 2119

'Shea, K. Stuart: Region perception variability on dot maps. - Lawrence: Univ. of Kansas 1983. [Master's thesis.] 2120

Sirjaev, E.E.; A.S. Vasil'ev: Spocoby normalizacii kart izolihij pri postroenii cifrovych modelej. In: Geod. i Kartogr., Moskva. 1982, 7. p.34-38, ill. [Methods of isoline maps normalization for digital modelling.] [Russ.] 2121

Slocum, Terry A.: Predicting visual clusters on graduated circle maps. In: Amer. Cartographer. 10, 1983, 1. p.59-72, 9 ill., 3 tab. 2122

Smeets, J.F.: Een interactief grid-geörienteerd informatiesysteem (IGIS). In: Kartogr. T. 9, 1983, 3. p.49-53, 4 ill. 2123

Sretenovic, Ljubinko B.: Unifikacija semiorazmernog tematskog kartiranja. In: Zbornik Radova Instituta za Geografiju Beograd. 28, 1981. p.63-80. [Unification of semioscale thematic mapping.] 2124

*Stapley, D.A.: Analysing map user's perception of conventional symbolism in thematic maps. - Ottawa: Carleton Univ. 1981. [Bachelor's thesis.] 2125

Steinke, Theodore; Robert Lloyd: Judging the similarity of choropleth map images. In: Cartographica, Mono. 20, 1983, 4. p.35-42, 2 ill., 1 tab. [With French, German a. Span. rés.] 2126

Sumov, Ju.B.: Polyljarnaja kniga o tematičeskoj kartografii: Leontjev, N.F.: Tematičeskaja kartografija. Moskva: Nauka 1981. In: Geod. i Kartogr., Moskva. 1983, 7. p.58-61. [A popular book in thematic cartography.] [Russ.] 2127

*Tac-chang, Chiang: Singapore in thematic maps: an annotated carto-bibliography. - Singapore: Institute of Humanities and Social Sciences. College of Graduate Studies. Nanyang Univ. 1979. 177 p. (Research project series. 10.) 2128

Veer, A.A. de: Milieukartering bij Stiboka [Stichting voor Bodemkartering te Wageningen], een overzicht. In: Kartogr. T. 8, 1982, 3. p.29-40, 10 ill. 2129

Wolodtschenko, A.: Neue Darstellungsmöglichkeiten mehrerer Merkmale in Schreibwerkkartogrammen. In: Vermess.-techn. 30, 1982, 8. p.276-278, 6 ill. 2130

Wolodtschenko, A.: Zur Gestaltung von Schreibwerkkarten. In: Vermess.-techn. 31, 1983, 9. p.309-311, 13 ill. 2131

Zögner, Lothar: Carl Ritter und Alexander von Humboldt - ihr Beitrag zur Entwicklung der thematischen Kartographie. In: Studia geographica. Festschrift für Wilhelm Lauer zum 60. Geburtstag. Hrsg. v. W. Eriksen. - Bonn 1983. p.393-406, 4 ill. (Colloquium Geographicum. 16.) 2132

UDC 528.918.528.94
528.942 (083.7)

B KEYS FOR REPRESENTATION OF SUBJECTS AND SPECIFICATIONS OF STANDARDIZATION

THEMATISCHE LEGENDEN UND NORMUNGSVORSCHRIFTEN

LEGENDES THEMATIQUES ET NORMES

Dansen, M.: De legenda van de geologische kaart; inleiding op de oefening. In: Kartogr. T. 9, 1983, 1. p.73-77, 3 ill. 2133

Liedtke, Herbert: Die Legende der Geomorphologischen Karte 1:100 000 der Bundesrepublik Deutschland (GMK 100) und ihre Anwendbarkeit. In: Berlin. geogr. Abh. 35, 1982. p.43-47. 2134

Ormeling, Ferjan: Standaardisering van legenda's en bestemmingsplankaarten. In: Kartogr. T. 9, 1983, 1. p.63-68, 6 ill. 2135

Pasławski, Jacek: Natural legend design for thematic maps. In: Cartogr. J. 20, 1983, 1. p.36-37. 2136

UDC 528.946 : 1/9

C THEMENGEBIETE

RANGE OF TOPICS

CARTOGRAPHIE THEMATIQUE SELON SUR SUJETS EN ORDRE SYSTEMATIQUE

Aeronautics / Luftfahrt / Aeronautique

Aitken, G.D.: An aeronautical area navigation chart produced with computer assistance. ITC - Final project 1981. In: New Zealand Cartogr. J. 13, 1983, 2. p.9-15, 1 ill. 2137

Gazeley, John: Air navigation. In: Globe. 19, 1983. p.59-77, ill. 2138

Ohta, Hirochi: A consideration on ICAO Aeronautical Charts Aviation Cartography in Canada. In: Map. 20, 1982, 2. p.1-8, 8 ill., 1 tab. [Japan. with Engl. rés.] 2139

Agriculture / Landwirtschaft / Agriculture

Behrens, J.: Methode zur Herstellung der Grundlagenkarte Landwirtschaft 1:25 000. In: Vermess.-techn. 31, 1983, 8. p.271-273. 2140

Clauß, Christian: Einsatz thematischer Karten in der Landwirtschaft und daraus abzuleitende Schlußfolgerungen für die Aus- und Weiterbildung landwirtschaftlicher Kader. In: Probleme der thematischen Kartographie und der Automatisierung der Kartenherstellung. - Dresden 1983. p.39-45. 2141

Conzen, Michael P.: Purveying the agrarian dream: commercial development and social transformation of the County Landownership in America, 1814-1939. (Paper pres. at the 10th International Conference on the History of Cartography. - Dublin 1983.) 8 p. 2142

Czerny, Andrzej: Mapy krajobrazowe w atlasach świata. In: Polski przegląd kartogr. 15, 1983, 4. p.167-174. [Landscape maps in world atlases.] [Pol. with Russ. a. Engl. rés.] 2143

Diemann, Rolf: Die Standortkarten 1:100 000 der mittelmaßstäbigen landwirtschaftlichen Standortkartierung (MMK) für die Bezirke Rostock, Schwerin und Neubrandenburg. In: Wiss. Zeitschrift der Wilhelm-Pieck-Universität Rostock. Math.-Nat. Reihe. 30, 1981, 10. p.5-9. 2144

Donžov, A.V. a.o.: Ob osobennostjach kartografirovanija sel'skochozjajstvennych ugodij. In: Geod. i Kartogr., Moskva. 1983, 2. p.45-48. [On special features of agricultural lands mapping.] [Russ.] 2145

*Ezra, Elaine: The feasibility of thermal inertia mapping for detection of perched water tables in semiarid irrigated agricultural lands. - Sherbrooke: Univ. de Sherbrooke and Santa Barbara, Univ. of California, Santa Barbara 1982. [Master's thesis.] 2146

Parker, Albert; Guy Darnaud: Les cartes départmentales des terres agricoles. Expérience de Vimoutiers (Orne). In: Géomètre. 120, 1983, 11. p.53-58. 2147

Poliščuk, V.P.: Ob otobraženii ob'ektov melioracii na topografičeskich kartach. In: Geod. i Kartogr., Moskva. 1983, 11. p.32-37. [About presentation of melioration objects on topographical maps.] [Russ.] 2148

Sandner, Eberhard: Gegenwärtige und künftige kartographische Ergebnisse der mittelmaßstäbigen landwirtschaftlichen Standortkartierung der DDR. In: Probleme der thematischen Kartographie und der Automatisierung der Kartenherstellung. - Dresden 1983. p.25-30. 2149

Archaeology / Archäologie / Archéologie

Ballard, Paul: Fort Dundas (1824-1827): cartography and archaeology on the north coast of Australia. In: Bull. Soc. of Univ. Cartographers. 15, 1982, 2. p.29-34, 5 ill. 2150

Burnside, Clifford Donald a.o.: A digital single photograph technique for archaeological mapping and its application to map revision. In: Photogramm. Rec. 11, 1983, 61. p.59-68. 2151

Černij, A.N.; L.A. Muzeus; E.V. Sajko: Rentgenovskaja fotogrammetrija v archeologii. In: Geod. i Kartogr., Moskva. 1983, 10. p.43-48, 5 ill. [X-Ray photogrammetry in archaeology.] [Russ.] 2152

Glutz, Rudolf: Archäologische Vermessung in Eretria (Griechenland). In: Vermess., Photogramm., Kulturtechn. 81, 1983, 12. p.425-431, 7 ill. 2153

Jiresch, Erich: Ein kartographisches Konzept für eine archäologische Landesaufnahme von Österreich. In: Österr. Z. f. Vermess.-wesen u. Photogramm. 71, 1983, 4. p.208-213, ill., 1 tab. 2154

*Recent German research on the Middle East. A project of the Deutsche Forschungsgemeinschaft: The Tübingen atlas of the Middle East. Ed. by the Deutsche Forschungsgemeinschaft, Bonn, and the Inst. for Scientific Cooperation, Tübingen. 2nd, rev. ed. - Weinheim: Verl. Chemie 1983. 58 p. ISBN 3-527-27005-1 2155

Saint-Aubin, Jean-Paul: La documentation graphique, releves d'architecture et cartographie a l'inventaire general des monuments et richesses artistiques de la France. In: Bull. du Com. Franc, Cartogr. 95, 1983, 1. p.51-56, 5 ill. 2156

Biogeography / Biogeographie / Biogéographie

Effenterre, C. van: La cartographie des risques naturels. In: Rev. forest. franç. 34, 1982, 5. p.174-180. [Num. spéc.] 2157

Miyasaka, K.: Mapping procedure in human geography. In: Tsukuba Studies in Human Geography. 7, 1983. p.13-26, 9 ill. 2158

Wink, Michael: Übersichtkarten der Brutvogelverbreitung im Rheinland (Nordrhein). In: Charadrius. 19, 1983, 1. p.45-58. 2159

Charts / Seekarten / Cartes marine

*Die amerikanischen Küstenlinien. Sonderausstellung im Amerika Haus Hamburg, 4. Okt. - 21. Nov. 1983. - Bremen: Werbedr. Bremen 1983. 56 p., XII pl. (Die Welt in Seekarten. [5]). 2160

*Armstrong, Joe C.: From sea unto sea. Art and discovery maps of Canada. - Toronto: Lester and Orpen Dennys Ltd. 1982. 38 Nos. map-facs., text. ISBN 0-7706-0030-1 2161

*Australien og Stillehavet. Saerudstilling i Aabenraa Museum, Åbenrå 26. juni - 14. aug. 1983. - Bremen: Werbedr. Bremen 1983. 56 p., XII pl., 1 suppl. 10 p. (Die Welt in Seekarten. [6.]) 2162

Bain, D. a.o.: Coastal mapping of the Beaufort Sea coast. In: Amer. Congr. on Surv. a. Mapp. Techn. Papers, Ann. Meeting. 43, 1983. p.99-109. 2163

Banks, Norman E.: National ocean survey bathymetric mapping program. In: Internat. Hydrogr. Rev. 60, 1983, 2. p.105-116, 9 ill. 2164

*Benischek, Erhard; Siegfried Stölting: Seekarten. Handreichung des Deutschen Schiffahrtsmuseums, Bremerhaven, und des Schwedenspeichermuseums, Stade, für den Geographieunterricht (Sekundarstufe I). - Bremerhaven/Stade 1983. 47 p. 2165

Brown, Douglas L.: The case for an international large- and medium-scale nautical chart series in East Asia. In: Internat. Hydrogr. Rev. 60, 1983, 2. p.97-104. 2166

Campbell, Tony: The toponymy of early Portolan charts - a neglected key to their understanding. (Paper pres. at the 10th International Conference on the History of Cartography. - Dublin 1983.) 10 p. 2167

Carpine-Lancre, Jacqueline: Marine charts and atlases published in France and in Monaco. In: Bull. Spec. Libr. Assoc. Geogr. a. Map Div. 134, 1983. p.2-8. 2168

*De skandinaviske Farvande. Saerudstilling i Museet på Koldinghus, Kolding, 18. juni - 18. sept. 1983. - Bremen: Werbedr. Bremen 1983. 56 p., XVI pl. (Die Welt in Seekarten. [8.]) 2169

*Duken, A.J.: Die mathematische Rekonstruktion der Portolankarte des Giovanni da Carignano (1310). - Bückeburg: Selbstverlag des Autors 1983. 32 p., ill. 2170

*Entdecker in der Südsee. Sonderausstellung im Schloß Glücksburg, Glücksburg/ Ostsee, 6. Mai - 2. Okt. 1983. - Bremen: Werbedr. Bremen 1983. 38 p., XVII pl. (Die Welt in Seekarten. [2.]) 2171

Ferwerda, J.G.: Kaart 1, de verklaring van tekens en afkortingen op de zeekaarten. In: Kartogr. T. 9, 1983, 5. p.32, 1 ill. 2172

Freiesleben, Hans-Christian: Die Entstehung der Portolankarten noch immer ungeklärt (Bericht). In: Kartenhistorisches Colloquium Bayreuth '82. - Berlin 1983. p.91-96. 2173

Freiesleben, Hans-Christian: The still undiscovered origin of portolan charts. In: The Journal of Navigation. 36, 1983, 1. p.124-129. 2174

Haslam, D.W.: Charting for modern needs. In: The Journal of Navigation. 36, 1983. p.93-96. 2175

*Havn og skib, flag og kompas. Saerudstilling; Fisken- og Søfartsmuseet Saltvandsakvariet, Esbjerg, 8. juli - 16. sept. 1983. - Bremen: Werbedr. Bremen 1983. 56 p., XII pl. (Die Welt in Seekarten. [7.]) 2176

*Holroyd, P.N.: The production of nautical charts in the Canadian Hydrographic Service. - Ottawa: Carleton Univ. 1982. [Bachelor's thesis.] 2177

*Johnson, Deborah Ann: US. Lake Survey Nautical Charts: a cartographic and historical analysis. - East Lansing: Michigan State Univ. 1982. [Master's thesis.] 2178

*Köberer, Wolfgang: Das rechte Fundament der Seefahrt. Deutsche Beiträge zur Geschichte der Navigation. Hrsg. u. komm. von Wolfgang Köberer. - Hamburg: Hoffmann & Campe 1982. 340 p., ill. ISBN 3-455-03980-4 2179

*Die Küsten Westeuropas. Sonderausstellung im Schwedenspeicher Museum, Stade, 4. Juni - 17. Juli 1983. - Bremen: Werbedr. Bremen 1983. 56 p., XVI pl. (Die Welt in Seekarten. [4.]) 2180

Lampo, Hubert: De portulanen van het onmogelijke. In: Kartogr. T. 9, 1983, 2. p.29-45, ill. 2181

Lawson, S.: The significance of colour for the navigation chart. In: Hydrogr. J. 30, 1983. p.17-19. 2182

Leonard, Brian C.: Updating and correcting of naval charts in Australian waters. In: Globe. 19, 1983. p.47-58. 2183

*Leunen, P. van; J.E.W. Smith: Zeekaarten. - Colemborg: Educahoek-Stam, techn. hoeken 1983. 215 p., ill. ISBN 90-1128451-8 2184

Magee, G.A.: Changes in admiralty chart specification. In: Journal of Navigation. 36, 1983, 1. p.99-103. 2185

*Die sieben Meere. Sonderausstellung in der Schleswig-Holsteinischen Landesbibliothek, Kiel, 10. Mai - 4. Sept. 1983. - Bremen: Werbedr. Bremen 1983. 56 p., XII pl. (Die Welt in Seekarten. [3.]) 2186

*Middelhaven og øerne i Atlanterhavet. Saerutstilling i Museet på Sønderborg Slot, Sønderborg, 1. juli - 11. sept. 1983. - Bremen: Werbedr. Bremen 1983. 56 p., XII pl. (Die Welt in Seekarten. [9.]) 2187

Mörzer Bruyns, Willem F.J.; Elize van Dienst: De restauratie van zeekaarten op perkament. In: Caert-Thresoor. 2, 1983, 2. p.24-26, 2 ill., 2 tab. 2188

Morrid, R.O.: The use and misuse of charts. In: Journal of Navigation. 36, 1983, 1. p.103-107. 2189

Nelson, D.W.: Nautical chart standardization. In: Journal of Navigation. 36, 1983, 3. p.468-479, 3 ill. 2190

Newson, D.W.: Nautical chart standardization. In: Journal of Navigation. 36, 1983, 3. p.468-479, 4 ill. 2191

*Nord for Skandinavien, vestpå Grønland. Saerudstilling i Tønder Museum, Tønder 25. juni - 28. aug. 1983. - Bremen: Werbedr. Bremen 1983. 56 p., XII pl. (Die Welt in Seekarten. [10.]) 2192

*Norges sjøkartverk 1932-1982. Kystens historie i kart og beskrivelser. Red. Komitè: Arne Hausken [a.o.]. Ansvarlig uitgiver: Norges sjøkartverk. - Stavanger: Gunnarshaug 1983. 208 p. text, ill., mp. ISBN 82-90078-09-9 2193

Palm, Christer: From manuscript to printed chart. In: Internat. Hydrogr. Rev. 60, 1983, 2. p.117-119, 1 mp. 2194

Pavlova, O.A.; E.A. Moskalenko; I.M. Abramova: Nekotorye aspekty postroenija informazionnopoiskovogo jazyka dlja avtomatizirovannoj obrabotki soderžanija morskich kart. In: Vestnik Leningradsk. Univ., Ser. Geol.-Geogr. 6, 1983. p.101-105, 2 tab. [Some aspects of the information-search language for automatic processing of nautical charts.] [Russ. with Engl. rés.] 2195

Point positioning in marine geodesy. In: Allg. Vermess.-Nachr. 89, 1982, 10. p.418. 2196

Prakash, Satya; J.M. Agrawal: On the cartographic techniques used in oceanic cartography. In: National Geographic Journal of India. 27, 1981, 3/4. p.120-127. 2197

Puschmann, Oskar: Koordinatbestemmelse av fastmerker i grunne farvann Kulemethoden. In: Kart og plan. 75, 1983, 1. p.59-63, 6 ill., 1 tab. [The subsea surveying sphere centre method.] [Norw. with Engl. rés.] 2198

*Putman, Robert: Early sea charts. - New York: Abbeville Pr. Publ. 1983. 143 p. text, mp. ISBN 0-89659-392-4 2199

Schwiderski, E.W.: Atlas of ocean tidal charts and maps, part I: the semi-diurnal principal lunar tide M_2. In: Marine Geodesy. 6, 1983, 3/4. p.219-265, 6 ill., 10 tab. 2200

Simpson, E.S.W.: Morphological mapping of the sea floor: the general bathymetric chart of the oceans (GEBCO). In: South Afr. J. of Photogramm., Remote sensing and Cartogr. 13, 1983, 5. p.289-304, 5 ill. 2201

Spittal, J.A.: Accretion and erosion mapping of shorelines. In: New Zealand Cartogr. J. 13, 1983, 2. p.2-9, 6 ill., 2 tab. 2202

Suarez, Thomas: Early mapping of the Pacific Ocean. In: Map Collector. 22, 1983. p.2-8, 7 ill. 2203

Sultanov, A.S.: Iz opyta rabot po topografičeskoj s'enke podvodnych kommunikcij. In: Geod. i Kartogr., Moskva. 1983, 11. p.40-43, 3 ill. [From experience of topographic surveying subwater communications.] [Russ.] 2204

Ulrich, Johannes: Die neue offizielle Tiefenkarte des Weltmeeres im Maßstab 1:10 Mio. als Ergebnis erfolgreicher internationaler Zusammenarbeit. In: Schriften des Naturwissenschaftlichen Vereins Schleswig-Holstein. 52, 1982. p.69-79. 2205

Wallis, Helen: The Rotz atlas. A royal presentation. In: Map Collector. 20, 1982. p.40-42, 2 ill. 2206

*Die Welt der Seekarten. Søkortener Verden. Ausstellung von Seekarten aus fünf Jahrhunderten im nordwestlichen Deutschland und südlichen Dänemark. Ausstellungsidee von Carl Erik Lindh. Mit Texten von Ulla Ehrensvärd, Uwe Schnall. - Bremen: Werbedr. Bremen 1983. [Bd 1-5 in dt., Bd 6-10 in dän.] 2207

Whitmore, E.R.: The navigational chart. In: Australian Surveyor. 31, 1982, 3. p.160-174, 9 ill. 2208

Zatonskij, L.K.: Kartografirovanie morskich melkovodij na oznove materialov kosmičeskich fotos'emok. In: Geod. i Kartogr., Moskva. 1983, 2. p.51-53. [The sea shelf mapping with the help of remote sensing fotos.] [Russ.] 2209

Climatology and Meteorology / Klimatologie und Meteorologie / Climatologie et météorologie

Baggs, S.A.: Remote prediction of periodic ground temperatures in Australia using isothermal contour maps to aid in the design of earth covered buildings. In: Australian and New Zealand Association for the Advancement of Science. Paper No. 4, 158, 1982. p.1-29, ill., tab., mp. 2210

Bell, Andrew: Wind maps of Australia. In: Ecos. 33, 1982. p.24-25, ill., tab. mp. 2211

Bernier, M.; R. Brochu; F. Bonn: Cartographie de l'inertie thermique de certains secteurs du Quebec a partir de donnees aeriennes et du satellite H.C.M.M. In: Proceedings. 6th Canadian Symposium on Remote Sensing. - Halifax, 21-23 May, 1980. p.437-482. 2212

Dickson, P.J.: Local weather and the relief map. In: New Zealand Cartogr. J. 13, 1983, 2. p.16-24, 3 ill., 1 tab. 2213

Gibb, Jeremy G.: Coastal hazard mapping. A technique for wise planning and management. In: Geogr. and Dev. Policy. Proc. 11th N.Z. Geogr. Conf. Wellington, Aug. 1981. - Wellington 1982. p.129-134. 2214

Gossmann, H. a.o.: Wärmekarten des Ruhrgebietes, Satelliten-Thermalbilder der Heat Capacity Mapping Mission (HCMM). In: Geogr. Rdsch. 33, 1981. p.556-562. 2215

Jensen, John R.; Peter J. Pace; Eric J. Christensen: Remote sensing temperature mapping: the thermal plume example. In: Amer. Cartographer. 10, 1983, 2. p.111-128, 6 tab., 6 ill. 2216

Kirchhofer, W.: Räumliche Darstellung von Klimadaten. In: Geogr. Helv. 37, 1982, 4. p.192-198, 3 ill., 1 mp. 2217

*Kunz, Stefan: Anwendungsorientierte Kartierung der Besonnung in regionalem Maßstab. - Bern: Geographisches Institut der Universität 1983. 88, IV p., diagr., 14 pl. (Geographica Bernensia. G.9.) [Diss. Naturwiss. Bern, 1982.] 2218

Lamb, H.H.: Mapping historical weather and past climates. In: Bull. Soc. of Univ. Cartographers. 16, 1983, 1. p.25-34, 10 ill. 2219

Lauscher, Friedrich: Klimatische Kartierung Norwegens auf Grund phänologischer Beobachtungen. In: Mitt. d. Österreich. Geogr. Gesell. 124, 1982. p.77-88, 5 tab. [With Engl. a. French rés.] 2220

*Lévesque, Johanne: Essai d'utilisation de la thermographie aérienne nocturne en cartographie microclimatique: applications aux problèmes des gelées. - Sherbrooke: Univ. de Sherbrooke 1982. [Thèse de Maîtrise.] 2221

Paszyński, Janusz: Des méthodes d'établissement des cartes topoclimatiques. In: Geogr. Polonica. 45, 1983. p.35-45. 2222

Demography / Demographie / Démographie

Béguin, M.: Tendances diverses de la représentation cartographique: l'exemple de la cartogr. de la population active. In: Ann. de Géogr. 501, 1981. p.513-534. 2223

Byfuglien, Jan: Bosettingskart 1980 - kombinasjon av manuell og digital teknikk. In: Kart og plan. 75, 1983, 3. p.247-250, 1 ill. [Map of population distribution 1980 - combination of manual and digital technics.] [Norw. with Engl. rés.] 2224

*Camm, Jack Charles Robert; John McQuilton; Steve Yorke: Australian census maps for 1901 map. - Kensington, NSW: Australia 1788-1988: a bicentennial history 1983. 1 vol. 2225

Carlson, Alvar W.: A cartographic analysis of Latin American immigrant groups in the Chicago Metropolitan areas, 1965-76. In: Revista Geografica. 96, 1982. p.91-106. 2226

*Frehner, Peter: Die kartographische Darstellung der Altersstruktur-Veränderungen am Beispiel der NE-Schweiz. - Zürich: Geogr. Institut Univ. 1977. 103 p., 17 ill., 44 mp., 18 tab., 2 suppl. [Dipl.-Arb.] 2227

Galois, Robert M.: Mapping the British Columbia census, 1881. In: Bull. Assoc. of Canad. Map Libr. 47, 1983. p.26-36, 2 ill. 2228

Guelke, Leonard: A computer approach to mapping the OPGAAF: the population of the Cape in 1731. In: South Afr. J. of Photogramm., Remote Sens a. Cartogr. 13, 1983, 4. p.227-238, 14 mp. 2229

Lé Thé, Tien: A tervezési célú népességi térképek. In: Geod. és kartogr. 35, 1983, 5. p.348-353, 1 tab. [Population maps for planning purposes.] [Hung. with Russ. rés.] 2230

*Malone, James: Mapping for the 1981 census. - Canberra: Natmap 1981. 27, 4 p., ill., 2 mp. 2231

Mounsey, H.M.: Mapping population change through time by computer and cine film. In: Computers in cartography. 1982. p.127-132, ill. (British Cartogr. Soc., London; Spec. Publ. 2.) 2232

Olorunfemi, J.F.: Applications of aerial photography to population estimation in Nigeria. In: Geo-Journal. 6, 1982, 3. p.225-230, 2 ill., 6 tab. 2233

Patton, Clyde P.: Venn diagrams as cartographic symbols. In: Amer. Cartographer. 10, 1983, 1. p.51-57, 7 ill. 2234

Raychaudhuri, R.: Some problems of grouping data in mapping density of population in Kerala. In: Geographical Review of India. 43, 1981, 4. p.354-358. 2235

Roy, B.K.: Cartography. Thematic cartography with special reference to population mapping. A trend report. In: A survey of research in physical geography. 1972, comp. vol. [1968/78]. - New Delhi 1983. p.289-308. 2236

Thakur, Baleshwar; Rameshwar Thakur: Statistical techniques of population and settlement mapping. In: Geographical Review of India. 44, 1982, 1. p.62-77. 2237

Thalmann, Nadia a.o.: Elect / An interactive graphical system for the automatic generation of electoral maps. In: Cartographica, Mono. 19, 1982, 1. p.28-40. [With French, German a. Span. rés.] 2238

Ecology / Ökologie / Ecologie

Ecological mapping. In: Environmentalist. 3, 1983, 1. p.65. 2239

*Sayer, Robert B.: A sensitivity mapping scheme based on ecological land surveys: case study Wood Buffalo National Park. - Ottawa: Carleton Univ. 1983. [Master's thesis.] 2240

Economics / Wirtschaft / Economie

Albrecht, W.: DDR-Fachtagung über das neue Kartensystem für die Volkswirtschaft. In: Vermess.-techn. 31, 1983, 8. p.281. 2241

*Gibson, Duncan L.: Energy graphics: graphs, charts, tables, maps on US. and world production, consumption, and reserves. - Englewood Cliffs, N.J.: Prentice-Hall 1983. VII, 138 p., ill., mp. ISBN 0-13-277624-3 2242

Koeman, Cornelis: Symbolen op een tweetal produktenkaarten in een Nederlands aardrijkskundeleerboek uit 1801. In: Caert-Thresoor. 2, 1983, 2. p.22-23, 1 ill. 2243

Kohlhepp, Gerd: Wirtschaftskarte Brasilien. Anmerkungen zur Kartenbeilage "Südamerika-Wirtschaft" [Economic map of Brazil, comments on the map supplement "South America-Economy".] In: Geogr. Rdsch. 34, 1982. p.374-375. 2244

Ormeling, Ferjan: De wereldenergiekaart van Het Spectrum. In: Kartogr. T. 8, 1982, 2. p.39-40. 2245

Preobraženskij, Arkadij I.: Ob otoraženij na topografičeskich kartach social'no-ekonomičeskich dannych. In: Geod. i aerofotos. 1983, 6. p.70-78. [About the presentation of socialistic-economical dates on topographic maps.] [Russ.] 2246

Ritter, Wigand: Die Wirtschaftskarten im neuen Österreichischen Oberstufenatlas. In: GW-Unterricht. 14, 1983. p.1-7, 1 mp.-suppl. 2247

Schilder, Günter: Een handelskaart van europa uit 1602. Een Nederlandse bijdrage aan de historisch-thematische kartografie. In: Kartogr. T. 7, 1981, 3. p.35-40. 2248

Szarvas, András: Térképek a külkereskedelemben, külkereskedelem a térképészetben. In: Geod. és Kartogr. 35, 1983, 3. p.187-189. [The maps in the foreign trade, foreign trade in the cartography.][Hung. with Engl. rés.] 2249

Environment / Umwelt / Entourage

Christian, C.S.: The Australian approach to environmental mapping. In: Profess. Paper. US. Geol. Surv. 1193, 1983. p.298-316. 2250

Faugères, L.: Utilisation de la télédétection pour la cartographie de l'environnement un exemple de paysage couvert: la Basse-Normandie. In: Bull. d'Inform. de l'Inst. Géogr. Nat. 44, 1982. p.22-28, 4 ill. 2251

Grosser, Konrad: Kartengegenstand und Zweckbestimmung von Umweltkarten als Determinanten ihrer kartographischen Gestaltung. In: Probleme der thematischen Kartographie und der Automatisierung der Kartenherstellung. - Dresden 1983. p.8-13, 1 ill. 2252

Hosoi, Shosuke: Land environment and street patterns of the cities in Venezuela and Columbia. In: Map. 21, 1983, 4. p.1-10, 7 ill., 3 tab. [Japan. with Engl. rés.] 2253

Ives, Jack D.; V. Dow: A mountain environmental atlas: the Indian Peaks area, Colorado Front Range, USA - a prospectus. In: Mountain Research & Development. 2, 1982, 4. p.337-348, 8 ill. 2254

Kadmon, Naftali: Photographic, polyfocal and polar-diagrammatic mapping of atmospheric pollution. In: Cartogr. J. 20, 1983, 2. p.121-126, 8 ill. 2255

Katranužkova, Christina: S'zdavane na sintetični karti na zam'rsjavaneto na atmosferata s pomoščta na matematiko-statističeski metodi. In: Geod., Kartogr., Zemeustroj. 23, 1983, 1. p.28-31, 2 tab., 2 ill. [Creation of synthetic maps of atmospheric polution by means of mathematical and statistical methods.] [Bulg.] 2256

Murthy, M.V.N.: Environmental mapping in India. In: Profess. Paper. US. Geol. Surv. 1193, 1983. p.292-297. 2257

Przewłocki, Stefan; G.J. Kowalski: Am Institut für Umweltingenieure der TH Lódź hergestellte thematische Karten. In: Probleme der thematischen Kartographie und der Automatisierung der Kartenherstellung. - Dresden 1983. p.4-7. (Kartograph. Bausteine. 5.) 2258

Stove, G.C.; K.E. Bagot: Current resource mapping and environmental fonitoring applications using Landsat MSS data in Scotland. In: Proc. 6th Canad. Symp. Remote Sens., Halifax, 21-23 May, 1980. p.551-557. 2259

Vostokova, E.A.; S.V. Skaterščikov: Kompleksnoe kartografirovanie ochrany okružajuščej sredy s ispol'zovaniem kosmičeskoj fotoinformacii. In: Geod. i Kartogr., Moskva. 1983, 2. p.38-41. [Complex mapping of environment protection with the use of space photos information.] [Russ.] 2260

Ethnography / Ethnographie / Ethnographie

Breitfeld, K.: Die Gestaltungsprinzipien der Kartengruppe "Kultur und Bildung" im Atlas DDR. In: Probleme der thematischen Kartographie und der Automatisierung der Kartenherstellung. - Dresden 1983. p.21-24. 2261

Forestry / Forstwirtschaft / Sylviculture

Andreason, O.; N. Simonsson: Maps for forestry planning in Sweden (planning system 80). In: Svensk Lantmäteritidskrift. 1983. p.102-107. 2262

Musall, Heinz: Eine Forstkarte des Hardtwaldes nördlich Karlsruhe von 1756/57. In: Beiträge zur Kartographie. - Karlsruhe 1983. p.51-57, 2 ill. (Karlsruher Geowissenschaftliche Schriften. A.1.) 2263

Rüsch, W.: Der Orthophotoplan als neues technisches Hilfsmittel im Forstwesen. In: Schweizerische Zeitschrift für Forstwesen. 131, 1980, 10. p.887-916, 2 ill., 6 tab. 2264

Suchich, V.J.: O metodike kartografirovanija lesov. In: Geod. i Kartogr., Moskva. 1983, 2. p.42-44. [About technology of the forest mapping.] [Russ.] 2265

Geology / Geologie / Géologie

Archer, J.B.; G.L. Herries Davies: Geological field-sheets from County Galway by Patrick Ganly (1809?-1899). In: Journal of Earth Sciences, Royal Dublin Society. 4, 1982, 2. p.167-179, 4 ill. 2266

*Die Automatische Datenverarbeitung als Hilfsmittel bei der Aufnahme und Konstruktion geowissenschaftlicher Karten. Ergebnisse des Forschungsprojektes der Deutschen Forschungsgemeinschaft "Neue Kommunikationswege in den Geowissenschaften mit Hilfe der Automatischen Datenverarbeitung". Zusammengestellt von Reiner Vinken. - Hannover: Bundesanstalt für Geowissenschaften und Rohstoffe und Geologische Landesämter der Bundesrepublik Deutschland; Stuttgart: Schweizerbart in Komm. 1983. 306 p. (Geologisches Jahrbuch. Reihe A. H. 70.) 2267

*Blodget, H.W.; Glen F. Brown: Geological mapping by use of computer-enhanced imagery in western Saudi Arabia. - Washington, D.C.: Government Printing Office 1982. III, 10 p. 2268

Boonstra, Dirk: Computer-assisted engineering geological mapping. In: ITC-Journal. 1983, 2. p.123-125, 4 ill. [With French a. Span. rés.] 2269

Brjuchanov, V.N.: Razvitie metodov geologičeskogo kartografirovanija. In: Geod. i Kartogr., Moskva. 1983, 2. p.48-50. [Development of geological mapping.] [Russ.] 2270

*Cressman, Earle Ruppert; Martin C. Noger: Geologic mapping of Kentucky: a history and evaluation of the Kentucky Geological Survey - US. Geological Survey Mapping Program, 1960-1978. - Washington, D.C.: Government Printing Office 1981. III, 22 p. 2271

Dansen, M.: De legenda van de geologische kaart; inleiding op de oefening. In: Kartogr. T. 9, 1983, 1. p.73-77, 3 ill. 2272

*Davies, Gordon L. Herries: Sheets of many colours. The mapping of Ireland's rocks 1750-1890. - Dublin: Royal Dublin Society 1983. 242 p., ill. (Royal Dublin Society. Historical Studies in Irish science and technology. 4.) 2273

Delaunay, Jean: Carte des zones exposées à des glissements, écroulements, effondrements et affaissements de terrain en France à 1:1 000 000. In: Mémoires. Bureau de recherches géologiques et minières. 124, 1983. 19 p. 2274

Donkersloot-de Vrij, Marijke: De 19e eeuwse geologische reliefkaart van J.P. Amersfoordt in het Museum Scholkand. In: Caert-Thresoor. 2, 1983, 2. p.18-21, 3 ill. [With Engl. rés.] 2275

*Dudich, E.: Contributions to the History of Geological Mapping. Proceedings of the Xth INHJGEO Symposium 16.-22. August 1982, Budapest, Hungary. - Budapest: Akadémiai Kiadó 1984. XIV, 442 p., ill. ISBN 963-05-3616-1. 2276

Ehrenberg, Ralph E.: Mineralogical and geological information on maps before 1830. (Paper pres. at the 10th International Conference on the History of Cartography. - Dublin 1983.) 14 p. 2277

Flügel, Helmut W.: Die geologische Karte der Steiermark 1:200 000 als Grundlage von Geopotentialkarten. In: Mitteilungen des Naturwissenschaftlichen Vereines für Steiermark. - Graz 1982, Bd 112. p.59-62. 2278

Frasse, J.A.; E.W. Kiessling: Index to geologic maps of California: 1977-1978. In: California Geology. 36, 1983, 1. p.6-13. 2279

'Geowissenschaftliche Kartenwerke als Grundlage der Erfassung des Naturraumpotentials. Tagungsband. Hrsg.: Dietrich Barsch und Gerold Richter. - Trier: Zentralausschuß für deutsche Landeskunde 1983. 206 p., mp. (Forschungen zur deutschen Landeskunde. 220.) ISBN 3-88143-021-0 2280

Gold, Christopher: Geological computer mapping: is it the solution, or the problem? In: Computer assisted cartography and geographic information processing: hope and realism. Proc. Conference, Calgary 1981. 1982. p.9-14, 5 ill. (Canad. Cartogr. Assoc.) 2281

Goldberg, G.; Chr. Neumann-Redlin: Hydrogeological reconnaissance maps of the Republic of Botswana at scale 1:500 000. In: Transaction. Geological Society of South Africa. 84, 1981, 2. p.191-192. 2282

Händel, Dieter; Werner Windisch: Die ingenieurgeologischen Verhältnisse der Stadt Leipzig und ihre kartographische Darstellung. In: Zeitschrift für geologische Wissenschaften. 10, 1982, 8. p.1099-1111. 2283

Hinze, Carsten: Die geologische Karte von Niedersachsen 1:25 000 (GK 25) - aktuelle Aufnahme- und Darstellungsmethoden vielschichtiger Überlagerungen. In: Verhandlungen des deutschen Geographentages. 43, 1983. p.128-130. 2284

Hodler, Thomas W.: Cartographic modeling of hydrothermal resource potential. In: Cartographica, Mono. 20, 1983, 3. p.31-44, 7 ill. [With French, German a. Span. rés.] 2285

*Holmstrand, Olov: Engineering geological mapping in Sweden: a tool for resource economizing. - Göteborg: Chalmers Tekniska Högskola, Dept. of Geology. 1983. VI, 181 p., 6 mp. (Publ. Geologiska Inst., Chalmers Tekniska Högskola, Göteborgs Univ. A. 42.) 2286

*Hornsby, John K.: Mapping surficial geology by Landsat: an investigation into variations in spectral response patterns. - Ottawa: Carleton Univ. 1983. [Master's thesis.] 2287

Jennings, Charles W.: Geologic mapping programs: California Division of Mines and Geology. In: California Geology. 33, 1980, 6. p.123-127. 2288

*Korporal, K.D.: Three-dimensional mapping of spatial data: an example from sedimentology. - Ottawa: Carleton Univ. 1981. [Bachelor's thesis.] 2289

Lannez, P.: Projet de fichier automatise des cartes geologiques de la cartothèque de BRGM. In: Bull. du Com. Franç. Cartogr. 95, 1982, 1. p.29-32. 2290

Lautsch, Hermann; Andreas Pilger: Karte, Riß, Profil und Nordrichtung. 1: Grundlagen u. Bezugssysteme. - Clausthal-Zellerfeld: Pilger 1982. (Clausthaler tektonische Hefte. 18.) ISBN 3-87639-018-4 2291

Lepretre, J.-P.: Colloque de Lille. La documentation bibliographique et factuelle du service géologique national du bureau de recherches géologiques et minières. In: XYZ - Rev. de l'Assoc. Franç. de Topogr. 17, 1983. p.28-30, 4 ill. 2292

Metz, R.A.: Rapid geologic mapping in large tonnage open pit mines. Ed.: Willard C. Lacy. In: Mining Geology. - Strondsburg, Pa. 1983. p.53-55. 2293

Meyer, Klaus-Dieter: Die geologische Karte 1:200 000 (GUK 200) unter besonderer Berücksichtigung Niedersachsens - Methodik und Inhalt. In: Verhandlungen des deutschen Geographentages. 43, 1983. p.130-133. 2294

Sabaris, Lluis Solé; Marc Weidmann: La première carte géologique de la Suisse, par le géologue catalan Carles de Gimbernat (1768-1834). In: Eclogae geologicae Helvetiae. 75, 1982, 2. p.227-232, 1 pl. 2295

Šarkov, V.V.; Z.I. Gur'eva: Primenenie aerofotos'emki dlja sozdanija geologičeskich i geomorfologičeskich kart šel'fa. In: Geod. i Kartogr., Moskva. 1982, 3. p.54-59, 6 ill. [The use of the aerial survey for geological and geomorphological mapping the shelf.] [Russ.] 2296

"Schmidt-Thomé, Paul: Geologische Karte von Helgoland. - Stuttgart: Schweizerbart 1982. 17 p., ill., mp. (Geologisches Jahrbuch. Reihe A. Allg. u. regionale Geologie, Bundesrepublik Deutschland und Nachbargebiete, Tektonik, Stratigraphie, Paläontologie. H.62.) 2297

Schmitt, H.: Cartography for mining geology. Ed.: Willard C. Lacy. In: Mining Geology. - Strondsburg, Pa. 1983. p.29-40. 2298

Schmitt, H.: On mapping underground geology. Ed.: Willard C. Lacy. In: Mining geology. - Strondsburg, Pa. 1983. p.41-45. 2299

Sissakian, Varoujan; Rob Soeters; Niek Rengers: Engineering geological mapping from aerial photographs: the influence of photo scale on map quality and the use of stereo-orthophotographs. In: ITC-Journal. 1983, 2. p.109-122, 5 ill. [With French a. Span. rés.] 2300

Stratford, Jean S.: An evaluation of methods of access to geologic mapping based upon quantitative measurement. In: Inform. Bull. West. Assoc. of Map Libr. 15, 1983, 1. p.26-39, 3 tab. 2301

Turner, Alice K.: Digital cartography - a geological perspective. In: 2nd International Conference on Geological Information. Proc. - Golden, Colorado, May 1982. Vol. 1, 1982. p.153-161. 2302

Vinken, Reiner; Horst-H. Voss: Die automatische Datenverarbeitung - ein neues Werkzeug bei Aufnahme und Entwurf geowissenschaftlicher Karten. In: Verhandlungen des deutschen Geographentages. 43, 1983. p.133-135. 2303

*Vossmerbäumer, Herbert: Geologische Karten. - Stuttgart: Schweizerbart 1983. 244 p. ISBN 3-510-65112-X 2304

Geomorphology / Geomorphologie / Géomorphologie

Ahmad, I.; N. Al-Hamadani; K. Ibrahim: Solar radiation maps for Iraq. In: Solar Energy. 31, 1983, 1. p.29-44. 2305

Andres, Wolfgang; Dietrich Barsch; Gerhard Stäblein: Geomorphologische Karte - ein Arbeitsmittel der Geoökologie. GMK 25, Blatt 11, 6013 Bingen als Beispiel. In: Geogr. Rdsch. 35, 1983, 5. p.248-249, 2 ill., 1 mp.-suppl. 2306

*Die Automatische Datenverarbeitung als Hilfsmittel bei der Aufnahme und Konstruktion geowissenschaftlicher Karten. Ergebnisse des Forschungsprojektes der Deutschen Forschungsgemeinschaft "Neue Kommunikationswege in den Geowissenschaften mit Hilfe der Automatischen Datenverarbeitung". Zusammengestellt von Reiner Vinken. - Hannover: Bundesanstalt für Geowissenschaften und Rohstoffe und Geologische Landesämter der Bundesrepublik Deutschland; Stuttgart: Schweizerbart in Komm. 1983. 306 p. (Geologisches Jahrbuch. Reihe A. H. 70.) 2307

*Ballard, Paul: Twofold bay: the interface of cartographic evidence with that of a geomorphic nature: a case study. - Duntroon: Univ. of New South Wales at Royal Military College, Dept. of Geogr. 1981. IV, 47 leaves, ill., mp. 2308

Bell, Andrew: A corrosion map of Melbourne. In: Ecos. 33, 1982. p.10-12, ill., mp. 2309

Berkovič, K.M. a.o.: Karta 'Russlovye processy na rekach SSSR' dlja vysšej školy i metodika ee sostavlenija. In: Vestnik Leningradsk. Univ. Ser. 5: Geogr. 1982, 5. p.10-16, 1 ill. [A map of river-bed processes at the USSR rivers set for higher school and methods of its compilation.] [Russ.] 2310

*Brandstätter, Leonhard: Gebirgskartographie. Der topograph.-kartograph. Weg zur geometrisch integrierten Gebirgsformendarstellung erläutert an alpinen Beispielen. - Wien: Deuticke 1983. XVI, 319 p., ill. (Die Kartographie und ihre Randgebiete. 2.) ISBN 3-7005-4456-1 2311

Bremer, Hanna: Albrecht Penck (1858-1945) and Walter Penck (1888-1923), two German geomorphologists. In: Z. f. Geomorph. N.F. 27, 1983, 2. p.129-138. 2312

Castiglioni, Giovanni Battista: La cartografia geomorfologica tra ricerca di base e ricerca applicata. In: Boll. della Soc. Geogr. Ital. 11, 1982, 10/12. p.609-612. 2313

Cate, J.A.M. ten: Detailed systematic geomorphological mapping in the Netherlands and its applications. In: Geologie en mijnbouw. 62, 1983, 4. p.611-620. 2314

Church, Michael: River channel changes from maps and photographs. In: Bull. Assoc. of Canad. Map Libr. 48, 1983. p.8-19, 5 ill., 3 photos. 2315

Dorsser, H.J. van; A.I. Salomé: Mapping in physical geography, three maps of a formerly glaciated lowland. In: Geologie en mijnbouw. 62, 1983, 4. p.605-610. 2316

Ehlers, Jürgen; Horst Mensching: Besonderheiten geomorphologischer Kartierung im Wattenmeer, dargestellt am Beispiel des Blattes 10 der GMK 25 Wangerooge. In: Z. f. Geomorph., N.F. 27, 1983, 4. p.495-510, 4 ill., 1 mp.-suppl., 3 photos. 2317

Elvhagen, Christian: Terrängåtergivning. En serie svenska experimentkartor. In: Uppsala Univ., Naturgeografiska Institutionen, UNGI, Rapport. 59, 1983. 147 p., 57 ill., 2 tab., 16 mp. [An experimental series of topogeomorphological maps.] [Swed.] 2318

*Erträge und Fortschritte der geomorphologischen Detailkartierung. Hrsg.: Dietrich Barsch und Gerhard Stäblein. - Berlin: Inst. für Physische Geographie der Freien Universität 1982. 130 p., 5 mp. (Beiträge zum GMK-Schwerpunktprogramm. 3.) (Berliner geographische Abhandlungen. 35.) ISBN 3-88009-034-8 2319

Gale, Stephen: The mapping of caves. In: Bull. Soc. of Univ. Cartographers. 16, 1983, 1. p.21-23. 2320

Gellert, Johannes F.; Eberhard Scholz: Konzeption und Probleme einer Serie analytischer geomorphologischer Erdkarten im Maßstab 1:50 Mio. In: Peterm. Geogr. Mitt. 127, 1983, 4. p.273-278, 1 mp. 2321

*Geowissenschaftliche Kartenwerke als Grundlage der Erfassung des Naturraumpotentials. Tagungsband. Hrsg.: Dietrich Barsch und Gerold Richter. - Trier: Zentralausschuß für deutsche Landeskunde 1983. 206 p., mp. (Forschungen zur deutschen Landeskunde. 220.) ISBN 3-88143-021-0 2322

*Grimmel, Eckhard; Klaus Schipull: Geomorphologische Karte 1:25 000, Bl. 2730 Bleckede, mit Erläuterungen. - Hamburg: Institut für Geographie und Wirtschaftsgeographie 1983. 30 p., 1 mp. (Hamburger geogr. Studien. Sonderh.) 2323

Hagedorn, Jürgen; Friedmut Lehmeier: Zur Darstellung geomorphologischer Prozesse in der geomorphologischen Karte 1:25 000 (GMK 25) auf Grund von Kartierungserfahrungen im niedersächsischen Bergland (Bl. 3923 - Salzhemmendorf). In: Verhandlungen des deutschen Geographentages. 43, 1983. p.135-138. 2324

Heller, Martin: Toporobot: Höhlenkartographie mit Hilfe des Computers. In: Reflektor. 1, 1980, 2. p.5-19, ill. 2325

Jennings, J.N.: A map of karst cave areas in Australia. In: Austral. Geogr. Stud. 21, 1983, 2. p.183-186. 2326

Jordan, Ekkehard; Wolfgang Kresse: Quantitative Erfassung des Naturraumpotentials im tropischen Gebirgsland Boliviens mit Hilfe geomorphologischer Karten aus Luftbildern. Die Entwicklung einer Kartier-Software für das Stereocord-System mit einer morphographischen Plotkartenprobe. In: Verhandlungen des deutschen Geographentages. 43, 1983. p.145-147. 2327

Kamornyj, V.M.: O podrobnosti topografičeskoj s'emki šelfa. In: Geod. i Kartogr., Moskva. 1983, 3. p.33-35. [About details of the shelf topographic mapping.] [Russ.] 2328

Kamornyj, V.M.; A.J. Nikolenko: Opyt kompleksnoj topografičeskoj s'emki šel'fa. In: Geod. i Kartogr., Moskva. 1983, 5. p.25-28. [Experience of complex topographic shelf surveying.] [Russ.] 2329

Kumaki, Yohta; Miwako Suzuki: A tentative plan on the landform classification of the mountainous area. In: Map. 20, 1982, 2. p.9-17, 5 ill., 2 tab. [Japan. with Engl. rés.] 2330

*Landslide overview map of the conterminous United States. Mitarb.: Dorothy M. Radbruch-Hall a.o. - Washington, D.C.: US. Gov. Print. Off. 1982. III, 25 p., 1 mp-suppl. (Geological Survey Professional Paper. United States Department of the Interior. 1183.) 2331

Leser, Hartmut: Das Blatt Wehr der GMK 25: Probleme der Aufnahme und Überlegungen zur weiteren Auswertung. In: Regio Basiliensis. 21, 1980, 1/2. p.79-91, 3 mp. 2332

Leser, Hartmut: Die geomorphologische Kartierung 1:25 000 des Blattes Mössingen (Raum Tübingen, Baden-Württemberg). Ein Diskussionsbeitrag zum GMK-Projekt. In: Erdkunde. 37, 1983, 4. p.249-258, 3 ill., 1 mp.-suppl. 2333

Leser, Hartmut: Zukunftsperspektiven des GMK-Projektes. In: Berlin. geogr. Abh. 35, 1982. p.117-125. 2334

Liedtke, Herbert: Die Legende der Geomorphologischen Karte 1:100 000 der Bundesrepublik Deutschland (GMK 100) und ihre Anwendbarkeit. In: Berlin. geogr. Abh. 35, 1982. p.43-47. 2335

Makkaveev, N.J. a.o.: Karta erozionnoopasnych zemel'nečernozemnoj zony RSFSR. In: Vestnik Leningradsk. Univ. Ser. 5: Geogr. 1982, 2. p.3-9, ill. [A map of erosion-dangerous lands of the Non-Chenozem zone of the European Russia.] [Russ.] 2336

Meijerink, A.M.J.; H.Th. Verstappen; R.A. van Zuidam: Developments in applied geomorphological survey and mapping. In: Geologie en mijnbouw. 62, 1983, 4. p.621-628. 2337

Müller, Manfred J.: Geomorphologisch-ökologische Kartierung Saar und Ruwer. Methoden zur Erfassung des Naturraumpotentials. In: Verhandlungen des deutschen Geographentages. 43, 1983. p.144. 2338

'Natek, Karel: Metoda izdelave in uporabnost splošne geomorfološke karte. - Ljubljana, Yugoslavia: PZeza geografijo, Filozofska fakulteta, Univ. "Edvarda Kardelja". 1983. 195 p., 27 ill., 6 tab. [Method of elaboration and applicability of the detailed geomorphological map.] [Sloven. with Engl. rês.] [Master of science thesis.] 2339

Osipuk, E.S.: Ob ispol'zovanii morfologičeskich i morfometričeskich charakteristich i morfometričeskich charakteristik vnutrennich vodoemov pri topografičeskoj sêmko. In: Geod. i Kartogr., Moskva. 1983. 11. p.43-48. [Use of morphologic and morphometric parameters of inner water storages for topographic surveying.] [Russ.] 2340

Pelkman, H.N.: Plaatsbepaling van boorpunten van platforms op het Nederlandse continentale plat. In: Geodesia. 25, 1983, 2. p.41-44, 5 ill., 3 photos. 2341

Sarkov, V.V.; Z.I. Gur'eva: Primenenie aerofotos'emki dlja sozdanija geologičeskich i geomorfologičeskich kart šel'fa. In: Geod. i Kartogr., Moskva. 1982, 3. p.54-59, 6 ill. [The use of the aerial survey for geological and geomorphological mapping the shelf.] [Russ.] 2342

Sestini, Aldo: Una carta geomorfologica del Portogallo. In: Boll. della Soc. Geogr. Ital. 12, 1983, 4/9. p.369-379. 2343

Simpson, E.S.W.: Morphological mapping of the sea floor: the general bathymetric chart of the oceans (GEBCO). In: South Afr. J. of Photogramm., Remote sensing a. cartogr. 13, 1983, 5. p.289-304, 5 ill. 2344

Sohma, Hidehiro: Landform classification in mountain region and "Geomorphic characteristic values". In: Map. 21, 1983, 3. p.1-12, 4 ill., 2 tab. [Japan. with Engl. rés.] 2345

Spittal, J.A.: Accretion and erosion mapping of shorelines. In: New Zealand Cartogr. J. 13, 1983, 2. p.2-9, 6 ill., 2 tab. 2346

Stäblein, Gerhard: Erfahrungen bei der kartographischen Umsetzung der Feldreinkarten und beim Druck der geomorphologischen Karten (GMK). In: Berlin. geogr. Abh. 35, 1982. p.15-25. 2347

Une, Hiroshi: On the landslides around Nagasaki city - based on 1:10 000 land condition map. In: Map. 21, 1983, 4. p.21-28, 10 ill. [Japan. with Engl. rês.] 2348

Vanglevskij, V.Ch.: O sozdanii kart uglov naklona mestnosti. In: Geod. i Kartogr., Moskva. 1983, 12. p.47-50. [About production of the maps of terrain slope angles.] [Russ.] 2349

White, Susan: Cave surveys and maps. In: Globe. 20, 1983. p.49-52, 2 ill. 2350

Zuidam, Robert A. van: Aerial photo-interpretation of the geomorphology of the Galgamuwa-Kala Wena region, Sri Lanka. In: ITC-Journal. 1983, 1. p.43-54, 7 ill. [With French a. Span. rés.] 2351

Geophysics / Geophysik / Géophysique

Brosche, Peter: Zur kartographischen Darstellung der Kontinentaldrift (Überlegungen für einen "Wegener-Atlas"). In: Internat. Jb. f. Kartogr. 23, 1983. p.53-62, 3 ill., 1 tab. [With Engl. a. French rés.] 2352

Kerr, Richard A.: A new view: first US. magnetic anomaly map. In: Science. 218, 4576, 1982. p.986-987. 2353

'Kortlaegning af potentielle geotermiske reservoirer i Danmark af . . . Red. af Olaf Michelsen. - København: Reitzel i komm. 1981. 96 p., 10 pl. (Danmarks geologiske undersøgelse. Ser. B, 5.) ISBN 87-421-0728-8 2354

Magnetic chart for the epoch 1980.0. In: Bulletin. Geographical Survey Institute. 28, 1983. p.106-108, 2 tab. 2355

Max, M.D.; D.D. Inamdar; T. McIntyre: Compilation magnetic map: the Irish continental shelf and adjacent areas. In: Geological Survey of Ireland, Report Series, RS 82/2, 1982. 7 p., ill., mp. 2356

O'Hara, Norbert W.; Paul L. Lyons: New map updates gravity data. In: Geotimes. 28, 1983, 12. p.22-27. 2357

Glaciology / Glaziologie / Glaciologie

Alimuchamedov, M.A.: Nekotorye voprosy primenenija kosmiskich snimkov pri sostavlenii gljaciologičeskich kart. In: Geod. i Kartogr., Moskva. 1983, 3. p.42-46. [Some problems of application of the space photos for glaciologic mapping.] [Russ.] 2358

*Glaziologie und Kartographie. Wolfgang Pillewizer zum 70. Geburtstag. - Wien: Inst. f. Kartographie der TU 1983. 151 p. (Geowissenschaftliche Mitteilungen. 21.) 2359

Leppäranta, Matti; Jörgen Sahlberg; Ingemar Udin: A new ice atlas for the Baltic Sea. In: Proceedings. 13th Conference of the Baltic Oceanography, Helsinki, 24-27 Aug. 1982. Vol. 2, 1982. p.513-521. 2360

History / Geschichte / Histoire

Hunt, John; Aubrey Newman; Charles Sherlock: The times atlas of world history. In: Bull. Soc. of Univ. Cartographers. 16, 1983, 1. p.45-48. 2361

Hůrsky, Josef: Influenční mapy jako historický pramen. In: Rozpravy Národního technického muzea v Praze. 90, 1982. p.89-96. [Influence maps as historical sources.] [Czech. with Germ. a. Engl. rés.] 2362

Irsigler, F.: Der Geschichtliche Atlas der Rheinlande. In: Mitt.-Bl. Arb.-Kreis f. Hist. Kartogr. in der Arb.-Gemeinschaft Hist. Komm. u. Landesgeschichtl. Inst. 22, 1983. p.15-22. 2363

Isdale, L.J.: History in maps - the Queensland initiative. In: Cartography. 13, 1983, 1. p.54-57, 1 ill., 1 photo. 2364

Ivan'kov, P.A.: Ob istoričeskich kartach odnoj monografii. In: Geod. i Kartogr., Moskva. 1982, 4. p.48-49. [About historical maps from certain monographs.] [Russ.] 2365

Pischke, Gudrun: Die Arbeiten am geschichtlichen Handatlas von Niedersachsen. In: Mitt.-Bl. Arb.-Kreis f. Hist. Kartogr. in der Arb.-Gemeinschaft Hist. Komm. u. Landesgeschichtl. Inst. 22, 1983. p.4-8. 2366

Hydrology / Hydrologie / Hydrologie

Church, Michael: River channel changes from maps and photographs. In: Bull. Assoc. of Canad. Map Libr. 48, 1983. p.8-19, 3 photos, 5 ill. 2367

*Constance, Eric: The analysis and mapping of water bodies and drainages using Landsat multispectral digital data. - Stillwater: Oklahoma State Univ. 1983. [Master's thesis.] 2368

Elsässer, Peter: Wir untersuchen Eingriffe in den Wasserhaushalt als Folge der Tullaschen Rheinkorrektur. Eine Einführung in die Kartenarbeit mit integrierter Exkursion. In: Der Erdkundeunterricht. 39, 1983, 45. p.21-47. 2369

Goldberg, G.; Chr. Neumann-Redlin: Hydrogeological reconnaissance maps of the Republic of Botswana at scale 1:500 000. In: Transaction. Geological Society of South Africa. 84, 1981, 2. p.191-192. 2370

Guikink, J.H.: Waterkaarten. In: Kartogr. T. 9, 1983, 5. p.19-21, 2 ill. [With Engl. rés.] 2371

Heijkenskjöld, Richard: Quantitative analyses on a compiled map of the Karlstad delta. In: Geogr. Ann. 65, 1983, 1/2. 2372

Hicks, Forrest L.: The mapping of the northeast corridor (AMTRAK) and its drainage problem. In: Pollut and Water Resource. Columbia Univ., Semin. Ser. Vol. 15, Pt 1. - New York 1983. p.235-246. 2373

Höper, Dieter: Anwendung digitaler Geländemodelle zur Kartenherstellung für den wasserwirtschaftlich orientierten Ingenieurbau. In: Bildmess. u. Luftbildw. 51, 1983, 2. p.47-56, 6 ill. 2374

'Hughes, Robert H.: Use of Landsat Multispectral Scanner Digital Data for mapping suspended solids and salinity in the Atchafalaya Bay and adjacent waters, Louisiana. - Louisiana State Univ. 1982. [Geogr. Diss.] 2375

'Ito, Hajime: Sea ice atlas of northern Baffin Bay. - Zürich: Geograph. Inst., Eidgenöss. Techn. Hochschule 1982. VIII, 142 p. (Zürcher geographische Schriften. 7.) 2376

Jha, S.K.; Satya Prakash: Photogrammetry & Remote sensing as a tool in hydrographic surveying and nautical charting. In: Indian Surveyor. 24, 1983, 1. p.37-45, 3 ill. 2377

Omernik, James M.; Charles F. Powers: Total alkalinity of surface waters - a national map. In: Ann. of the Assoc. of Amer. Geographers. 73, 1983, 1. p.133-136. 2378

Piljugina, A.M.: O zadačach redaktorskoj službj po povyšeniju informativnosti topografičeskich kart akvatorij. In: Geod. i Kartogr., Moskva. 1982, 3. p.21-23. [On editor service problems as regards to increasing information capacity of the water areas maps.] [Russ.] 2379

Rátóti, Benö: A folyók vízisporttérképeinek szerkesztése. In: Geod. és Kartogr. 35, 1983, 6. p.442-445, 6 ill. [Compilation of water maps of rivers.] [Hung. with Russ. rés.] 2380

Sandilands, R.W.: Hydrographic surveying in the Great Lakes during the 19th century. In: Internat. Hydrogr. Rev. 60, 1983, 2. p.55-81, 11 ill. 2381

Saxena, Narenda K.: Hydrographic Surveys of the 1990's. In: Allg. Vermess.-Nachr. 89, 1982, 6. p.227-233. [With German rés.] 2382

Stewart, Mark T.: Evaluation of electromagnetic methods for rapid mapping of salt-water interfaces in coastal aquifers. In: Ground Water. 20, 1982, 5. p.538-545. 2383

Stüve, Peter: Computergestützte Herstellung hydrogeographischer Karten. In: Kartogr. Nachr. 33, 1983, 3. p.98-103, 2 ill., 2 suppl. 2384

Vidal, Masso Fernando: Levantamientos hidrograficos y cartografia automatica. In: Bol. de Inform. Serv. Geogr. Ejército. 53, 1982, 2. p.67-91, 9 ill. 2385

Industry / Industrie / Industries

Markov, V.F.: Kartografy - narodnomy chozjajstvu. In: Geod. i Kartogr., Moskva. 1983, 1. p.5-9. [Cartographer's contributions to the people industry.] [Russ.] 2386

Norris, Frank: Maps, history, and the San Diego environmental consulting industry. In: Inform. Bull. West. Assoc. of Map Libr. 13, 1982, 2. p.143-147. 2387

Landscape / Landschaft / Paysage

*Kennzeichnung und Kartierung von Naturraumtypen im mittleren Maßstabsbereich. - Leipzig 1981/82. 152 p., ill., 1 tab. (Wissenschaftliche Mitteilungen. Institut für Geographie und Geoökologie der Akademie der Wissenschaften der DDR. Sonderheft. 1.) 2388

Kowalkowski, Alojzy: Methodische Fortschritte der Naturraumkartierung in der VR Polen - Ergebnisbericht der Arbeitsgruppe Naturraumkartierung. In: Das Jungquartaer und seine Nutzung. - Gotha 1983. p.278-280. (Peterm. Geogr. Mitt. Erg.-H. 282.) 2389

Pedroli, Bas: Landscape concept and landscape and rangeland surveys in the Soviet Union. In: ITC-Journal. 1983, 4. p.307-321, 8 ill. [With French a. Span. rés.] 2390

Sandner, Eberhard: Über Aufbau und Form der Legende landschaftskundlicher Karten. In: Vermess.-techn. 31, 1983, 7. p.232-234, tab. 2391

Sandner, Eberhard: Zur kartographischen Darstellung der naturräumlichen Ordnung im Maßstab 1:50 000. In: Vermess.-techn. 31, 1983, 4. p.121-125, 1 ill., 3 tab. 2392

Land use / Landnutzung / Utilisation

Barsch, Heiner: Methodische Untersuchungen zur Auswertung multispektraler Fernerkundungsdaten für Flächennutzungskartierungen in der DDR. In: Peterm. Geogr. Mitt. 127, 1983, 3. p.191-204, 7 ill. 2393

Danielsen, Harald: Generalplanarbeid - bruk av kart. In: Kart og plan. 75, 1983, 1. p.4-16, ill., mp. [Use of maps in land use planning.] [Norw.] 2394

Frey, L.; L. Schubert: Methode zur Ableitung einer Flächennutzungskarte 1:50 000 aus multispektralen Luftbildern. In: Veröffentlichungen des Zentralinstitutes der Physik der Erde. 74, 1982. p.144-148. 2395

Frölich, Bernard: La carte d'usage du sol de l'inventaire permanent du littoral. In: Bull. d'Inform. de l'Inst. Géogr. Nat. 44, 1982. p.59-61, 1 ill. 2396

Gilbertson, D.D.; J.R. Collis: Mapping three millennia of settlement and land use on Crownhill Down, South West Dartmoor. In: Field Stud. 5, 1982, 4. p.555-567. 2397

Harskich, R.S.; G.H. Ozeroba; L.F. Janvarebe: Karta zemel'nych ugodij mira dlja vysšej školy. In: Vestnik Leningradsk. Univ. Ser. Geol.-Geogr. 6, 1982. p.96-99. [Map: "Land use of the world", its methods and legend for higher schools.] [Russ. with Engl. rés.] 2398

Hengelhaupt, U. a.o.: Digitale Bildverarbeitung mit EC 1040 zur Dechiffrierung der Hauptarten der Flächennutzung aus Multispektralfotos. In: Probleme der thematischen Kartographie und der Automatisierung der Kartenherstellung. - Dresden 1983. p.31-34. 2399

*Hurand, Fred Alexander: Cognitive mapping: a tool in land use planning. - Ann Arbor, Mich.: Univ. Microfilms Internat. 1983.LX, 167 p. (Pennsylvania State Univ.) [Phil. Diss.] 2400

Ikhuoria, Isi: Urban land use inventory and mapping from semi-controlled photo-mosaics. In: ITC-Journal. 1983, 4. p.341-347, 5 ill., 3 tab. [With French a. Span. rés.] 2401

Jankowski, Wojciech: Polish experiences in land use mapping. In: Geogr. Polonica. 48, 1982. p.59-69. 2402

Johnston, D.M.: The use of integrated mapping systems in environmental impact assessment and land use planning. In: Proceedings. ISPRS Commission IV Symposium, ASP-ACSM. 1982. p.353-357. 2403

Killmayer, Alain; Helmut Epp: Use of small format aerial photography for land use mapping and resource monitoring. In: ITC-Journal. 1983, 4. p.285-290, 10 ill. [With French a. Span. rés.] 2404

Krönert, Rudolf a.o.: Geographisch-kartographische Analyse der Flächennutzung nach multispektralen Luftbildern und Satellitenaufnahmen. In: Peterm. Geogr. Mitt. 127, 1983, 3. p.181-190, 6 ill. 2405

Larsson, J.Y.; E. Solheim; O. Einevoll: Arealressurskart - ett nytt kart over areal-bruk og grunnlag for planteproduksjon. In: Norsk Geografisk Tidsskrift. 36, 1982, 3. p.163-180, 8 ill., 2 tab., mp. [Land capability map - a new map on land use and plant production potentials.] [Norw.] 2406

Lyle, John; Frederick P. Stutz: Computerised land use suitability mapping. In: Cartogr. J. 20, 1983, 1. p.39-49, 11 ill. 2407

Martin, L.; D. van de Maele: Synthese d'une experience en Amazonie brasilienne: la carte d'utilisation du sol. In: Geoscope. 13, 1982, 1. p.40-53. 2408

Messmer, Werner: Leitungskataster in der Entwicklung zum Teil eines EDV-Land-informationssystems Basel-Stadt. In: Vermess., Photogramm., Kulturtechn. 81, 1983, 3. p.79-85, 5 ill., 1 tab. 2409

Monmonier, Mark Stephen: Raster-mode area generalization for land use and land cover maps. In: Cartographica, Mono. 20, 1983, 4. p.65-91, 18 ill., 7 tab. [With French, German a. Span. rés.] 2410

Müller, Manfred J.: Geomorphologisch-ökologische Kartierung Saar und Ruwer. Methoden zur Erfassung des Naturraumpotentials. In: Verhandlungen des deutschen Geographentages. 43, 1983. p.144. 2411

Narayan, L.R.A.: Landuse mapping using Landsat data. An Indian experience. In: Indian Surveyor. 24, 1983, 1. p.17-21. 2412

Parvey, Christian Alexander: A digital geographic base file for Australian federal electoral divisions. In: Cartography. 13, 1983, 1. p.49-53, 1 tab., 2 mp. 2413

*Parvey, Christian Alexander: The federal electoral divisions information systems: its spatial base and mapping system. - Canberra: Csiro Institute of Biological Resources, Div. of Land Use Research 1982. 19 p., 7 mp. 2414

*Pettinger, Lawrence R.: Digital classification of Landsat data for vegetation and land-cover mapping in the Blackfoot River watershed, southeastern Idaho. - Washington, D.C.: US. Gov. Print. Off. 1982. VI, 33 p. (Geological Survey Prof. paper. US. Dep. of the Interior. 1219.) 2415

Quirk, B.K.; F.L. Scarpace: A comparison between aerial photography and Landsat for computer land-cover mapping. In: Photogramm. engng a. remote sens. 48, 1982, 2. p.235-240. 2416

Snyder, D.R.: Using Landsat imagery to study Soviet land use. In: J. of Geogr. 80, 1981, 6. p.217-223. 2417

Trachsler, Heinz; Hans Elsasser: Landnutzungsveränderungen in der Schweiz. In: Vermess., Photogramm., Kulturtechn. 81, 1983, 2. p.29-34, 4 tab. 2418

Linguistics / Linguistik / Linguistique

*Forschungsbericht "Südwestdeutscher Sprachatlas". Mitarb.: Eugen Gabriel a.o. - Marburg: Elwert 1983. 350 p. (Studien zur Dialektologie in Südwestdeutschland. 1.) ISBN 3-7708-0764-2 2419

Medicine / Medizin / Medicine

Foggin, Peter M. a.o.: Analyse cartographique de la morbidité hospitalière dans l'ile de Montréal. In: Cah. de Géogr. du Québec. 27, 1983. p.185-208. 2420

Jarcho, Saul: Some early Italian epidemilogical maps. In: Imago Mundi. 35, 1983. p.9-19, 6 ill. 2421

Military maps / Militärkarten / Carte militaire

Alonso Baquer, Miguel: Cartografia militar espanola en la primera mitad del siglo XIX. In: Bol. de Inform. Serv. Geogr. Ejército. 52, 1982, 1. p.7-52. 2422

Alvarez Rodriguez, Alvaro M.; Alfredo Rodriguez Redondo: Mapas tematicos militares. In: Bol. de Inform. Serv. Geogr. Ejército. 57, 1983, 3/4. p.79-86, 6 ill. 2423

*Goodenough, Simon: War maps. (Great land, sea and air battles of World War II.) - London: MacDonald 1982. 192 p. ISBN 0-356-07568-0 2424

Shellswell, M.A.: Eyes right . . . map production in a military survey unit. In: Cartogr. J. 19, 1982, 1. p.34-45, 14 ill., 2 tab. 2425

Natural resources / Bodenschätze / Ressources minières

*Atkinson, P.L.: Rural land mapping project: shire of Woorayl. Mineral and stone potential. - Victoria: Dep. of Minerals and Energy 1982. 18 p., 2 mp. 2426

Bilek, J.: Die ältesten Grubenkarten von Příbram. In: Rozpravy NTM Praha, Studie z dějin hornictvi. 11, 1981. p.127-128. [Czech.] 2427

Bittencourt, O.: Sidelooking airborne radar as a tool for natural resources mapping - the Brazilian approach. In: Profess. Paper, Geol. Surv. Nr. 1193, 1983. p.317-335. 2428

Dann, Rudolf: DIGMAP, ein interaktives graphisches System zur Unterstützung markscheiderischer Arbeiten. In: Nachr. a.d. Kart.- u. Vermess.-wesen. R.I, 92, 1983. p.7-10, 4 ill. [With German, Engl. a. French rés.] 2429

Edkins, C.: Cartography of the New Zealand atlas of coastal resources. In: New Zealand Cartogr. J. 12, 1982, 1. p.13-16. 2430

*Geowissenschaftliche Kartenwerke als Grundlage der Erfassung des Naturraumpotentials. Tagungsband. Hrsg.: Dietrich Barsch und Gerold Richter. - Trier: Zentralausschuß für deutsche Landeskunde 1983. 206 p., mp. (Forschungen zur deutschen Landeskunde. 220.) ISBN 3-88143-021-0 2431

Hare, John: Mapping the wealth of northern territory. In: Territory Digest. 5, 1983. p.42-43, ill. 2432

Jordan, Ekkehard; Wolfgang Kresse: Quantitative Erfassung des Naturraumpotentials im tropischen Gebirgsland Boliviens mit Hilfe geomorphologischer Karten aus Luftbildern. Die Entwicklung einer Kartier-Software für das Stereocord-System mit einer morphographischen Plotkartenprobe. In: Verhandlungen des deutschen Geographentages. 43, 1983. p.145-147. 2433

Radlinski, William A.: Satellitic view of natural resources. In: Surv. a. Mapp. 43, 1983, 4. p.351-358. 2434

Schmitt, H.: Cartography for mining geology. Ed.: Willard C. Lacy. In: Mining Geology. - Strondsburg, Pa. 1983. p.29-40. 2435

Stove, G.C.; K.E. Bagot: Current resource mapping and environmental fonitoring applications using Landsat MSS data in Scotland. In: Proceedings. 6th Canad. Symp. remote sens. Halifax 21-23 May, 1980. p.551-557. 2436

Townshend, John R.G.: Remote sensing of land resources. A review of current research in the Department of Geography. Univ. of Reading. In: Bull. Soc. of Univ. Cartographers. 16, 1983, 2. p.1-8, 4 ill. 2437

*Williams, W. Randolph: Mine mapping and layout. - Englewood Cliffs, N.J.: Prentice-Hall 1983. XII, 416 p. 2438

Oceanography / Ozeanographie / Océanographie

Benny, A.H.; G.J. Dawson: Satellite imagery as an aid to bathymetric charting in the Red Sea. In: Cartogr. J. 20, 1983, 1. p.5-16, 8 ill. 2439

Dagenscharf, Ernst: Laser kartografiert Küstengewässer. In: Elektronik. 32, 1983, 3. p.88. 2440

Damoiseaux, M.A.: Automatisering bij de Waterstaatskartografie. In: Kartogr. T. 9, 1983, 3. p.33-36, 2 ill. 2441

Emel'janov, O.G.: Obobščenie rezul'tatov s'emki rel'efa morskogo dna. In: Geod. i Kartogr., Moskva. 1983, 5. p.38-41, 2 ill. [Generalization of the sea bottom topographic surveying results.] [Russ.] 2442

Fröhlich, Bernard: La carte d'usage du sol de l'inventaire permanent du littoral. In: Bull. d'Inform. de l'Inst. Géogr. Nat. 44, 1982. p.59-61, 1 ill. 2443

Grelot, Jean-Philippe: Cartographie de l'enventaire du littoral. In: Bull. d'Inform. de l'Inst. Géogr. Nat. 47, 1983, 1. p.16-20. 2444

Hassenpflug, Wolfgang: Leistungsgrenzen von Landsat? Anmerkungen zur Wattklassifikation von Dennert-Möller in BuL 6/82. In: Bildmess. u. Luftbildw. 51, 1983, 5. p.187-188. 2445

Weber, J.R.: Maps of the Arctic basin sea floor: a history of bathymetry and its interpretation. In: Arctic. 36, 1983, 2. p.121-142. 2446

Pedology / Pedologie / Pédologie

Benzler, Jobst-Henrich; Werner Müller: Die Bodenkarte 1:25 000 (BK 25) und ihre Auswertungskarten. In: Verhandlungen des deutschen Geographentages. 43, 1983. p.124-127. 2447

*Bodenkundliche Kartieranleitung. Bearb. unter der Leitung von Werner Müller. Hrsg. von der Bundesanstalt für Geowissenschaften und Rohstoffe und den Geolog. Landesämtern. 3. Aufl. - Stuttgart: Schweizerbart 1983. 336 p., ill. 2448

Gander, Inge: Die Bodenkarte als Spiegel der Standortverhältnisse. In: 25 Jahre Bodenkartierung. Festschrift der Bundesanstalt für Bodenwirtschaft. - Wien 1983. S.B. 67. 2449

Giltrap, D.J.: Computer production of soil maps. In: Geoderma. 29, 1983, 4. p.295-311; 313-325. 2450

Heerema, J.P.: Vernieuwing van de bodemkaart van Nederland 1:50 000. In: Kartogr. T. 9, 1983, 4. p.33-36, 4 ill. [With Engl. rés.] 2451

*25 Jahre Bodenkartierung. Hrsg.: Anton Krabichler. Festschrift der Bundesanstalt für Bodenwirtschaft. - Wien: Selbstverlag 1983. 2452

Jordan, Othmar; Karl Schwarzecker: Aus der Bodenkarte 1:25 000 abgeleitete Karten. In: 25 Jahre Bodenkartierung. Festschrift der Bundesanstalt für Bodenwirtschaft. - Wien 1983. S.B. 109. 2453

Krabichler, Anton a.o.: Bodenkartierung. In: 25 Jahre Bodenkartierung. Festschrift der Bundesanstalt für Bodenwirtschaft. - Wien 1983. S.B. 23. 2454

Krabichler, Anton: 25 Jahre Bodenkartierung. In: 25 Jahre Bodenkartierung. Festschrift der Bundesanstalt für Bodenwirtschaft. - Wien 1983. S.A. 11. 2455

Kornblau, M.L.; J.E. Cipra: Investigation of digital Landsat data for mapping soils under range vegetation. In: Remote Sensing of Environment. 13, 1983, 2. p.103-112. 2456

*Mückenhausen, Eduard: Bodenkarten und ihre Anwendung. Möglichkeiten des ADV-Einsatzes in der bodenkundlichen Landesaufnahme. Karl-Heinz Oelkers und Reiner Vinken a.o. - Stuttgart: Schweizerbart 1980. 53 p. (Geologisches Jahrbuch. Reihe F: Bodenkunde. 8.) 2457

Oelkers, Karl-Heinz; W. Laukart: Die automationsgestützte Verarbeitung von Bodenschätzungsdaten zur Herstellung der Bodenkarte auf der Grundlage der Bodenschätzung im Maßstab 1:5 000 (DGK 5 Bo). In: Nachr. a.d. Kart.- u. Vermess.-wesen. R.I., 89, 1982. p.63-81. 2458

Oelkers, Karl-Heinz; Rudolf Lüders: Zur Methodik bei der Erarbeitung bodenkundlicher Kartenwerke. In: Verhandlungen des deutschen Geographentages. 43, 1983. p.120-124. 2459

Otterman, J.; V. Gornitz: Saltation vs. soil stabilization: two processes determining the character of surfaces in grid regions. In: Catena. 10, 1983, 4. p.339-362, 8 ill., 6 photos, 2 tab. 2460

Sombroek, W.G.; R.F. Weg: Soil maps and their legends. In: Soil Survey and Land Evaluation. 3, 1983, 3. p.80-87. 2461

Werner, Gerd: Bodenkartierung im zentralen Hochland von Puebla-Tlaxcala. In: Jahrbuch für Geschichte von Staat, Wirtschaft und Gesellschaft Lateinamerikas. 20, 1983. p.151-164. 2462

*Yego, Joel: The suitability of Landsat data to map and monitor soil erosion hazards in semi-arid lands: a case study of central Kitui, Kenya. - Santa Barbara: Univ. of California, Santa Barbara 1982. [Master's thesis.] 2463

Planning / Planung / Planification

Bastian, Karl-Heinz: Die Verbindung zwischen Landesvermessung und räumlicher Planung. Dargestellt am Beispiel des Landes Rheinland-Pfalz. In: Kartogr. Nachr. 33, 1983, 1. p.1-10, 8 ill. 2464

Fally, Wolfhart: Kartographische Grundlagen für die Gemeindeplanung. In: Mitteilungen und Berichte des Salzburger Instituts für Raumforschung. 1983, 1/2. p.45-52, 1 ill. 2465

Griess, Heinrich: Untersuchungen zum Problem des Nutzerverhaltens in Bezug auf Karten und Pläne in der Generalbebauungs- und Generalverkehrsplanung der Städte. In: Peterm. Geogr. Mitt. 127, 1983, 1. p.61-68, 3 ill. 2466

Hartman, A.F.: Actuele kaarten ten behoeve van de ruimtelijke ordening. In: Kartogr. T. 9, 1983, 4. p.15-18. 2467

Haubner, Karl: Raumordnung und Kartographie. In: Kartogr. Nachr. 32, 1982, 3. p.86-91. 2468

Hsu, Mei-Ling: A chinese planning map of the fourth century B.C. (Paper pres. at the 10th International Conference on the History of Cartography.) - Dublin 1983. 5 p. 2469

Koch, Til P.: Planungskartographie in Schleswig-Holstein. In: 32. Dt. Kartographentag. - Kiel 1983. p.88-96, 1 ill., 2 mp. 2470

Lê Thé, Tien: A tervezési célú népességi térképek. In: Geod. és kartogr. 35, 1983, 5. p.348-353, 1 tab. [Population maps for planning purposes.] [Hung. with Russ. rés.] 2471

Ormeling, Ferjan: Standaardisering van legenda's en bestimmingsplankaarten. In: Kartogr. T. 9, 1983, 1. p.63-68, 6 ill. 2472

Pawlak, Władysław: Ein Atlas thematischer Stadtkarten als Sammlung von Musterkarten für Leitung und Raumplanung. In: Probleme der thematischen Kartographie und der Automatisierung der Kartenherstellung. - Dresden 1983. p.47-48. 2473

Schmid, Dieter: Struktur- und Raumnutzungskarten der Regionalpläne auf der Grundlage der amtlichen Karten in Baden-Württemberg. In: Kartogr. Nachr. 33, 1983, 3. p.85-91, 4 ill. 2474

Spelbrink, N.: Uniforme aanduidingen op bestemmingsplankaarten. In: Kartogr. T. 9, 1983, 1. p.57-62, 3 ill. 2475

Stankiewicz, Michal: System map sozologicznych dla celów planowania przestrzennego. In: Geod. i Kartogr., Warszawa. 21, 1983, 3. p.255-261, 1 ill. [System of environmental maps for the purposes of town and country planning.] [Pol. with Russ. a. Engl. rés.] 2476

Wille, Volker: Kartographie und räumliche Planung - die Karte im Dienste des Fortschritts. In: Raumforsch. u. Raumordn. 41, 1983, 3. p.115-116. 2477

Protection of nature / Naturschutz / Protection de la nature

Tardy, János: A természetvédelmi térképezés, mint a környezetminösités egyik eszköze és lehetösége. In: Geod. és Kartogr. 35, 1983, 4. p.284-289. [Nature conservation cartography as means of environment qualification.] [Hung. with Engl. rés.] 2478

Religion / Religion / Religion

Flaga, Jerzy: Atlas Historyczny Chrześcijaństwa w Polsce - koncepcja i stan realizacji. In: Polski przegląd kartogr. 14, 1982, 2. p.88-90. [Historic atlas of christianisation in Poland - concept and realization.] [Pol.] 2479

Settlement / Siedlung / Habitat

Benedict, Ernst: Zu den Gebrauchseigenschaften des Atlas DDR für die siedlungsgeographische Forschung. In: Wissenschaftl. Mitteilungen. Institut für Geographie u. Geoökologie der Akademie der Wiss. der DDR. 7, 1983. p.119-127. 2480

Christ, Fred; Reinald Maletzka; Bernd Stünkel: Versuch einer flächenhaften Siedlungsdarstellung, abgestuft nach Bebauungsdichten, in der Topographischen Karte 1:100 000 und in der Topographischen Übersichtskarte 1:200 000. In: Kartogr. Nachr. 33, 1983, 1. p.19-22. 2481

Eikland, Olav: Samordnet planlegging av utbyggingsfelt. Alternativ bruk av kart som planleggingsverktøy. In: Kart og plan. 75, 1983, 1. p.17-31, ill., tab. [Coordinated planning of areas for building purposes. Alternative use of maps as planning tools.] [Norw.] 2482

Fally, Wolfhart: Kartographische Grundlagen für die Gemeindeplanung. In: Mitteilungen und Berichte des Salzburger Instituts für Raumforschung. 1983, 1/2. p.45-52, 1 ill. 2483

Gavish, D.; G. Biger: Innovative cartography in Palestine of 1917-1918. Initial use of aerial photography in town-mapping. In: Survey Rev. 27, 1983. p.81-91, 11 ill. 2484

Gilbertson, D.D.; J.R. Collis: Mapping three millennia of settlement and land use on Crownhill Down, South West Dartmoor. In: Field Studies. 5, 1982, 4. p.555-567. 2485

Griess, Heinrich: Untersuchungen zum Problem des Nutzerverhaltens in Bezug auf Karten und Pläne in der Generalbebauungs- und Generalverkehrsplanung der Städte. In: Peterm. Geogr. Mitt. 127, 1983, 1. p.61-68, 3 ill. 2486

Grimm, Wolfgang: Die Versuche einer flächenhaften Siedlungsdarstellung in der TK 100 und TÜK 200 von Fred Christ, Reinald Maletzka und Bernd Stünkel. In: Kartogr. Nachr. 33, 1983, 1. p.23. 2487

Haack, Barry N.: An analysis of thematic mapper simulator data for urban environments. In: Remote Sensing of Environment. 13, 1983, 3. p.265-275. 2488

Knight, David B.: Urban images and cognitive mapping. In: Ontario Geogr. 21, 1983. p.29-48. 2489

Krönert, Rudolf: Dechiffrierung von Siedlungsflächen nach aerokosmischen Aufnahmen. In: Wissenschaftl. Mitteilungen. Institut für Geographie u. Geoökologie der Akademie der Wiss. der DDR. 7, 1983. p.111-127. 2490

Krötz, W.: Der Rheinische Städteatlas. In: Mitt.-Bl. Arb.-Kreis f. Hist. Kartogr. in der Arb.-Gemeinschaft Hist. Komm. u. Landesgeschichtl. Inst. 22, 1983. p.22-29. 2491

*Mathews, Steven E.: Cartographic potential of simulated thematic mapper imagery of urban areas. - Athens: Univ. of Georgia 1983. [Master's thesis.] 2492

Müller, Hans Horst: "Und sie bewegt sich doch" - von der zweidimensionalen zur dreidimensionalen Siedlungsdarstellung in topographischen Karten? In: Kartogr. Nachr. 33, 1983, 4. p.128-131, 1 mp-suppl. 2493

Nischan, Nina: Wissenschaftlich-technische Konferenz zu Problemen der Kartierung von Städten und städtischen Agglomerationen. In: Vermess.-techn. 31, 1983, 7. p.245. 2494

Opll, Ferdinand: Die erste Lieferung des österreichischen Städteatlas. In: Mitt.-Bl. Arb.-Kreis f. Hist. Kartogr. in der Arb.-Gemeinschaft Hist. Komm. u. Landesgeschichtl. Inst. 21, 1983. p.29-32. 2495

Osipuk, E.S.: Povyšat' točnost' obnovljaemych planov gorodov. In: Geod. i Kartogr., Moskva. 1983, 4. p.26-28. [To improve accuracy of the town plans being revised.] [Russ.] 2496

Pawlak, Władysław: Ein Atlas thematischer Stadtkarten als Sammlung von Musterkarten für Leitung und Raumplanung. In: Probleme der thematischen Kartographie und der Automatisierung der Kartenherstellung. - Dresden 1983. p.47-48. 2497

Plihál, Katalin: Urbéri térképek. In: Geod. és Kartogr. 35, 1983, 3. p.195-201, 4 ill. [Socage-maps.] [Hung. with Engl. rés.] 2498

*Protokoll über die Podiumsdiskussion am 11.3.1982: Siedlungsdarstellung zwischen topographischer Generalisierung und Benutzererwartung - Kartenprobe Siedlungsflächen TK 100. Diskussionsleiter: Hans Kleinn. - Münster 1982. 51 p. [Mimeogr.] 2499

*Rural mapping guide: a manual for rural municipalities containing guidelines for the conduct of a mapping exercise suitable as a basis for planning in the rural areas of Victoria. - Melbourne: Dept. of Planning 1982. 89 p., mp. 2500

Sano, Mitsuru: The historical process of a port city - a case study of Yokohama. In: Map. 21, 1983, 4. p.11-20, 10 ill. [Japan. with Engl. rés.] 2501

Sautreau, Michel; A. Cridlig: L'informatisation des plans cadastraux. In: Bull. du Com. Franç. Cartogr. 94, 1982, 4. p.5-9, 4 ill., 3 photos. 2502

Siegel, Horst: Zu städtebaulichen Entwicklungsproblemen von Leipzig - zum Struktur- und Gestaltwandel der Stadtregion. In: Wissenschaftl. Mitteilungen. Institut für Geographie u. Geoökologie der Akademie der Wiss. der DDR. 7, 1983. p.55-67, ill. 2503

Spencer, Christopher; Marie Weetman: The microgenesis of cognitive maps: a longitudinal study of new residents of an urban area. In: Transactions. Institute of British Geographers. 6, 1981, 3. p.375-384, 3 tab. 2504

Spiegel, R.: Beispiele der automatisierten Herstellung thematischer Karten für den Städtebau. In: Probleme der thematischen Kartographie und der Automatisierung der Kartenherstellung. - Dresden 1983. p.93-95. 2505

Stacey, Duncan: The use of fire insurance plans in the heritage conservation of industrial buildings; British Columbia canneries - a test case. In: Bull. Assoc. of Canad. Map Libr. 47, 1983. p.37-39. 2506

Stankiewicz, Michal: System map sozologicznych dla celów planowania przestrzennogo. In: Geod. i Kartogr., Warszawa. 32, 1983, 3. p.255-261, 1 ill. [System of environmental maps for the purposes of town and country planning.] [Pol. with Russ. a. Engl. rés.] 2507

Weber, Wolfgang: Stellungnahme zu dem von Christ, Maletzka und Stünkel vorgestellten Versuch einer flächenhaften Siedlungsdarstellung in der Topographischen Karte 1:100 000 und in der Topographischen Übersichtskarte 1:200 000. In: Kartogr. Nachr. 33, 1983, 1. p.24. 2508

Wehling, Hans-Werner: Subjektive Stadtpläne als Ausdruck individueller Gliederung städtischer Strukturen. In: Geogr. Z. 69, 1981. p.98-113. 2509

Welch, Roy; S.E. Mathews: Mapping urban areas with thematic mapper simulator and thematic mapper image data. In: Amer. Soc. of Photogramm. Techn. Papers, Ann. Meeting. 49, 1983. p.236-237. 2510

Tretoto zacedenie na komisijata po gradsko kartografirane kom meždunarodnata kartografska asociacija. In: Geod., Kartogr., Zemeustroj. 23, 1983, 6. p.34-35. [3rd seminar of the Commission on Urban Cartography of the International Cartographic Association.] [Russ.] 2511

Statistics / Statistik / Statistique

Balogun, Olayinka Y.: Communicating through statistical maps. In: Internat. Jb. f. Kartogr. 22, 1982. p.23-41. 2512

*Shea, K. Stuart: Region perception variability on dot maps. - Lawrence: Univ. of Kansas 1983. [Master's thesis.] 2513

Thakur, Baleshwar; Rameshwar Thakur: Statistical techniques of population and settlement mapping. In: Geographical Review of India. 44, 1982, 1. p.62-77. 2514

Valeev, S.G.: Statističeskoe modelirovanie v kartografii. In: Geod. i aerofots. 1983, 4. p.112-118, 1 tab. [Statistical model in cartography.] [Russ.] 2515

*Waterson, Duncan Bruce; John Arnold: Biographical register of the Queensland parliament 1930-1980 with an outline atlas of Queensland electorates 1859-1980. - Canberra: Australian National University press 1982. XX, 144 p., mp. 2516

Tourism / Touristik / Tourisme

Aurada, Fritz: Kartographische Darstellungsmöglichkeiten eines alpinen Nationalparks. In: Kartogr. Nachr. 33, 1983, 3. p.94-98. 2517

Brunner, Franz: Kartographische Darstellungsmöglichkeiten ausgewählter touristischer Basisdaten. In: Festschrift für Sieghard O. Morawetz. - Graz 1983. p.19-28, 7 ill., 1 tab. (Arbeiten aus dem Institut für Geographie der Karl-Franzens-Univ., Graz. 25.) 2518

Deumlich, Fritz: Touristenkarten in der UdSSR. In: Vermess.-techn. 31, 1983, 5. p.176. 2519

González Otero, Laura; Jaroslav Raušer: Guia para la elaboracion del mapa de la calidad ambiental, a escala 1:50 000, del Parque Gran Piedra-Baconao, provincia de Santiago de Cuba. In: Studia geogr. 86, 1983. p.107-124. 2520

Hoffmann, Frank: Datenbasis für die Kartenherstellung zur Planung des Erholungswesens und des Tourismus. In: Vermess.-techn. 31, 1983, 11. p.392. 2521

Jacob, Günter: Die Darstellung von Erholungswesen und Tourismus im Atlas DDR. In: Geogr. Ber. 28, 1983, 3. p.183-185. 2522

Koeman, Cornelis: Onbezonnenheid en doelmatigheid in de kartografie, gedemonstreerd aan de hand van oude en nieuwe kaarten ten behoeve van verkeer en toerisme. In: Kartogr. T. 9, 1983, 4. p.19-25, 5 ill. [With Engl. rés.] 2523

Ormeling, Ferjan: De toeristische spoorwegkaart van Nederland. In: Kartogr. T. 9, 1983, 3. p.57-59. 2524

Raaff, H.: De stafkaart en de wandelaar. In: Kartogr. T. 9, 1983, 5. p.22-23. [With Engl. rés.] 2525

Siwutska, M.: Mapy turistyczne jako pomoc dydaktyczna. In: Geografia w szkole. 34, 1981, 2. p.89-92. [Tourist maps as a didactical aid.] 2526

Strümpel, H.-U.: Freizeit-Spezialkarten gewinnen an Boden. In: Buchreport. 6, 1983. p.68 ff. 2527

Traffic / Verkehr / Transports

Castle, Joseph D.: Land surveys and transportation in Louisiana. In: Bull. Spec. Libr. Assoc. Geogr. a. Map Div. 134, 1983. p.9-24, 7 ill. 2528

Fitzpatrick, Jim: Mapping the way: beginnings of the Australian roadmap. In: This Australia. 1, 1982, 3. p.13-15. 2529

Flury, U.: Ländliche Wegnetze, Fuß- und Wanderwege. In: Vermess., Photogramm., Kulturtechn. 81, 1983, 5. p.164-167, 5 ill. 2530

Hanna, Jan L.: The development of Virginia road maps. In: Virginia Geographer. 15, 1983. p.25-44. 2531

Hoogendoorn-Beks, W.: Legenda's bij ruilverkavelingskaarten. In: Kartogr. T. 9, 1983, 1. p.69-72, 3 photos. 2532

Hosoi, Shosuke: Land environment and street patterns of the cities in Venezuela and Columbia. In: Map. 21, 1983, 4. p.1-10, 7 ill., 3 tab. [Japan. with Engl. rés.] 2533

Kassack, H.: Radfahrer- und Radwegekarten. In: Straßenverkehrstechnik. 2, 1982. p.48-50. 2534

Kirby, Russell S.: The Wisconsin ZIP code mapping project. In: Bull. Spec. Libr. Assoc. Geogr. a. Map Div. 132, 1983. p.27-35, 1 ill. 2535

Kirchner, H.; H. Tiemann: Technologie einer Autobahnschlußvermessung in Verbindung mit der Herstellung von Bestandskarten. In: Vermess.-techn. 31, 1983, 11. p.367-371, 4 ill. 2536

*Koeman, Cornelis: Langes, Papieren, Wegen. Momenten uit de Geschiedenis van de Wegenkarten van Nederland. - Utrecht: Koeman 1983. 32 p., ill. (Scaldia Model. 2.) ISBN 90-6402-009-4 2537

Koeman, Cornelis: Onbezonnenheid en doelmatigheid in de kartografie, gedemonstreerd aan de hand van oude en nieuwe kaarten ten behoeve van verkeer en toerisme. In: Kartogr. T. 9, 1983, 4. p.19-25, 5 ill. [With Engl. rés.] 2538

*Menke, Kurt: Zur rechnergestützten Generalisierung des Verkehrswege- und Gewässernetzes, insbesondere für den Maßstab 1:25 000. - Hannover 1983. II, 116 p. (Wissenschaftliche Arbeiten der Fachrichtung Vermessungswesen der Universität Hannover. 119.) [Doct. Diss. 1982.] 2539

Menke, Kurt: Zur rechnergestützten Generalisierung des Verkehrswege- und Gewässernetzes, insbesondere für den Maßstab 1:25 000. In: Allg. Vermess.-Nachr. 90, 1983, 7. p.297-298. 2540

Nitsche, Wolfgang: Neue Streckenkarte der Deutschen Bundesbahn. In: Eisenbahningenieur. 33, 1982, 11. p.486-493. 2541

Ormeling, Ferjan: De toeristische spoorwegkaart van Nederland. In: Kartogr. T. 9, 1983, 3. p.57-59. 2542

Pahl, H.V.: Erstellung einer Radwegekarte - Kriterien und Erfahrungen. In: Forschung Stadtverkehr, 1981, 9. p.131-132. (Dokumentation 1. Internat. Fahrrad-Kongreß Velo-City 1980 Bremen.) 2543

Podhorský, František: Mapy dopravy v Atlase Slovenskej socialistickej republiky. In: Zprávy Geogr. Ustavu Čsav. 19, 1982, 1. p.42-45. [Traffic maps in the Atlas of the Slovak Socialist Republic.] [Slov. with Russ. a. Engl. rés.] 2544

Schneider, J.B.: Mapping congestion patterns on urban highway networks. In: Computer graphics and environmental planning. 1983. p.202-223, 12 ill. (Prentice-Hall) 2545

Sekiguchi, Masao: An experiment in route map - system of polar coordinates used kilo-posts. In: Map. 20, 1982, 1. p.23-27, 5 ill. 2546

Vegetation / Vegetation / Végétation

Beard, J.S.: Classification in relation to vegetation mapping. In: Vegetation classification in Australia. Proc. workshop. 1981. p.97-106, 3 tab. 2547

Carnahan, J.A.: Mapping at a continental level. In: Vegetation classification in Australia. Proc. workshop 1978. 1981. p.107-113. 2548

Combe, J.: Essai sur la végétation forestière du Rwanda (Afrique): (Commentaire de la Carte Forestière du Rwanda au 250 000e.) In: Schweizerische Zeitschrift für Forstwesen. 133, 1982, 4. p.319-332. [With German rés.] 2549

Fryer, J.G.: Stereoscopic coral maps from underwater photogrammetry. In: Cartogr. J. 20, 1983, 1. p.23-25, 1 ill. 2550

Harkness, C.E.: Mapping changes in the extent of woodland in upland areas (1885-1975). In: The study and use of British woodlands. Proc. IBG Rural Geography Study Group, Nottingham 1981. p.82-100, 6 ill., 8 tab. 2551

Jensen, John R.: Biophysical remote sensing. In: Ann. of the Assoc. of Amer. Geographers. 73, 1983, 1. p.111-132. 2552

Johnston, I.L.; P.J. Howarth: Digital enhancements for vegetation mapping in a subarctic environment. In: Proceedings. 6th Canadian Symposium on Remote Sens. Halifax, 21-23 May 1980. p.405-412. 2553

Klees, H.M.: Nieuw overzicht van de Nederlandse vegetatiekaarten II (1974-1978). In: Meded Landbouwhogesch. Wageningen. 1982, 5. 79 p., ill. 2554

Kornblau, M.L.; J.E. Cipra: Investigation of digital Landsat data for mapping soils under range vegetation. In: Remote Sensing of Environment. 13, 1983, 2. p.103-112. 2555

Lauscher, Friedrich: Klimatische Kartierung Norwegens auf Grund phänologischer Beobachtungen. In: Mitt. d. Österreich. Geogr. Gesell. 124, 1982. p.77-88, 5 tab. [With Engl. a. French rés.] 2556

Lay, Hans-Günter; Wigand Weber: Waldgeneralisierung durch digitale Rasterdatenverarbeitung. In: Nachr. a.d. Kart.- u. Vermess.-wesen. R.I, 92, 1983. p.61-71, 4 ill. [With German, Engl. a. French rés.] 2557

Lindsay, James M.: Mapping techniques in recording trees and analysing woodland. In: The study and use of British woodlands. Proc. IBG Rural Geography Study Group, Nottingham 1981. p.76-81, 2 ill. 2558

Maurer, Hans a.o.: Automatisierte Baumarten-Kartierung mit großmaßstäbigen Infrarot-Farbluftbildern. In: Schweizerische Zeitschrift für Forstwesen. 134, 1983, 1. p.37-47. 2559

Nedelman, K.S. a.o.: Automated vegetation classification using thematic mapper simulation data. In: Amer. Soc. of Photogramm. Techn. Papers, Ann. Meeting. 49, 1983. p.367-375. 2560

*Nighbert, Jeffery S.: An evaluation of Landsat capabilities for mapping pinyon/juniper. - Albuquerque: Univ. of New Mexico 1982. [Master's thesis.] 2561

Pettinger, Laurence R.: Digital classification of Landsat data for vegetation and land-cover mapping in the Blackfoot River watershed, southeastern Idaho. - Washington, D.C.: US. Gov. Print. Off. 1982. VI, 33 p. (Geological Survey, Prof. Paper, US. Dept. of the Interior. 1219.) 2562

Veer, A.A. de: Milieukartering bij Stiboka [Stichting voor Bodemkartering te Wageningen], een overzicht. In: Kartogr. T. 8, 1982, 3. p.29-40, 10 ill. 2563

Wagner, Heinz Peter: Ein neuer Kartentyp - Idee und Technik. In: Kartogr. Nachr. 33, 1983, 4. p.134-137. 2564

Wray, James R.; L. Gaydos: Vegetation and landcover map and data for an environmental impact statement, Arctic National Wildlife Refuge, Alaska: Multistage demonstration of automation in thematic cartography. In: Proceedings ISPRS Commission, IV Symposium. Amer. Soc. of Photogramm./Amer. Congr. on Surv. a. Mapp. 1982. p.283-286. 2565

Water supply / Wasserwirtschaft / Alimentation d'eau

Bedrossian, Trinda L.: Watershed mapping in northern California. In: California Geology. 36, 1983, 7. p.140-147. 2566

Böhme, Rolf: Die Arbeitskarte Öffentliche Wasserversorgung 1:200 000. In: Nachr. a.d. Kart.- u. Vermess.-wesen. R.I, 91, 1983. p.5-9, 1 mp.-suppl. 2567

Bröcker, D.: Die Entwicklung von Katasterkarten und daraus resultierende Auswirkungen auf die Leitungsdokumentation. In: Gas- und Wasser-Fach: Wasser/ Abwasser. 124, 1983, 11. p.541-545. 2568

IX. Atlas Cartography
Atlas-Kartographie
Cartographie des atlas

A GENERAL FEATURES UDC 528.9 : 912 (084.4)
ALLGEMEINES
GENERALITES

Brosche, Peter: Zur kartographischen Darstellung der Kontinentaldrift (Überlegungen für einen "Wegener-Atlas"). In: Internat. Jb. f. Kartogr. 23, 1983. p.53-62, 3 ill., 1 tab. [With Engl. a. French rés.] 2569

Coulin, Alfred: Auch Atlanten haben eine Brückenfunktion. In: Der Gemeinsame Weg. 31, 1983, Aug. p.5-7, 3 ill. 2570

Czerniak, R.J.; G. Perrone: State atlases: a bibliography. In: Vance Bibliographies, Public Administration Series: Bibliography. 1213, 1983. 19 p. 2571

Gray, C.: This atlas displays our most morbid details. In: Canad. Geographic. 102, 1982, 4. p.72-76. 2572

Neville, Ellen P.: A new golden age in map and atlas publishing. In: Bull. Spec. Libr. Assoc. Geogr. a. Map Div. 133, 1983. p.17-22. 2573

*Prause, Gerhard: Der Jahrhundert-Atlas. Biographie eines Bestsellers. 1883-1983. - Braunschweig: Westermann 1983. 20 p. text, ill. [Carl Diercke-Atlas.] 2574

Sena, Michael L.: Computer mapping for publication. In: Computer Graphics World. 6, 1983, 7. p.68-76. 2575

Swenson, Russell: Illustrations of material culture in nineteenth-century county and state atlases. In: Pioneer America Society Transactions. 5, 1982. p.63-70. 2576

*Thiele, Dagmar: Geographische Atlanten für die Sekundarstufe I an den Schulen der Bundesrepublik Deutschland von 1949-1981: Konzeptionswandel, seine Ursachen und Folgerungen. - Berlin 1983. XIII, 426 sheets. (Diss. Fachbereich Geowissenschaften Freie Universität Berlin 1983.) [Mimeogr.] 2577

Vebeneeva, R.P.: Abaliz krupnejših obščegeografičeskich atlasov mira s issledovanijami ich po informačionnoj nagruzke. In: Geod. i aerofotos. 1983, 6. p.78-87, ill. [Analysis of information load in big geographical world atlases.] [Russ.] 2578

Wallis, Helen: The Rotz atlas. A royal presentation. In: Map Collector. 20, 1982. p.40-42, 2 ill. 2579

Zeeuw, A. de: Kaarten met randversiering als voorlopers van 17e eeuwse atlaskaarten. In: Caert-thresoor. 2, 1983, 3. p.42-45, 5 ill. [With Engl. rés.] 2580

B WORLD AND SCHOOL ATLASES — UDC 528.9 : 912 (084.4.) : 37
WELT- UND SCHULATLANTEN — 528.9 : 912 (084.4.) (100)
ATLAS GENERAUX ET D'ECOLE

Czerny, Andrzej: Mapy karjobrazowe w atlasach świata. In: Polski przegląd kartogr. 15, 1983, 4. p.167-174. [Landscape maps in world atlases.] [Pol. with Russ. a. Engl. rés.] 2581

Czerny, Andrzej: Rozwazania o kompkeksowych ogólnegoegraficznych atlasach świata. In: Polski przegląd kartogr. 15, 1983, 2. p.65-75, 1 ill. [Considerations on complex geographical world atlases.] [Pol. with Russ. a. Engl. rés.] 2582

Dubut, Claude: L'analyse de 150 atlas scolaires contemporains. Essais de typologie et reflexion sur le concept d'atlas scolaires. In: Bull. du Com. Franç. Cartogr. 94, 1982, 4. p.33-46, 11 ill., 2 tab. 2583

Gorki, Hans Friedrich: Glanz und Elend der Schulkartographie. Gedanken anläßlich der neuen Gesamtausgabe des Alexander-Weltatlas. In: Kartogr. Nachr. 33, 1983, 4. p.137-141. 2584

Hunt, John; Aubrey Newman; Charles Sherlock: The times atlas of world history. In: Bull. Soc. of Univ. Cartographers. 16, 1983, 1. p.45-48. 2585

Phillips, Richard J.: An experimental investigation of layer tints for relief maps in school atlases. In: Ergonomics. 25, 1982, 12. p.1143-1154. 2586

Schwiderski, E.W.: Atlas of ocean tidal charts and maps, part I: the semidiurnal principal lunar tide M_2. In: Marine Geodesy. 6, 1983, 3/4. p.219-265, 6 ill., 10 tab. 2587

Spiess, Ernst: Der Schweizer Weltatlas - zur Ausgabe 1981 des Schulatlasses. In: Geogr. Helv. 37, 1982, 3. p.177-181, 6 mp. 2588

*Thiele, Dagmar: Geographische Atlanten für die Sekundarstufe I an den Schulen der Bundesrepublik Deutschland von 1949-1981: Konzeptionswandel, seine Ursachen und Folgerungen. - Berlin 1983. XIII, 426 sheets. (Diss. Fachbereich Geowissenschaften Freie Universität Berlin 1983. [Mimeogr.] 2589

C REGIONAL ATLASES — UDC 528.9 : 912 (084.4.) : 55(4/9)
REGIONALATLANTEN
ATLAS REGIONAUX

Anderson, James, R.; P.A. Krafft: The Atlas of Florida. In: The Florida Geographer. 16, 1982, 1. p.1-5. 2590

*The Australian world atlas map. - London; Melbourne: George Philip 1981. 32, 112, 70 p., ill., mp. 2591

Bakker, N.J.: Legenda en stramien van de atlas van Nederland. In: Kartogr. T. 9, 1983, 1. p.83-87, 7 ill. 2592

Benedict, Ernst: Gestaltungsprinzipien des Atlas DDR - Probleme, Lösungen, Erfahrungen und ihre Auswertung. In: Probleme der thematischen Kartographie und der Automatisierung der Kartenherstellung. - Dresden 1983. p.14-20. 2593

Benedict, Ernst: Zu den Gebrauchseigenschaften des Atlas DDR für die siedlungsgeographische Forschung. In: Wissenschaftl. Mitteilungen. Institut für Geographie u. Geoökologie der Akademie der Wissenschaften der DDR. 1983, 7. p.119-127. 2594

Breitfeld, K.: Die Gestaltungsprinzipien der Kartengruppe "Kultur und Bildung" im Atlas DDR. In: Probleme der thematischen Kartographie und der Automatisierung der Kartenherstellung. - Dresden 1983. p.21-24. 2595

Cafourek, Petr: Stručný přehled našich historických atlasu. In: Rozpravy Národního technického muzea v Praze. 90, 1982. p.107-113. [A brief review of our historical atlases.] [Czech. with German a. Engl. rés.] 2596

*Cobb, David A.; Peter B. Ines: State atlases. An annotated bibliography. - Chicago, Ill. 1983. 21 p. (CPL [Council of Planning Librarians] bibliography. 108.) ISBN 0-86602-108-6 2597

Dale, B.: Om arbeidet med Nasjonalatlas for Norge. In: Norsk Geografisk Tidsskrift. 36, 1982, 1. p.71-74. [About the work on the National Atlas of Norway.] [Norw.] 2598

Edkins, C.: Cartography of the New Zealand atlas of coastal resources. In: New Zealand Cartogr. J. 12, 1982, 1. p.13-16. 2599

Fahlbusch, F.B.: Historischer Atlas von Bayerisch-Schwaben. 2. Aufl. In: Mitt.-Bl. Arb.-Kreis f. Hist. Kartogr. in der Arb.-Gemeinschaft Hist. Komm. u. Landesgeschichtl. Inst. 21, 1983. p.4-7. 2600

Fahlbusch, F.B.: Regionale Historische Atlanten. In: Mitt.-Bl. Arb.-Kreis f. Hist. Kartogr. in der Arb.-Gemeinschaft Hist. Komm. u. Landesgeschichtl. Inst. 21, 1983. p.36-38. 2601

Flaga, Jerzy: Atlas Historyczny Chrześcijaństwa w Polsce - koncepcja i stan realizacji. In: Polski przegląd kartogr. 14, 1982, 2. p.88-90. [Historic atlas of christianisation in Poland - concept and realization.] [Pol.] 2602

*Forschungsbericht "Südwestdeutscher Sprachatlas". Mitarb.: Eugen Gabriel. - Marburg: Elwert 1983. 350 p. (Studien zur Dialektologie in Südwestdeutschland. 10.) ISBN 3-7708-0764-2 2603

Fraczek, Irena: Konstrukcja legendy kartodiagramów (na przykladzie polskich atlasów regionalnych). In: Polski przegląd kartogr. 15, 1983, 4. p.153-167, 8 ill. [Design of legend for the graduated symbol map (on the example of Polish regional atlases).] [Pol. with Russ. a. Engl. rés.] 2604

Freitag, Ulrich: Ferdinand von Richthofens 'Atlas von China': Idee, Durchführung, Ergebnis. In: Erde. 114, 1983, 2. p.119-134, 2 ill. 2605

*Galera, Montserrat; Francesco Roca; Salvador Tarrago: Atlas de Barcelona. Segles XVI-XX. - Barcelona: Publicaciones del Collegi Oficial 1982. 1067p., 435 mp. 2606

Guljuk, G.J.; A.S. Svirskij: Miniatjurnyj atlas SSSR. In: Geod. i Kartogr., Moskva. 1983, 11. p.53-54. [Mini-Atlas of the USSR.] [Russ.] 2607

Guščina, A.G.: Atlas "Jakutija socialističeskaja" <opyt redakcionno-sostabitelskich rabot>. In: Geod. i Kartogr., Moskva. 1983, 9. p.46-49. [Atlas 'Jakutia socialistic'.] [Russ.] 2608

Harris, Cole: The historical atlas of Canada: a preview. In: William and Mary Quarterly, third series. 40, 1983, 2. p.292-296. 2609

Herwijnen, G. van: Niederländische und Rheinische Atlasarbeiten. In: Mitt.-Bl. Arb.-Kreis f. Hist. Kartogr. in der Arb.-Gemeinschaft Hist. Komm. u. Landesgeschichtl. Inst. 22, 1983. p.9-15. 2610

Irsigler, F.: Der Geschichtliche Atlas der Rheinlande. In: Mitt.-Bl. Arb.-Kreis f. Hist. Kartogr. in der Arb.-gemeinschaft Hist. Komm. u. Landesgeschichtl. Inst. 22, 1983. p.15-22. 2611

Ives, Jack D.; V. Dow: A mountain environmental atlas: the Indian Peaks Area, Colorado Front Range, USA - a prospectus. In: Mountain Research & Development. 2, 1982, 4. p.337-348, 8 ill. 2612

Jacob, Günter: Die Darstellung von Erholungswesen und Tourismus im Atlas DDR. In: Geogr. Ber. 28, 1983. p.183-185. 2613

Krötz, W.: Der Rheinische Städteatlas. In: Mitt.-Bl. Arb.-Kreis f. Hist. Kartogr. in der Arb.-Gemeinschaft Hist. Komm. u. Landesgeschichtl. Inst. 22, 1983. p.22-29. 2614

Leppäranta, Matti; Jörgen Sahlberg; Ingemar Udin: A new ice atlas for the Baltic Sea. In: Proc. 13th Conf. Baltic Oceanogr., Helsinki, 24-27 Aug. 1982. Vol. 2, 1982. p.513-521. 2615

Messmer, Werner: Luftbildatlas Basel-Stadt. In: Basler Stadtbuch 1980. 101, 1981. p.249-253, ill., mp. 2616

Monmonier, Mark Stephen: DIDS: a de facto national atlas. In: Bull. Spec. Libr. Assoc. Geogr. a. Map Div. 132, 1983. p.2-7. 2617

Mucha, Ludvík: Čtyři méně známí tvurci českých zeměpisných atlasu. In: Rozpravy Národniho technického muzea v Praze. 90, 1982. p.98-106, 4 photos. [Four little known authors of Czech geographical atlases.] [Czech. with German a. Engl. rés.] 2618

Opll, Ferdinand: Die erste Lieferung des österreichischen Städteatlas. In: Mitt.-Bl. Arb.-Kreis f. Hist. Kartogr. in der Arb.-Gemeinschaft Hist. Komm. u. Landesgeschichtl. Inst. 21, 1983. p.29-32. 2619

Pawlak, Władysław: Ein Atlas thematischer Stadtkarten als Sammlung von Musterkarten für Leitung und Raumplanung. In: Probleme der thematischen Kartographie und der Automatisierung der Kartenherstellung. - Dresden 1983. p.47-48. 2620

Pischke, Gudrun: Die Arbeiten am geschichtlichen Handatlas von Niedersachsen. In: Mitt.-Bl. Arb.-Kreis f. Hist. Kartogr. in der Arb.-Gemeinschaft Hist. Komm. u. Landesgeschichtl. Inst. 22, 1983. p.4-8. 2621

Podhorský, František: Mapy dopravy v Atlase Slovenskej socialistickej republiky. In: Zprávy Geogr. Ustavu ČSAV. 19, 1982, 1. p.42-45. [Traffic maps in the Atlas of the Slovak Socialist Republic.] [Slov. with Russ. a. Engl. rés.] 2622

*Recent German research on the Middle East. A project of the Deutsche Forschungsgemeinschaft: the Tübingen atlas of the Middle East. Ed. by the Deutsche Forschungsgemeinschaft, Bonn, and the Inst. for Scientific Cooperation, Tübingen. 2nd, rev. ed. - Weinheim: Verl. Chemie [in Komm.] 1983. 58 p. ISBN 3-527-27005-1 2623

Ritter, Wigand: Die Wirtschaftskarten im neuen Österreichischen Oberstufenatlas. In: GW-Unterricht. 14, 1983. p.1-7, 1 mp.-suppl. 2624

Roberts, John: Tactual mapping and the "Bold atlas of Australia". In: Globe. 20, 1983. p.11-19, 5 ill. 2625

Sališčev, Konstantin A.: Fundamental'noe kartografičeskoe proizvedenie <k publikacii nacional'nogo atlasa GDR.>. In: Geod. i Kartogr., Moskva. 1983, 3. p.37-41. [A fundamental cartographic art: the publication of the national atlas of GDR.] [Russ.] 2626

Voogd, C.H. de; F.J. Ormeling; W.F.Th.M. van den Goorbergh: Blik op wonen. In: Kartogr. T. 8, 1982, 3. p.43-46, 1 ill. 2627

Yamada, Yasuhiko: On some problems pertaining to making atlas of Aza in Boso, Chiba prefecture. In: Map. 21, 1983, 2. p.1-17, 7 ill. [Japan. with Engl. rês.] 2628

X. Use and Application of Maps. Special Purpose Maps
Kartengebrauch und Kartenverwendungszwecke
Utilisation des cartes

A RANGE OF APPLICATIONS UDC 528.9.004.14 : 912
ANWENDUNGSBEREICHE
DOMAINES D'UTILISATION

*Alletto, Franco: Club alpino italiano. Topografia e orientamento. - Milano: Commissionare nat. scuole di alpinismo 1982. 86 p. 2629

Barbour, Michael: The use of maps: the topographic and thematic traditions contrasted. In: Cartogr. J. 20, 1983, 2. p.76-86, 15 ill. 2630

Barnett, Leroy: The increasing cost of Michigan maps. In: Mapline. 29, 1983. p.[5-6]. 2631

*Carey, Helen H.: How to use maps and globes. - New York: Watts 1983. 83 p. 2632

Castner, Henry W.: Tactual maps and graphics. Some implications for our study of visual cartographic communication. In: Cartographica, Mono. 20, 1983, 3. p.1-16, 11 ill. [With French, German a. Span. rés.] 2633

*Chappell, Gary: Newsweekly magazine maps: coverage of the Falkland Islands Crisis in Newsweek, Time, and U.S. News and World Report. - Madison: Univ. of Wisconsin 1983. [Master's thesis.] 2634

Cruse, Larry: Microcartography. In: Inform. Bull. West. Assoc. of Map Libr. 14, 1983, 2. p.105-109, 2 ill. 2635

Dijk, Emile van; Robert Leusink: Producing a videorecording "Basic audiovisual media and cartography". In: Bull. Soc. of Univ. Cartographers. 16, 1983, 2. p.29-38, ill. 2636

Eisenbeis, Kathleen: Cartographic users advisory council. Minutes - San Antonio - Jan. 8, 1983. In: Bull. Spec. Libr. Assoc. Geogr. a. Map Div. 134, 1983. p.25-27. 2637

Gerber, Rod V.: The young map user and the positioning of names on maps. In: Cartography. 12, 1982, 3. p.162-167, 2 ill., 2 tab. 2638

Goto, Ryoichi: From the 1st international symposium on maps and graphics for visually handicapped. In: Map. 21, 1983, 3. p.31-37, 5 ill. [Japan.] 2639

Griess, Heinrich: Untersuchungen zum Problem des Nutzerverhaltens in Bezug auf Karten und Pläne in der Generalbebauungs- und Generalverkehrsplanung der Städte. In: Peterm. Geogr. Mitt. 127, 1983, 1. p.61-68, 3 ill. 2640

*Kals, W.S.: Land navigation handbook: the Sierra Club guide to map and compass. - San Francisco: Sierra Club books 1983. 230 p. 2641

*Leimer, Judith: The influences of the technical constraints and personnel limitations on the quality of maps in American newspapers. - Madison: Univ. of Wisconsin 1982. [Master's thesis.] 2642

Mackay Yarnal, Careen M.; Michael R.C. Coulson: Recreational map design and map use: an experiment. In: Cartogr. J. 19, 1982, 1. p.16-27, 7 ill., 10 tab. 2643

*Map uses, scales, and accuracies for engineering and associated purposes. - New York: American Society of Civil Engineers 1983. 168 p. 2644

Nicholson, Norman L.: Map projections and map stamps. In: Carto-Philatelist. 27, 1983, 4. p.12-15; 28, 1983, 1. p.12-15. 2645

North, Margaret E.A.: The use of old maps in determining vegetation. In: Bull. Assoc. of Canad. Map Libr. 48, 1983. p.1-7, 4 ill. 2646

Prescott, Dorothy Francis: Non paper maps: prognostications for users and custodians. In: Globe. 17, 1982. p.5-10. 2647

*Raab, Victoria Jane: Maps for the visually handicapped: an investigation of users' problems and suggestions for map program development. - College Park: Univ. of Maryland 1983. [Master's thesis.] 2648

Roberts, John: Tactual mapping and the "Bold atlas of Australia". In: Globe. 20, 1983. p.11-19, 5 ill. 2649

Rosel, Mike: Computergraphik als Lesehilfe für blinde Studenten. In: Kartogr. Nachr. 33, 1983, 4. p.145-146, 1 photo. 2650

Rozman, Janko: Možnost ažurnega informiranja v občinskem merilu z avtomatizirano kartografijo. In: Geod. vestn. 27, 1983, 4. p.171-173, 3 ill. [The possibilities of up-to-date informing within a community by automated cartography. Report at professional meeting "Automation in geodesy".] [Slov. with Engl. rés.] 2651

Salzberg, Charles: Smart money: maps for all time. In: Esquire. 99, 1983, 1. p.31-32. 2652

Scheideman, J.W.: Sherlock Holmes and maps. In: Mapline. 25, 1982. p.[1-3]. 2653

Smith, Mark: The orienteering map: new kid on the block. In: Bull. Assoc. of Canad. Map Libr. 46, 1983. p.1-6, 2 mp. 2654

Squirrell, Ray B.; Robert Horsfall: Making maps for the visually handicapped. In: Bull. Assoc. of Canad. Map Libr. 48, 1983. p.20-24, 4 ill. 2655

*Stapley, D.A.: Analysing map user's perception of conventional symbolism in thematic maps. - Ottawa: Carleton Univ. 1981. [Bachelor's thesis.] 2656

Steinke, Theodore; Robert Lloyd: Judging the similarity of choropleth map images. In: Cartographica, Mono. 20, 1983, 4. p.35-42, 2 ill., 1 tab. [With French, German a. Span. rés.] 2657

Szarvas, András: Térképek a külkereskedelemben, külkereskedelem a térképészetben. In: Geod. és kartogr. 35, 1983, 3. p.187-189. [The maps in the foreign trade, foreign trade in the cartography.] [Hung. with Engl. rés.] 2658

Tactual graphics: a new way of seeing for the visually handicapped. In: Univ. of Maryland Graduate Schoo. Chronicle. 16, 1983, 2. p.6-8. 2659

Tarr, Alex: Maps and mapping for orienteering. In: Globe. 20, 1983. p.44-48, 3 ill. 2660

Turk, Andrew: Tactual mapping. In: Globe. 18, 1982. p.19-25, 1 ill. 2661

*Watkins, David; Meike Dalal: Mit Karte und Kompaß unterwegs. - Ravensburg: Maier 1980. 63 p., ill. 2662

*Werken met kaarten: begrijpend kaartlezen en kaartkennis. Ed.: Joop Bokhove. - Tilburg: Zwijsen; Meerhout: Infoboek. 1983. 144 p., ill. (Onderwijskundige brochurenreeks. 299.) ISBN 90-276-0539-4 2663

*Wiedel, Joseph W.: Proc. of the First-International Symposium on Maps and Graphics for the Visually Handicapped, March 10-12, 1983. Washington, D.C. - Washington, D.C.: Assoc. of Amer. Geographers 1983. VII, 185 p. 2664

Wowk, Kathleen: Geography on the cards. In: Geogr. Mag. 55, 1983, 8. p.423-425, 5 ill. 2665

B HILFSMITTEL ZUM KARTENGEBRAUCH UDC 528.9.002.5 : 912
AUXILIARY DEVICES FOR THE USE OF MAPS
ACCESSOIRES POUR L'UTILISATION DES CARTES

Hoffmann, Frank: Möglichkeiten der Kartennutzung mittels automatischer Lesesysteme. In: Probleme der thematischen Kartographie und der Automatisierung der Kartenherstellung. - Dresden 1983. p.91-92. 2666

C SCHOOL CARTOGRAPHY UDC 528.9 : 37
SCHULKARTOGRAPHIE
CARTOGRAPHIE SCOLAIRE

Balogh, B.A.: Néhany idöszeru megiegyzés és logikai terképolyasás médszeréhez. In: Fördrajztanítás. 24, 1981, 2. p.33-36. [Einige zeitliche Hinweise betreffend die logische und zeigende Methode des Kartenlesens.] [Hung.] 2667

Barinova, I.I.: Obuchenia prienam chteniya karty v kurse V. klassa. In: Geografiya v shkole. 48, 1981, 1. p.30-32. [One lesson in map reading in the 5th class.] [Russ.] 2668

Barr, Richard: Drawing explanatory sketch maps at O level. In: Teaching Geography. 8, 1983, 3. p.103-105. 2669

Berkovič, K.M. a.o.: Karta 'Russlovye processy na rekach SSSR' dlja vysšej školy i metodika ee sostavlenija. In: Vestnik Leningradsk. Univ. Ser. 5: Geogr. 1982, 5. p.10-16, 1 ill. [A map of river-bed processes at the USSR rivers set for higher school and methods of its compilation.] [Russ.] 2670

Bogdanova, A.A.: Metodika raboti s konturnimi kartami v kurse fizicheskoy geografii SSSR. In: Geografiya v shkole. 48, 1981, 5. p.38-42. [The methodology of the work with relief-map in the course of physics geography in the USSR.] [Russ.] 2671

Bogdanova, A.A.: Samostoyatelniye i prakticheskiye raboti po konturnym kartam v kurse geografiyi meterikov. In: Geografiya v shkole. 93, 1981, 3. p.43-46. [Independent and practical work with relief-maps at the regional geography of the globe parts.] [Russ.] 2672

Braund, Michael: Preparing students for a technical career in Papua New Guinea with special emphasis on cartography. In: Bull. Soc. of Univ. Cartographers. 15, 1982, 2. p.15-28. 2673

Breetz, Egon: Verfahrensweisen der Kartennutzung im Schulunterricht. In: Vermess.-techn. 31, 1983, 2. p.48-50, 1 ill. 2674

Breetz, E.: Zur Entwicklung der Schulkartographie in der Deutschen Demokratischen Republik. In: Wiss. Z. Päd. Hochschule K. Liebknecht. - Potsdam. 26, 1982, 3. p.357-375. 2675

Breslauer, Klaus: Die Kartendarstellung des Heimatraumes. Eine Lernsequenz aus dem erdkundlichen Bereich der Heimat- und Sachkunde. In: Blätter für Lehrerfortbildung. 34, 1982. p.407-412. 2676

Csendes, L.: Tskolai Terképek az oktatás szolgátában (1890-1945). In: Fördrajztanítás. 24, 1981, 3. p.72-79. [School-maps as a help by the education (1890-1945).] 2677

Dubut, Claude: L'analyse de 150 atlas scolaires contemporains. Essais de typologie et reflexion sur le concept d'atlas scolaires. In: Bull. du Com. Franç. Cartogr. 94, 1982, 4. p.33-46, 11 ill., 2 tab. 2678

Elsässer, Peter: Wir untersuchen Eingriffe in den Wasserhaushalt als Folge der Tullaschen Rheinkorrektur. Eine Einführung in die Kartenarbeit mit integrierter Exkursion. In: Der Erdkundeunterricht. 39, 1983, 45. p.21-47. 2679

French, W.W.: Using 1:50 000 maps in the "Third World" studies. In: Teaching Geography. 5, 1979, 2. p.71-73, 1 ill. 2680

Gimeno, Roberto; Jacques Bertin: The cartography lesson in elementary school. In: D.R.F. Taylor, ed: Graphic communication and design in contemporary cartography. GA 102.3, 1983. p.231-256. 2681

Gorki, Hans Friedrich: Glanz und Elend der Schulkartographie. Gedanken anläßlich der neuen Gesamtausgabe des Alexander-Weltatlas. In: Kartogr. Nachr. 33, 1983, 4. p.137-141. 2682

Haack, Erfried: Revanchistisches Gedankengut in schulkartographischen Erzeugnissen der BRD. In: Vermess.-techn. 30, 1982, 7. p.233-234. 2683

Harskich, R.S.; G.H. Ozeroba; L.F. Janvarebe: karta zemel'nych ugodij mira dlja vysšej školy. In: Vestnik Leningradsk. Univ. Ser. 6: Geol.-Geogr. 1982. p.96-99. [Map: "Land use of the World", its methods and legend for higher schools.] [Russ. with Engl. rés.] 2684

Hennings, G.: Understanding time-space relationships through map construction in the elementary grades. In: J. of Geogr., Chicago. 80, 1981, 4. p.129-131. 2685

Horváth, Gergely: A térképészet oktatásának problémái a tanárképzö föiskolákon. In: Geod. és kartogr. 35, 1983, 2. p.107-109. [Problems of cartographic education at the teachers' training colleges in Hungary.] [Hung. with Engl. rés.] 2686

Karhoš, J.: Ponžitie astronomických pomocok vo vyučováni zeměpisu. In: Přirodní vědy ve škole. 31, 1979/80. p.277-278. [The use of astronomical auxiliaries at geography-lessons.] 2687

Lehnhardt, G.: Einführung in die Karte: Anschauungsbilder für die Hilfsschule. - Berlin: Volk und Wissen 1982. 16 mp. (Akad. d. Pädagog. Wiss. d. DDR.) 2688

List, W.: Meine Erfahrungen in Klasse 5 zur Weiterentwicklung der Fähigkeit, Lagebeziehungen festzustellen. In: Z. f. d. Erdkundeunterr. 35, 1983. p.378-383. 2689

*Mapping skills for geography students in New South Wales schools. - Sydney: Central Mapping Authority of NSW, Dept. of Education 1981. 20 p., ill. 2690

McGee, Clive: Children's perceptions of symbols on maps and aerial photographs. In: Geogr. Education. 4, 1982, 2. p.51-59. 2691

Merkel, Hans: Vermessungstechnische Grundprobleme im Erdkundeunterricht eines mathematisch-naturwissenschaftlichen Gymnasiums: Geländeaufnahme, Modell-Karte. In: Nachr.-Bl. d. Vermess.- u. Katasterverwalt. Rheinl.-Pf. 26, 1983, 1. p.33-40, ill. 2692

Moran, Rod: A map of youth policy. In: Australian teacher. 1983, 3. p.20-21. 2693

Murdych, Zdeněk: K metodice tvorby a použití transparentnich kartodiagramů. In: Acta Universitatis Carolinae Geographica. 16, 1981, 2. p.105-112. [About the method of the use of transparents of the mapdiagramms.] 2694

Neumann, N.: Luftbilder stereoskopisch betrachtet. Ein hilfreiches Medium selten eingesetzt. In: Lehrmittel aktuell. 7, 1981, 3. p.23-27, 7 ill. 2695

Novák, Václav; Jaromír Demek; Věra Kubičková: Nové zeměpisné mapy pro 5. ročník. In: Přírodní vědy ve škole. 34, 1982/83. p.116-117. [New geographic maps for the 5th class.] 2696

*Patton, Jeffrey Connor: Map design for children: an evaluation of planimetric and plan-oblique symbols to represent the environment. - Univ. of Kansas 1980. 151 p. 2697

Pleiner, Wilhelm: Arbeitstechniken im Erdkundeunterricht der 5. und 6. Jahrgangsstufe. Bedeutung und unterrichtspraktischer Einsatz. In: Blätter für Lehrerfortbildung. 34, 1982, 11. p.493-500. 2698

Pospelov, E.M.; N.A. Maksimov; I.A. Brofeev: K voprosu o odinoy sisteme kartograficheskikh proizvedeniyi. In: Geografiya v shkole. 48, 1981, 2. p.38-39. [About the problem of a uniform system of auxiliaries in the school-cartography.] [Russ.] 2699

Pospelov, E.M.: Školniye atlasy i karty na XXIV mezhdunarodnom geograficheskom kongresse. In: Geografiya v shkole. 48, 1981, 2. p.67-68. [School-atlases and maps at the 14th International Kongress of the Geographers.] [Russ.] 2700

Preobrazhenskiy, A.J.: Stenniye karti i slaydi na urokakh geografii. In: Geografiya v shkole. 48, 1981, 1. p.47-48. [Wall maps and diapositives in the geography-lessons.] [Russ.] 2701

Rux, J.: Některé zkušenosti s používáním nástěnných map z produkce NdR při zeměpisu na gymnáziu. In: Přirodni vědy ve škole. 32, 1981/82, 20. p.393-394. [Some experiences in the use of wall maps from the GDR-production for the use at the geography-lessons in grammar-schools.] [Russ.] 2702

Sandford, Herbert A.: Criteria for selecting a school atlas. In: Teaching Geography. 8, 1983, 3. p.107-109. 2703

Sandford, Herbert A.: Typology and characteristics of pupils' desk atlases. In: South Afr. J. of Photogramm., Remote Sens. a. Cartogr. 13, 1983, 4. p.217-226, 3 ill. 2704

Spiess, Ernst: Der Schweizer Weltatlas - zur Ausgabe 1981 des Schulatlasses. In: Geogr. Helv. 37, 1982, 3. p.177-181, 6 mp. 2705

Sutcliffe, Gareth P.: Making scale relief models in schools. In: Teaching Geography. 8, 1983, 3. p.110-111. 2706

¨Thiele, Dagmar: Geographische Atlanten für die Sekundarstufe I an den Schulen der Bundesrepublik Deutschland von 1949-1981: Konzeptionswandel, seine Ursachen und Folgerungen. - Berlin 1983. XIII, 426 p. (Diss. Fachbereich Geowissenschaften Freie Universität Berlin 1983.) [mimeogr.] 2707

Wahla, Arnošt: Sfera skolstvi a vzdelavani obyvatelstva ve svetove kartograficke tvorbe. In: Geogr. Casopis. 34, 1982, 4. p.408-419. [The sphere of the schools system and education of population in the world's cartographical production.] 2708

Werner, Klaus: Die Orientierung im heimatlichen Raum mit Hilfe von Plänen und Karten. 4. Jahrgangsstufe. In: Blätter für Lehrerfortbildung. 34, 1982, 11. p.482-492. 2709

XI. Reliefs and other forms of Cart. Representation
Reliefs und kartenverwandte Darstellungen
Reliefs et représentation paracartographiques

A GENERAL FEATURES AND HISTORY — UDC 528.952
ALLGEMEINES UND GESCHICHTE
GENERALITES ET HISTOIRE

*Berann's Panoramas [Heinrich C. Berann]. Wonderful world of Alps and Himalayas. - Tokyo: Jitsugyo no Nihon Sha 1980. 120 p. text and ill. [Japan.] 2710

*Relief-Ausstellung Joachim Eugen Müller (1980, Engelberg): Mai-November 1980. - Engelberg: Edition Engelberger Dokumente 1982. 43 p., ill. (Engelberger Dokumente. 13.) 2711

Ruell, David: The bird's eye views of New Hampshire: 1875-1899. In: Historical New Hampshire. 38, 1983, 1. p.1-85. 2712

Ryerson, Charles Curtis: Improved methods of reproducing large relief models. In: Amer. Cartographer. 10, 1983, 2. p.151-157, 5 ill. 2713

Wise, Donald A.: A selective list of international publishers and distributors of globes and three-dimensional plastic relief models (maps). In: Bull. spec. Libr. Assoc. Geogr. a. Map Div. 128, 1982. p.36-38. 2714

B MANUFACTURING PROCEDURES AND PREPARATION — UDC 528.952.002
HERSTELLUNGSVERFAHREN UND BEARBEITUNG
PROCEDES DE PRODUCTION

Hoffmann, Frank: Automatisierte Herstellung digitaler Reliefmodelle. In: Vermess.-techn. 31, 1983, 8. p.282. 2715

Sutcliffe, Gareth P.: Making scale relief models in schools. In: Teaching Geography. 8, 1983, 3. p.110-111. 2716

Worth, Chris: Computer assisted drawing of block diagrams. In: Bull. Soc. of Univ. Cartographers. 16, 1983, 1. p.9-19, 14 ill. 2717

XII. Globes
Globen
Globes

A GENERAL FEATURES UDC 528.951
ALLGEMEINES
GENERALITES

*Carey, Helen H.: How to use maps and globes. - New York: Watts 1983. 83 p. 2718

Fauser, Alois: Ältere Erd- und Himmelsgloben in Bayern. (Nachträge zu dem 1964 erschienenen Buch.) In: Globusfreund. 31/32, 1983. p.107-128. [With Engl. a. French rés.] 2719

Kretschmer, Ingrid: Globenausstellung in Ungarn. In: Information Nr. 7 der Internationalen Coronelli-Gesellschaft für Globen- und Instrumentenkunde. - Wien 1983. p.9-10. 2720

Piasecka, Janina E.: Globusy ksiezyca i Marsa. In: Czasopismo Geograficzne. 53, 1982, 1. p.92-94, tab. [Globes of the moon and Mars.] 2721

Rátóti, Benö: A földgömbök szerkesztése és készítése. In: Geod. és Kartogr. 35, 1983, 5. p.340-344, 7 ill. [Compilation and production of globes.] [Hung. with Engl. rés.] 2722

Wawrik, Franz: History and current status of the Globe Museum of the Austrian National Library. (Papers pres. at the 49th IFLA General Council Meeting. - München 1983.) 9 p. [mimeogr.] 2723

Wise, Donald A.: A selective list of international publishers and distributors of globes and three-dimensional plastic relief models (maps). In: Bull. Spec. Libr. Assoc. Geogr. a. Map Div. 128, 1982. p.36-38. 2724

B HISTORY OF GLOBES UDC 528.951 (091)
GESCHICHTE DER GLOBEN
HISTOIRE DES GLOBES

Holbrook, Mary: Beschreibung des Himmelsglobus von Henricus, Arnoldus und Jacobus van Langren und eines Planetariums von H. van Laun im Historischen Museum zu Frankfurt am Main. In: Globusfreund. 31/32, 1983. p.69-77. [With Engl. a. French rés.] 2725

Klose, Olaf: Liste alter Globen in Schleswig-Holstein. In: Globusfreund. 31/32, 1983. p.129-130. 2726

Kohler, Alfred: Zur Ausstellung "Globen aus Urgroßvaters Zeit". In: Globusfreund. 31/32, 1983. p.178-180, 1 ill. 2727

Krogt, Peter C.J., van der: A globe as sundial. In: Information Nr. 7 der Internationalen Coronelli-Gesellschaft für Globen- und Instrumentenkunde. - Wien 1983. p.3-5. 2728

Krogt, Peter C.J., van der: List of old globes in the Netherlands. In: Globusfreund. 31/32, 1983. p.78-106. [With Engl. rés.] 2729

Kummer, Werner: Liste alter Globen im Bundesland Hessen und aus einer Sammlung in Ingelheim in Rheinhessen. In: Globusfreund. 31/32, 1983. p.15-68, ill. 2730

Peter, Heinrich: Jost Bürgi und seine Himmelsgloben. In: Orion. 39, 1981, 183. p.40-42, 4 ill. 2731

Rössaak, Tor E.: Ein Himmelsglobus als Kanzelschmuck. In: Globusfreund. 31/32, 1983. p.131-139. [With Engl. a. French rés.] 2732

'Schätze der Astronomie. Treasures of Astronomy. Arabische und deutsche Instrumente aus dem Germanischen Nationalmuseum. Hrsg.: Gerhard Bott. Katalog u. Ausstellung: Johannes Willers und Karin Holzamer. - Nürnberg: Germanisches Nationalmuseum 1983. 140 p., ill. [German, Engl., Arab.] 2733

Schmidt, Rudolf: Zur Datierung von Erdgloben nach dem Kartenbild Afrikas (unter Verwendung der Ausarbeitung von Prof.Dr. H. Wels). In: Globusfreund. 30, 1982. p.88-89. 2734

Zimmerling, Dieter: Die kugelrunde Sensation (Behaim-Globus). In: Westermanns Monatshefte. 1983, 1. p.46ff. 2735

LIST OF PERIODICALS
VERZEICHNIS DER AUSGEWERTETEN ZEITSCHRIFTEN
LISTE DES PÉRIODIQUES

AB Bookman's Yb.	AB Bookman's Yearbook. Clifton, N.J.
Acta Cartogr.	Acta Cartographica. Amsterdam
Acta Geogr.	Acta Geographica. Paris
Allg. Vermess.-Nachr.	Allgemeine Vermessungsnachrichten. Karlsruhe
Amer. Cartographer	The American Cartographer. Washington, D.C.
Analyse de l'espace	Analyse de l'espace. Cahiers du Centre de recherche d'analyse de l'espace. Paris
Ann. d. Hist. Vereins f.d. Niederrhein	Annalen des Historischen Vereins für den Niederrhein. Düsseldorf
Ann. de Géogr.	Annales de Géographie. Paris
Ann. of the Assoc. of Amer. Geographers	Annals of the Association of American Geographers. Lawrence, Kansas
Arb. a.d. Vermess.- u. Kartenw. DDR	Arbeiten aus dem Vermessungs- und Kartenwesen der DDR. Leipzig
Archiv f. mittelrhein. Kirchengesch.	Archiv für mittelrheinische Kirchengeschichte. Speyer a.R.
Archivar	Der Archivar. Düsseldorf
Archiv-Mitt.	Archiv-Mitteilungen. Potsdam
Aus dem Antiquariat	Aus dem Antiquariat. [Börsenblatt für den Deutschen Buchhandel.] Frankfurt/Main
Austral. Cartogr. Conf.	Australian Cartographic Conference. Adelaide
Austral. Geogr. Stud.	Australian Geographical Studies. Melbourne
Austral. Surveyor	Australian Surveyor. Sydney
Ber. zur dt Landeskde	Berichte zur deutschen Landeskunde. Trier
Ber. zur Raumforsch. u. Raumplan.	Berichte zur Raumforschung und Landesplanung. Wien
Berlin. geogr. Abh.	Berliner geographische Abhandlungen. Berlin
Berlin. geowiss. Abh.	Berliner geowissenschaftliche Abhandlungen. Berlin
Bildmess. u. Luftbildw.	Bildmessung und Luftbildwesen. Karlsruhe
Bl. f. dt Landesgesch.	Blätter für deutsche Landesgeschichte. Göttingen
Börsenbl. f.d. dt Buchhandel Frankfurt	Börsenblatt für den Deutschen Buchhandel. Frankfurt/Main

Börsenbl. f.d. dt Buchhandel Leipzig	Börsenblatt für den Deutschen Buchhandel. Leipzig
Bol. de Inform. Serv. Geogr. Ejército	Boletin de Informacion. Servicio Geografico del Ejército. Madrid
Boll. della Soc. Ital. di topogr. e fotogramm.	Bollettino della Società Italiana di topografia e fotogrammetria. Milano
Boll. della Soc. Geogr. Ital.	Bollettino della Società Geografica Italiana. Roma
Boll. dell'Assoc. Ital. Cartogr.	Bollettino dell'Associazione Italiana di Cartografia. Firenze
Boll. di geod. e sci. affini	Bollettino di geodesia e scienze affini. Firenze
Bonner geogr.Abh.	Bonner geographische Abhandlungen. Bonn
Braunschweig. Jb.	Braunschweigisches Jahrbuch. Wolfenbüttel, Braunschweig
Bremisches Jb.	Bremisches Jahrbuch. Bremen
Bull. Amer. Congr. on Surv. a. Mapp.	Bulletin. American Congress on Surveying and Mapping. Falls Church, Va.
Bull. Assoc. of Canad. Map Libr.	Bulletin. Association of Canadian Map Libraries. Ottawa
Bull. de l'Assoc. Géogr. Franç.	Bulletin de l'Association de Géographes Français. Paris
Bulletin de la Bibliothèque Nationale	Bulletin de la Bibliothèque Nationale. Paris
Bull. d'Inform. de l'Inst. Géogr. Nat.	Bulletin d'Information de l'Institut Géographique National. Paris
Bull. du Com. Franç. Cartogr.	Bulletin du Comité Français de Cartographie. Paris
Bull. of the Soc. of Univ. Cartographers	Bulletin of the Society of University Cartographers. Portsmouth
Bull. Soc. Franç. de Photogramm.	Bulletin. Société Française de Photogrammétrie. Paris
Bull. Spec. Libr. Assoc. Geogr. a. Map Div.	Bulletin. Special Libraries Association. Geography and Map Division. Washington, D.C.
Bull. trim. Soc. Belge de Photogramm.	Bulletin. Trimestriel. Société Belge de Photogrammétrie. Brüssel
Bull. van de Vakgroep Kartogr.	Bulletin van de Vakgroep Kartografie. Utrecht
Cah. de Géogr. du Quebec	Cahiers de Géographie du Québec. Québec
Canad. Cartographer	The Canadian Cartographer. Toronto

Canad. Geogr. J.	Canadian Geographical Journal. Montreal/Ottawa
Canad. Surveyor	The Canadian Surveyor. Ottawa
Cartactual	Cartactual. Budapest
Cartogr. J.	The Cartographic Journal. Edinburgh
Cartographica, Mono.	Cartographica, Monograph. Toronto
Cartography	Cartography. Melbourne
Cartologica	Cartologica. Québec
Chartered Surveyor	The Chartered Surveyor. The Journal of the Royal Institution of Chartered Surveyors. London
Chart. Land. Surv.	Chartered Land Surveyor. London
Chronicle	Chronicle. National Commission for Cartography. Ottawa
Civ. Engng	Civil Engineering. New York
Current geogr. publ.	Current geographical publications. Milwaukee, Wisc.
Czasop. geogr.	Czasopismo geograficzne. Wrocław
Dt. Hydrogr. Z.	Deutsche Hydrographische Zeitschrift. Hamburg
Dt. Archiv f.d. Erforschung d. Mittelalters	Deutsches Archiv für die Erforschung des Mittelalters. Köln
Doc. cartogr. écol.	Documents de cartographie écologique. Grenoble
Dokumentation z. Raumentwickl.	Dokumentation zur Raumentwicklung. Bonn-Bad Godesberg
Eich- u. Vermess.-mag.	Eich- und Vermessungsmagazin. Wien
Environ. a. plan.	Environment and Planning. London
Erde	Die Erde. Berlin
Erdkunde	Erdkunde. Bonn
Ergebnisse des Arbeitskurses Niederdollendorf der Deutschen Gesellschaft für Kartographie	Ergebnisse des Arbeitskurses Niederdollendorf der Deutschen Gesellschaft für Kartographie. Karlsruhe.
Espace Géogr.	Espace Géographique. Paris
Földr. Közl.	Földrajzi Közlemények. Budapest
Forschungen z. dt. Landeskde	Forschungen zur deutschen Landeskunde. Trier

Forsch. z. Landes- u. Volkskde	Forschungen zur Landes- und Volkskunde. Bukarest
Forsch. z. theoret. Kartogr.	Forschungen zur theoretischen Kartographie. Wien
Geo Abstracts	Geo Abstracts. Norwich
Geobot. kartogr.	Geobotaničeskoe kartografirovanie. Moskva
Geodesia	Geodesia. Delft
Geod. a kartogr. obz.	Geodeticky a kartograficky obzor. Praha
Geod. és Kartogr.	Geodézia és Kartográfia. Budapest
Geod. i Kartogr., Moskva	Geodezija i Kartografija. Moskva
Geod. i Kartogr., Warszawa	Geodezia i Kartografia. Warszawa
Geod., Kartogr., Zemeustroj.	Geodezija, Kartografija, Zemeustrojstvo. Sofija
Geod. list	Geodetski list. Beograd
Geod., mapp. a. photogramm.	Geodesy, mapping and photogrammetry. Washington, D.C.
Geod. vestn.	Geodetski vestnik. Ljubljana
Geoforum	Geoforum. Journal of Physical, Human and Regional Geosciences. Braunschweig
Geogr. časopis	Geografický časopis. Bratislava
Geogr. T., Groningen	Geografisch Tijdschrift. Groningen
Geogr. T., København	Geografisk Tidsskrift. København
Geogr. annaler	Geografiska annaler. Stockholm
Geogr. Anal.	Geographical Analysis. Columbus, Ohio
Geographie im Unterricht	Geographie im Unterricht. Köln
Geographie in der Schule	Geographie in der Schule. Köln
Geogr. Ber.	Geographische Berichte. Mitteilungen der Geographischen Gesellschaft in der Deutschen Demokratischen Republik. Berlin
Geogr. Bull.	The Geographical Bulletin. Ottawa
Geogr. Helv.	Geographica Helvetica. Bern
Geogr. J.	The Geographical Journal. London
Geogr. Jb.	Geographisches Jahrbuch. Gotha, Leipzig
Geogr. Mag.	The Geographical Magazine. London
Geogr. Polonica	Geographica Pononica. Warszawa
Geogr. Rev.	Geographical Review. New York, N.Y.
Geogr. Rdsch.	Geographische Rundschau. Braunschweig

Geographischer Jahresbericht aus Österreich	Geographischer Jahresbericht aus Österreich. Wien
Geogr. Taschenb.	Geographisches Taschenbuch. Wiesbaden
Geogr. w szkole	Geografia w szkole. Warszawa
Geogr. Z.	Geographische Zeitschrift. Wiesbaden
Geography	Geography. Journal of the Geographical Association. London
Geojournal	Geojournal. Wiesbaden
Geolit	Geolit. Braunschweig
Geol. Rdsch.	Geologische Rundschau. Stuttgart
Géomètre	Géomètre. Paris
Geoscience document.	Geoscience documentation. London
Geowiss. Mitt.	Geowissenschaftliche Mitteilungen. Wien
Globe	The Globe. Journal of the Australian Map Curators' Circle. Canberra
Globen	Globen. Stockholm
Globusfreund	Der Globusfreund. Wissenschaftliche Zeitschrift für Globographie und Instrumentenkunde. Wien
Hannoversche Geschichtsblätter	Hannoversche Geschichtsblätter. Hannover
Hansische Geschichtsblätter	Hansische Geschichtsblätter. Köln/Graz
Hessisches Jb. f. Landesgesch.	Hessisches Jahrbuch f. Landesgeschichte. Marburg
Historische Z.	Historische Zeitschrift. München/Berlin
Historisches Jb. d. Stadt Linz	Historisches Jahrbuch der Stadt Linz. Linz
Hydrogr. J.	Hydrographic Journal. London
IGU-Bull.	IGU [International Geographical Union]-Bull. London
Imago mundi	Imago mundi. Lympne Castle, Kent
Indian Surveyor	Indian Surveyor. Delhi, India
Inform. Bull. West. Assoc. of Map Libr.	Information Bulletin. Western Association of Map Libraries. Santa Cruz
L'information géographique	L'information géographique. Paris
Inspel	International Journal of Special Libraries. Jülich

Intergéo Bull.	Intergéo Bulletin. Paris
Internat. Hydrogr. Rev.	International Hydrographic Review. Monaco
Internat. Yb. of Cartogr. Internat. Jb. f. Kartogr.	International Yearbook of Cartography. Internationales Jahrbuch für Kartographie. Bonn-Bad Godesberg
ITC-Journal	ITC [International Training Center]-Journal. Enschede
Itogi nauki i techniki	Itogi nauki i techniki. Moskva
Izv. Akad. nauk SSSR	Izvestija Akademii nauk SSSR. Moskva
Izv. vsesojuzn. geogr. obščestva	Izvestija vsesojuznogo geografičeskogo obščestva. Moskva/Leningrad
Izv. vysš. učebn. zaved. geod. i aerofotos'emka	Izvestija vysšej učebnoj zavedenii, geodezii i aerofotos'emka. Moskva
Jb. d. Köln. Geschichtsvereins	Jahrbuch des Kölnischen Geschichtsvereins. Köln
Jb. f. brandenburg. Landesgesch.	Jahrbuch für brandenburgische Landesgeschichte. Berlin
Jb. f.d. Gesch. Mittel- u. Ostdeutschlands	Jahrbuch für die Geschichte Mittel- und Ostdeutschlands. Berlin
Jb. f. westdt. Landesgesch.	Jahrbuch für westdeutsche Landesgeschichte. Koblenz
J. Amer. Soc. of Civ. Engineers. Surv. a. Mapp. Div.	Journal. American Society of Civil Engineers. Surveying and Mapping Division. New York
J. of Geogr., Chicago	Journal of Geography. Chicago
J. of hist. geogr.	Journal of historical geography. London
J. of urban history	Journal of Urban History. Beverly Hills, Cal.
Kart og plan	Kart og plan. Bergen/Norway
Kartogr. Nachr.	Kartographische Nachrichten. Bonn-Bad Godesberg
Kartogr. T.	Kartografisch Tijdschrift. Schipluiden
Landeskundliche Vierteljahres-Bl.	Landeskundliche Vierteljahresblätter. Trier
Libr. news	Library news. ITC Dep. of Cartography. Enschede

Lidê & Země	Lidê & Země. Praha
LMV-information	LMV-information. Landmätareförening. Stockholm
Maanmittaus	Maanmittaus. Helsinki
Map	Map. Journal of the Japan Cartographers Association. Tokyo
Map Collector	The Map Collector. Tring, Herts.
Mapline	Mapline. Chicago
Map News Monthly	Map News Monthly. Tucson, Ariz.
Meteorol. Rdsch.	Meteorologische Rundschau. Berlin/Stuttgart
Milit. Engineer	The Military Engineer. Journal of the Society of American Military Engineers. Washington, D.C.
Mitt. DVW Bayern	Mitteilungsblatt des Deutschen Vereins für Vermessungswesen, Landesverein Bayern. München
Mitt. DVW Hessen	Mitteilungsblatt des Deutschen Vereins für Vermessungswesen, Landesverein Hessen. Wiesbaden
Mitt. a.d. Geodät. Inst. d. TH Graz	Mitteilungen aus dem Geodätischen Institut der Technischen Hochschule Graz. Graz
Mitt. a.d. Vermess.-wesen Berlin	Mitteilungen aus dem Vermessungswesen Berlin. Berlin
Mitt. d. Geogr. Gesell. München	Mitteilungen der Geographischen Gesellschaft München. München
Mitt. Österreich. Alpenvereins	Mitteilungen des Österreichischen Alpenvereins. Innsbruck
Mitt. d. Österreich. Geogr. Gesell.	Mitteilungen der Österreichischen Geographischen Gesellschaft. Wien
Mitt. d. Vereins f.d. Gesch. Berlins	Mitteilungen des Vereins für die Geschichte Berlins. Berlin
Mitt.-Bl. Arb.-Kreis f. Hist. Kartogr. in der Arb.-Gemeinschaft Hist. Komm. u. Landesgeschichtl. Inst.	Mitteilungsblatt. Arbeitskreis für Historische Kartographie in der Arbeitsgemeinschaft Historischer Kommissionen und Landesgeschichtlicher Institute. Münster
Mitt.-Bl. d. Österreich. Vereins f. Vermess.-w. u. Photogramm.	Mitteilungsblatt des Österreichischen Vereins für Vermessungswesen und Photogrammetrie. Wien

Mitt.-Bl. d. Vermess.-amtes Hamburg	Mitteilungsblatt des Vermessungsamtes Hamburg. Hamburg
Nachr. a.d. Kart.- u. Vermess.-wesen	Nachrichten aus dem Karten- und Vermessungswesen. Frankfurt/Main Reihe I : Originalbeiträge Reihe II: Deutsche Beiträge in fremden Sprachen Sonderhefte
Nachr. a.d. öffentl. Vermess.-dienst Nordrh.-Westf.	Nachrichten aus dem öffentlichen Vermessungsdienst des Landes Nordrhein-Westfalen. Bonn-Bad Godesberg
Nachr. d. dt. geol. Gesell.	Nachrichten der Deutschen Geologischen Gesellschaft. Hannover
Nachr. d. Niedersächs. Vermess.- u. Katasterverwalt.	Nachrichten der Niedersächsischen Vermessungs- und Katasterverwaltung. Hannover
Nachr.-Bl. d. Vermess.- u. Katasterverwalt. Rheinl.-Pf.	Nachrichtenblatt der Vermessungs- und Katasterverwaltung Rheinland-Pfalz. Koblenz
Nat. Cartogr. Inform. Center. Newsl.	National Cartographic Information Center. Newsletter. Reston, Va.
National Geographic	National Geographic [Magazine]. Washington, D.C.
Navigation. Paris	Navigation. Revue Technique. Paris
Navigation. Wash.	Navigation. Journal of the Institute of Navigation. Washington, D.C.
Nederl. Geod. T.	Nederlands geodetisch Tijdschrift. Apeldoorn
Neues Arch. f. Niedersachsen	Neues Archiv für Niedersachsen. Göttingen
Neues Schrifttum z.dt. Landeskde	Neues Schrifttum zur deutschen Landeskunde. Trier
New Zealand Cartogr. J.	New Zealand Cartographic Journal. Wellington
Niedersächs. Jb.	Niedersächsisches Jahrbuch. Bremen
Österr. Z. f. Vermess.-wesen u. Photogramm.	Österreichische Zeitschrift für Vermessungswesen und Photogrammetrie. Wien
Oldenburger Jb.	Oldenburger Jahrbuch. Oldenburg
Ortung u. Navig.	Ortung und Navigation. Düsseldorf
Papier u. Druck	Papier und Druck. Berlin
Peterm. Geogr. Mitt.	Petermanns Geographische Mitteilungen. Gotha

Photogramm. Record	Photogrammetric Record. London
Photogrammetria	Photogrammetria. Amsterdam
Photogramm. engng a. remote sens.	Photogrammetric engineering and remote sensing. Falls Church, Va.
Polski przeglạd kartogr.	Polski przeglạd kartograficzny. Warszawa
Polygraph	Der Polygraph. Frankfurt/Main
Prace Inst. Geod. i Kartogr.	Prace Instytutu Geodezji i Kartografii. Warszawa
Praxis Geographie	Praxis Geographie. Braunschweig
Proc. of the Amer. Congr. on Surv. a. Mapp. Ann. Meeting	Proceedings of the American Congress on Surveying and Mapping. Annual Meeting. Washington, D.C.
Proc. of the Amer. Congr. on Surv. a. Mapp. Fall Conv.	Proceedings of the American Congress on Surveying and Mapping. Fall Convention. Washington, D.C.
Proc. of the Amer. Soc. of Photogramm. Ann. Meeting	Proceedings of the American Society of Photogrammetry. Annual Meeting. Falls Church, Va.
Proc. Assoc. of Amer. Geographers	Proceedings. Association of American Geographers. Washington, D.C.
Proc. Assoc. of Canad. Map Libr.	Proceedings. Association of Canadian Map Libraries. Edmonton
Profess. Paper. US Geol. Surv.	Professional Paper. United States Geological Survey. Washington, D.C.
Prof. Geographer	The Professional Geographer. Washington, D.C.
Prologue	Prologue. Journal of the National Archives. Washington, D.C.
Przeglạd geod.	Przeglạd geodezyjny. Warszawa
Przeglạd geofiz.	Przeglạd geofizyczny. Warszawa
Przeglạd geogr.	Przeglạd geograficzny. Warszawa
Przeglạd geol.	Przeglạd geologiczny. Warszawa
Quart. J. of the Libr. of Congr.	Quarterly Journal of the Library of Congress. Washington, D.C.
Raumforsch. u. Raumordn.	Raumforschung und Raumordnung. Köln
Recherches géogr. à Strasbourg	Recherches géographiques à Strasbourg. Strasbourg
Referativnyj Zurnal Geografija, Kartografija.	Referativnyj Zurnal Geografija, Kartografija. Moskva

Regio Basiliensis	Regio Basiliensis. Basel
Remote Sensing	Remote Sensing. New York
Remote Sensing of Environment	Remote Sensing of Environment. New York
Rev. brasil. de cartogr.	Revista brasileira de cartografia. Rio de Janeiro
Rev. Belge de Géogr.	Revue Belge de Géographie. Bruxelles
Rev. de géogr. alpine	Revue de géographie alpine. Grenoble
Rev. Géogr. des Pyrénées et du Sud-Ouest	Revue Géographique des Pyrénées et du Sud-Ouest. Toulouse
Rev. Hydrogr. Internat.	Revue Hydrographique Internationale. Monaco
Rev. roum. géol. géophys. et géogr. Sér. géogr.	Revue roumain de géologie, géophysique et géographie. Série géographie. Bucuresti
Rhein. Vjbl.	Rheinische Vierteljahresblätter. Bonn
Riv. Geogr. Ital.	Rivista Geographica Italiana. Firenze
Rundbrief	Rundbrief. Hrsg. v. Fachbereich Geographie d. Universität Marburg im Auftrag der Zentralverbandes der Deutschen Geographen. Marburg
Sbornik Ceskoslov. geogr. společ.	Sbornik Ceskoslovenské geografické společnosti. Praha
Sbornik stat'ja kartogr.	Sbornik stat'ja kartografika. Moskva
Schweiz. Z. f. Geschichte	Schweizerische Z. f. Geschichte. Zürich
Scottish Geogr. Mag.	Scottish Geographical Magazine. Edinburgh
Soldat u. Techn.	Soldat und Technik. Frankfurt /Main
South Afr. Geogr. J.	South African Geographical Journal. Braamfontein
South Afr. J. of Photogramm.	South African Journal of Photogrammetry. Cape Town
South Afr. Surv. J.	South African Survey Journal. Johannesburg
Soviet Geogr.	Soviet Geography. New York
Spec. libr.	Special libraries. New York
Storia della citta	Storia della citta. Milano
Studia geogr.	Studia geographica. Brno
Surv. a. Mapp.	Surveying and Mapping. Washington, D.C.
Survey Rev.	Survey Review. London
Svensk Landmäteritidskrift	Svensk Landmäteritidskrift. Stockholm

Tecnica Topografica	Tecnica Topografica. Madrid
Terrae Incognitae	Terrae Incognitae. Amsterdam
Tijdschr. Kon. Nederl. Aardr. Genootsch.	Tijdschrift van het Koninklijk Nederlandsch Aardrijskundig Genootschap. Antwerpen
T. voor econ. en soc. Geogr.	Tijdschrift voor economische en sociale Geografie. Rotterdam
Transact. Inst. Brit. Geographers	Transactions. Institute of British Geographers. London
UCLA Map Libr. Newsl. &sel. acqu.	University of California, Los Angeles, Map Library Newsletter & selected acquisitions. Los Angeles
L'Universo	L'Universo. Firenze
Vermess.-Ing.	Der Vermessungsingenieur. Düsseldorf
Vermess., Photogramm., Kulturtechn.	Vermessung. Photogrammetrie, Kulturtechnik / Mensuration, Photogrammetrie, Genie rurale. Winterthur
Vermess.-techn.	Vermessungstechnik. Berlin (Ost)
Vermess.-wesen u. Raumordn.	Vermessungswesen und Raumordnung. Bonn
Veröffentl. Dt. Geod. Komm. Bayer. Akad. d. Wiss.	Veröffentlichungen. Deutsche Geodätische Kommission der Bayerischen Akademie der Wissenschaften. München Reihe A : Höhere & allg. Geodäsie B : Angewandte Geodäsie C : Dissertationen D : Tafelwerke E : Geschichte u. Entwicklung d. Geodäsie
Vestnik Leningradsk. Univ. Ser. Geol.-Geogr.	Vestnik Leningradskogo Universiteta. Serija Geologija - Geografija. Leningrad
Vestnik Mosk. Univ. Ser. ...	Vestnik Moskovskogo Universiteta. Serija ... Moskva
Westfälische Forschungen	Westfälische Forschungen. Münster
Westfälische Z.	Westfälische Zeitschrift. Münster
Wiss. Z. E.M. Arndt-Univ. Greifswald. Math.-naturwiss. R.	Wissenschaftliche Zeitschrift E.M. Arndt-Universität Greifswald. Mathematisch-naturwissenschaftliche Reihe. Greifswald
Wiss. Z. Techn. Univ. Dresden	Wissenschaftliche Zeitschrift der Technischen Universität Dresden. Dresden

World Cartography	World Cartography. United Nations. New York
Ymer	Ymer. Stockholm
Z. d. Dt. Geolog. Gesell.	Zeitschrift der Deutschen Geologischen Gesellschaft. Hannover
Z. d. Gesell.f. Schleswig-Holstein. Gesch.	Zeitschrift der Gesellschaft für Schleswig-Holsteinische Geschichte. Neumünster
Z. d. Vereins f. Hess. Gesch. u. Landeskde	Zeitschrift des Vereins für Hessische Geschichte und Landeskunde. Kassel
Z. f. Agrargesch. u. Agrarsoz.	Zeitschrift für Agrargeschichte und Agrarsoziologie. Frankfurt /Main
Z. f. angew. Geol.	Zeitschrift für angewandte Geologie. Berlin (Ost)
Z. f. bayer. Landesgesch.	Zeitschrift für bayerische Landesgeschichte. München
Z. f. d. Erdkundeunterr.	Zeitschrift für den Erdkundeunterricht. Berlin
Z. f. Geomorph. N.F.	Zeitschrift für Geomorphologie. Neue Folge. Berlin
Z. f. Geschichtswiss.	Zeitschrift für Geschichtswissenschaft. Berlin (Ost)
Z. f. Gletscherkde u. Glazialgeol.	Zeitschrift für Gletscherkunde und Glazialgeologie. Innsbruck
Z. f. hist. Forschung	Zeitschrift für historische Forschung. Berlin
Z. f. Ostforschung	Zeitschrift für Ostforschung. Marburg
Z. f. Vermess.-wesen	Zeitschrift für Vermessungswesen. Stuttgart
Z. f. württemb. Landesgesch.	Zeitschrift für württembergische Landesgeschichte. Stuttgart
Zbl. Geol. Paläont. Teil I	Zentralblatt für Geologie und Paläontologie. Teil I. Stuttgart
Zpravy Geogr. Ustavu ČSAV	Zpravy Geografickeho Ustavu ČSAV. Prag

LIST OF ABBREVIATIONS

VERZEICHNIS DER ABKÜRZUNGEN

LISTE DES ABBREVIATIONS

Abh. - Abhandlung(en)	= transaction(s)
Abt. - Abteilung	= Department, Division
Akad. - Akademie	= academy
allg. - allgemein	= general
Anh. - Anhang	= appendix
Anm. - Anmerkung	= note
a. o. - and others	= und andere
app. - appendix	= Anhang
assoc. - association	= Vereinigung, Gesellschaft
Aufl. - Auflage	= edition
Ausg. - Ausgabe	= edition
Bd - Band	= volume
bearb. - bearbeitet	= revised
Beil. - Beilage	= supplement
Beitr. - Beitrag	= contribution
Ber. - Bericht(e)	= bulletin(s)
bibliogr. - bibliography; Bibliographie	
Bl. - Blatt	= page, leaf
Bull. - Bulletin	= Bericht
cah. - cahier	= number, issue / Heft
coll. - collection, collected	= Sammlung
comp. - compiled	= zusammengestellt
corr. - corrected	= berichtigt, verbessert
Darst. - Darstellung	= representation
Dep. - Department	= Abteilung
diagr. - diagram; Diagramm	
Diss. - Dissertation	
Dr. - Druck	= printing
ed. - editor, edited	= Herausgeber, herausgegeben
enl. - enlarged	= erweitert, vermehrt
et. al. - et alii	= and others / und andere
Erg. H. - Ergänzungsheft	= supplementary issue
facs. - facsimile	= Faksimile
fasc. - fascicle	= Lieferung
fig. - figure	= Figur
Forts. - Fortsetzung	= continuation
fotogr. - fotograph(s); Fotographie	
geogr. - geographical; geographisch	
Ges. - Gesellschaft	= association, society
g. - god	= year / Jahr
graph. - graphic	= graphisch
H. - Heft	= number, issue
Habil.-Schr. - Habilitationsschrift	

hrsg. - herausgegeben, Herausgeber = edited, editor
Hs. - Handschrift(en) = manuscript(s)
ill. - illustration(s) = Abbildung(en)
impr. - imprimerie = Druckerei
Inst. - Institut = Institute
izd. - izdanie = edition / Auflage, Ausgabe
J. - Journal = Zeitschrift
Jb. - Jahrbuch = year book
Jg. - Jahrgang = volume
Jh. - Jahrhundert = century
Kl. - Klasse = class
Komm. - Kommission = commission
Lfg. - Lieferung = fascicle, part
Lit. - Literatur = literature
mimeogr. - mimeographed = vervielfältigt
Mitt. - Mitteilung(en) = bulletin, communication(s)
Mitw. - Mitwirkung = cooperation
mp - map(s) = Karte(n)
ms. - manuscript; Manuskript
Nachr. - Nachrichten = news, report
Nachw. - Nachwort = postscript
N. F. - Neue Folge = new series
N. R. - Neue Reihe = new series
n. s. - new series; nouvelle série; Neue Serie
p. - page = Seite
pl. - plate = Tafel
portr. - portrait
proc. - proceedings = Verhandlungen
publ. - published, publisher = veröffentlicht, Veröffentlichung
R. - Reihe = series
red. - redaction = Redaktion
Reg. - Register = index
repr. - reprint = Nachdruck
reprod. - reproduction = Reproduktion
rés. - résumé = Zusammenfassung
rev. - revised; revidiert
s. - see; siehe
Schr. - Schrift(en) = paper, publication
s. l. - sine loco = ohne Ort
Slg. - Sammlung = collection
soc. - society; société = Gesellschaft
Sp. - Spalte = column
suppl. - supplement = Supplement, Nachtrag, Beilage
t. - tomus, tome = Band
tab. - table(s); Tabelle(n)
topogr. - topographical, topographisch
transl. - translated = übersetzt
Univ. - University, Universität, Université
überarb. - überarbeitet = revised

übers. - übersetzt, Übersetzung	= translated, translation
var. pag. - various pagination	= getrennte Zählung
verb. - verbessert	= revised, corrected
Verl. - Verlag	= publishing house
verm. - vermehrt	= enlarged
veröff. - veröffentlicht, Veröffentlichung	= published, publication
Verz. - Verzeichnis	= list
vol. - volume	= Band
Vorw. - Vorwort	= preface
Wiss. - Wissenschaft(en)	= science(s)
wyd. - wydanie	= edition / Auflage, Ausgabe
Z. - Zeitschrift	= Journal
zsgest. - zusammengestellt	= compiled
Ztg. - Zeitung	= newspaper

* = selbständige Veröffentlichung. Redaktionelle Zusätze sind durch [ ] gekennzeichnet. Bei Aufsätzen aus Zeitschriften und Sammelwerken wird vor das Impressum ein "In:" gesetzt.

CONCORDANCE OF THE UDC AND OF THE CHAPTER HEADINGS OF THE BC
KONKORDANZ DER DK UND DER KAPITELÜBERSCHRIFTEN DER BC
CONCORDANCE DE LA CDU ET DES TITRES DES CHAPITRES DE LA BC

528.2/.7	Prerequisits for Cartography from the Field of Surveying Voraussetzungen für die Kartographie aus dem Bereich des Vermessungswesens	
528.2/.4	Surveying and Topography Vermessung. Topographie	V B
528.235/.236	Projections Projektionen	V B
528.7	Photogrammetry, Air Photo Interpretation Photogrammetrie. Luftbildinterpretation	V B
528.9	Cartography (Texts, Reports) Kartographie (textliche Darstellungen)	
528.9 : 002	Cartographic Documentation Dokumentation der Kartographie	I C
528.9 : 016	Bibliography of Cartographic Literature Bibliographien kartographischen Schrifttums	
528.9 : 016 : 912	Map Bibliography (Bibliography of Maps) Karten-Bibliographien	I A
528.9 : 016 (4/9)	Regional Bibliography of Cartographic Literature Regionale Bibliographien kartographischen Schrifttums	I A
528.9:016:912 (4/9)	Regional Bibliography of Maps Regionale Kartenbibliographien	I A
528.9 : 025.4	Problems of Map Classification Klassifizierungsfragen	I C
528.9 : 026	Libraries of Cartographic Literature Bibliotheken und Sammlungen kartographischen Schrifttums	I B
528.9 : 026 : 912	Map Collections, Map Libraries Kartensammlungen	I B
528.9 : 061.2	Private Corporations and Societies Nichtamtliche Körperschaften. Gesellschaften	IV B
528.9 : 061.3	Conventions and Congresses Tagungen und Kongresse	IV C
528.9 : 061.4	Non-permanent Exhibitions Nichtständige Ausstellungen	IV C

528.9 : 061.6	Research Institutions Forschungsanstalten	IV B
528.9 : 347	Judicial Problems, Law Issues Rechtsfragen	IV D
528.9 : 37	Problems of Training and Education Ausbildungsfragen	IV E
528.9 : 655.41	Private Map Producers and Editors Private Kartenhersteller	IV A
528.9:655.59(100)	International Map Producers Internationale Kartenhersteller	IV A
528.9 : 655 (4/9)	Public Official Map Producers Staatliche Kartenhersteller	IV A
528.9 : 92 A/Z	Biography Biographie. Persönliches	III C
528.9 (02)	Comprehensive Editions, Handbooks Gesamtdarstellungen, Handbücher	
528.9 (03)	Dictionaries, Lexicons, Encyclopaediae Wörterbücher, Lexika	II C
528.9 (05)	Periodicals Periodica	II B
528.9 (08)	Collected Papers Sammelwerke	II A
528.9 (083)	Working Aids (Tables, Lists, Forms, Nomograms) Arbeitshilfsmittel (Tafeln, Listen, Formulare)	II C
528.9 (091)	History of Cartography, General Geschichte der Kartographie, Allgemeines	III A
528.9 (091) (4/9)	History of Cartography, Regional Geschichte der Kartographie, Regionale Darstellungen	III B
528.9.002.5:912	Aids to Map Use Hilfsmittel zum Kartengebrauch	X B
528.9004.14:912	Applications Anwendungsbereiche	X A
528.91	Theoretical Cartography, Methodology Theoretische Kartographie, Methodik	V A
528.9 : 37	Educational Cartography, School Cartography Schulkartographie	X C
528.91 : 001.4	Terminology of Cartography Terms in Cartography Terminologie der Kartographie	V A
528.912	Elementary Cartography Kartenlehre, Kartenkunde	V A

528.913	Map Design, Map Editing Grundlagen des Kartenentwurfs. Kartenredaktion	V A
528.914	Generalization Generalisierung	V A
528.915	Map Scale, Series of Map Scales, Choice of Scale Maßstab, Maßstabsfolgen, Maßstabswahl	V C
528.916	Sheet Line, Sheet Designation, Sheet Format Blattschnitt, Blattbezeichnung, Blattformat	V C
528.918	Marginal Information, Legend Kartenausstattung, Zeichenerklärung	V F
528.92	Practical Cartography Praktische Kartographie	VI A
528.921	Map Compilation and Map Design Ausführung des Kartenentwurfs	V A
528.921:65.011.56	Automation Automation	VI G
528.923	Cartographic Drawing: Methods, Drawing Bases, Drawing Equipment Kartographische Zeichenverfahren Zeichnungsträger und Geräte	VI B, C
528.924	Cartographic Scribing: Methods, Scribing Coats and Bases, Scribing Equipment Kartographische Gravurverfahren Schicht und Schichtträger, Geräte	VI C, B
528.925	Mechanical Aids for Map Production Mechanische Hilfsmittel zur Kartenherstellung	VI D
528.926	Cartographic Colour Separation Kartographische Farbtrennverfahren	VI D
528.927	Map Reproduction and Printing Vervielfältigungs- und Druckverfahren	VI E
528.93	Topographic Cartography Topographische und chorographische Kartographie	VII A
528.93 (084.3-1)	Compilation of Specific Scale Map Series Bearbeitung bestimmter Maßstäbe	VII C
528.93 (100.1)	Space Cartography Weltraumkartographie	VII E
528.93 (4/9)	Regional Cartography (World, Countries) Regionalkartographie (Erde, Einzelne Staaten)	VII B
528.931	Planimetric Representation Grundrißdarstellung	VII D

528.931.1	Settlements in Maps Siedlungen	VII D
528.931.2	Surface Water in Maps Gewässer	VII D
528.931.3	Vegetation in Maps Bodenbedeckung	VII D
528.932	Relief Representation Höhendarstellung	VII D
528.933	Colours in Maps Farbgebung	V E
528.935	Map Lettering Kartenbeschriftung	
528.935:744.43	Methods and Techniques of Map Lettering Technische Kartenbeschriftungsverfahren	VI F
528.935:801.311	Orthography of Geographic Names Namenschreibung	V D
528.935:801.311:003.035	Transcription Transkription	V D
528.94	Thematic Topical Cartography Thematische Kartographie	VIII A
528.942	Principles and Methods of Representation Allgemeines und Darstellungsmethoden	VIII A
528.942 (083.7)	Legends and Standards of Thematic Maps Thematische Legenden und Normungsvorschriften	VIII B
528.944	Topographic Base in Thematic Maps Kartengrundlage der thematischen Darstellung	
528.946:1/9	Themes, Topics Themengebiete	VIII C
528.948	Block Diagrams Blockdiagramme	XI C
528.951	Globes, General Bearbeitung von Globen, Allgemeines	XII C
528.951 (091)	History of Globes Geschichte der Globen	XII B
528.951.002	Compilation and Production of Globes Bearbeitung und Herstellung von Globen	XII C
528.952	Production of Reliefs - General, History Herstellung von Reliefs (dreidimensional) Allgemeines und Geschichte	XI A

528.952.002	Methods of Production and Processing of Reliefs Herstellungsverfahren und Bearbeitung von Reliefs und Kartenreliefs	XI B
528.9* 55	Atlas Cartography, General Atlaskartographie, Allgemeines	IX A
528.9* 55(4/ 9)	Regional Atlases Kartographie der Regionalatlanten	IX C
528.96	Correction and Revision of Maps Berichtigung und Laufendhaltung von Karten	V G
528.97	Map Specifications Musterblätter, Kartographische Zeichenvorschriften	

INDEX OF AUTHORS
AUTORENREGISTER
LISTE DES AUTEURS

A

B

F

G

I

J

L

T

saur

Bibliographia Cartographica
Internationale Dokumentation des kartographischen Schrifttums / International documentation of cartographical literature / Documentation internationale de la littérature cartographique.
Redaktion: Lothar Zögner
Hrsg.. Staatsbibliothek Preußischer Kulturbesitz in Verb. mit der Deutschen Gesellschaft für Kartographie
Ersch. jährl. ISSN 0340-0409

Nr. 1: 1974.
1975. 184 S. Br. DM 36,–. ISBN 3-7940-3471-6

Nr. 2: 1975.
1976. 195 S. Br. DM 36,–. ISBN 3-7940-3472-4

Nr. 3: 1976.
1977. 209 S. Br. DM 36,–. ISBN 3-7940-3473-2

Nr. 4: 1977.
1978. 206 S. Br. DM 36,–. ISBN 3-7940-3474-0

Nr. 5: 1978.
1979. XII,212 S. Br. DM 36,–. ISBN 3-598-20619-4

Nr. 6: 1979.
1980. XII,255 S. Br. DM 48,–. ISBN 3-598-20620-8

Nr. 7: 1980.
1981. 244 S. Br. DM 48,–. ISBN 3-598-20622-4

Nr. 8: 1981.
1982. XII,223 S. Br. DM 58,–. ISBN 3-598-20624-0

Nr. 9: 1982.
1983. XII,232 S. Br. DM 58,–. ISBN 3-598-20625-9

Nr. 10: 1983.
1984. XII,173 S. Br. DM 48,–. ISBN 3-598-20626-7

K·G·Saur München · New York · London · Paris
K·G·Saur Verlag KG · Postfach 711009 · 8000 München 71 · Tel. (089) 798901

saur

Bibliographia Cartographica Sonderheft 2
Bibliographie zur Geschichte der deutschen Kartographie
Hrsg. v. Staatsbibliothek Preußischer Kulturbesitz
Bearb. v. Lothar Zögner unter Mitarb. v. Evelyn Schulte
1984. VIII, 267 S. Br. DM 56,–. ISBN 3-598-20623-2

Die Geschichte der Kartographie erlebt derzeit eine Renaissance.
Daher versucht die vorliegende Bibliographie erstmals einen Gesamtüberblick über die deutsche Kartographie von den Anfängen bis 1982 zu geben, mit einigen Nachträgen bis 1983. Behandelt werden Arbeiten über deutsche und von deutschen Kartographen und über deutsche Regionen bzw. des deutschen Sprachgebiets.

In Arbeit befindliche Werke werden mitgenannt (1983ff).

Die Bibliographie ist in drei Teile gegliedert:

Teil I:
Wichtige Gesamtdarstellungen, allgemeine Literatur, Lexika – Bibliographien, Kataloge, Sammlungen, Verzeichnisse – Allgemeine Literatur über Globen (spezielle Literatur über Globen findet man im biographischen Teil).
Die Ordnung des ersten Teils erfolgt in chronologischer Folge nach Erscheinungsjahr der Werke, um den jeweils aktuellsten Forschungsstand ablesen zu können.

Teil II:
Regionen (Staaten, Länder, Gebiete, Städte, Flüsse usw. und historische Gebiete).
Dieser Abschnitt wurde in alphabetischer Reihenfolge nach Regionen gegliedert bei mehreren Eintragungen unter einer Region wiederum chronologisch.
Publikationen aus europäischen Nachbarländern werden auszugsweise mit aufgeführt, sofern sie deutsche Kartographen mitbehandeln bzw. grundlegende Veröffentlichungen sind.
Teil III:
Biographischer Teil – Literatur über deutsche Kartographen und Geographen (sofern sie sich mit Kartographie befaßt haben) – Globenmacher und Verleger.
Dieser Teil ist im Namensalphabet geordnet.
Diese Bibliographie wird für die kartenhistorische Forschung von größter Bedeutung sein und für viele wissenschaftliche Bibliotheken, Archive, geographische, kartographische und historische Institute sowie für alle, die sich mit der Geschichte der Kartographie befassen, ein wichtiges Hilfsmittel werden.

K·G·Saur München·New York·London·Paris
K·G·Saur Verlag KG · Postfach 711009 · 8000 Munchen 71 · Tel. (089) 798901

saur

Bibliographien zur Regionalen Geographie und Landeskunde / Bibliography on Regional Geography and Area Studies
Hrsg. v. Walter Sperling / Lothar Zögner

Walter Sperling
Bd. 5: **Landeskunde DDR**
Eine kommentierte Auswahlbibliographie. Ergänzungsband 1978–1983
1984. 623 Seiten. Linson DM 56,–
ISBN 3-598-21135-X

Dieser Band ist eine Fortführung und die ideale Ergänzung zum 1978 vorgelegten Landeskunde DDR-Band. Die einzelnen Titel sind jetzt alphabetisch nach Autoren geordnet. Annotationen werden kapitelweise gegeben und zwar so, daß der Benutzer zunächst zu Einführungen und Standardwerken hingeführt wird und erst im Anschluß daran an speziellere Literatur. Personen- und Sachregister (kumuliert mit dem geographischen Register sowie ein Titelverzeichnis) sichern raschen Zugang zu der gewünschten Information.

Bereits erschienen:

Bd. 1: **Landeskunde DDR**
Eine annotierte Auswahlbibliographie
Bearb. u. komm. v. Walter Sperling
1978. XXII, 456 S. Lin. DM 48,–
ISBN 3-7940-7038-0

Bd. 2: Eckart Ehlers
Iran
Ein bibliographischer Forschungsbericht / A Bibliographic Research Survey. Mit Kommentaren und Annotationen / With Comments and Annotations.
1980. XIII, 441 S. Lin. DM 76,–
ISBN 3-598-21132-5

Bd. 3: Armin Hetzer / Viorel S. Roman
Albanien / Albania
Ein bibliographischer Forschungsbericht / A Bibliographic Research Survey. Mit Titelübersetzungen und Standortnachweisen / With Location Codes.
1983. 653 S. Lin. DM 110,–
ISBN 3-598-21133-3

United Arab Emirates
Business Directory 1984/85 Edition
Published by ATCO Araba Business International
1984. 721 Seiten. Kunststoffeinband. DM 398,–
ISBN 3-598-07506-5

Der Band verzeichnet über 1200 wichtige Firmen, ihre Tochtergesellschaften und die großen Importeure. Ein mehrsprachiger Index bietet Zugang in Englisch, Französisch, Deutsch, Spanisch und Italienisch.

K·G·Saur München·New York·London·Paris
K·G·Saur Verlag KG·Postfach 711009·8000 München 71·Tel. (089) 798901

Bei Fragen zur Produktsicherheit wenden Sie sich bitte an:
If you have any questions regarding product safety,
please contact:

Walter de Gruyter GmbH
Genthiner Straße 13
10785 Berlin
productsafety@degruyterbrill.com